Olympiade-Aufgaben für junge Mathematiker

Mathematische Aufgaben für 10–15jährige

Herausgegeben von
Bernd Noack
Herbert Titze

Aulis Verlag Deubner & Co KG, Köln

Zeichnungen: Heinrich Linkwitz

CIP-Kurztitelaufnahme der Deutschen Bibliothek

Olympiade-Aufgaben für junge Mathematiker:
math. Aufgaben für 10—15jährige / hrsg.
von Bernd Noack; Herbert Titze. — Köln:
Aulis-Verlag Deubner, 1983.
  ISBN 3-7614-0670-3

NE: Noack, Bernd [Hrsg.]

Best.-Nr. 2034
© Volk und Wissen Volkseigener Verlag Berlin/DDR 1982
Lizenzausgabe für den Aulis Verlag Deubner & Co KG, Köln
1. für den Aulis Verlag Deubner & Co KG veranstaltete Auflage 1983
Printed in the German Democratic Republic
ISBN 3-7614-0670-3

INHALT

VORWORT

Der vorliegende Band ist für die Hand des Lehrers, insbesondere für die Hand des Leiters von Arbeitsgemeinschaften und Zirkeln, gedacht, soll aber auch von interessierten Schülern benutzt werden können. Er schließt an den auch im Aulis Verlag erschienenen Band „Mathematische Olympiade-Aufgaben", herausgegeben von Prof. Dr. W. ENGEL und Prof. Dr. U. PIRL, an und dient den gleichen Zielen.

Die hier vorgelegte Auswahl der Aufgaben entstammt den Aufgaben und Lösungen aus den Olympiaden Junger Mathematiker der DDR der Jahre 1961/62 bis 1980/81 und aus den Vorolympiaden 1960 und 1961. Es wurden ausschließlich Aufgaben der Klassenstufen 5 bis 8 berücksichtigt.

Hinter jeder Aufgabe ist in Klammern angegeben, für welche Klasse und für welche Wettbewerbsstufe sie bestimmt war. Es bedeutet dabei $(x/y/z)$ die x-te Olympiade, y die Olympiadeklasse (5, 6, 7, 8; meist identisch mit den entsprechenden Klassen der Oberschulen) und z die Wettbewerbsstufe.

Der „Olympiade Junger Mathematiker der DDR" genannte, jährlich stattfindende mathematische Schülerwettbewerb wird für die Klassen 5 und 6 in zwei Stufen, für die Klassen 7 und 8 in drei Stufen durchgeführt. Die erste Stufe (Schulolympiade) findet am Beginn eines jeden Schuljahres statt. An ihr kann jeder Schüler freiwillig teilnehmen. Die besten Teilnehmer dieser Stufe werden dann zur 2. Stufe, den Kreisolympiaden, delegiert. Der Termin dieser Veranstaltungen liegt Ende November eines jeden Jahres, also am Ende des ersten Schuljahresviertels. Für die besten Teilnehmer der Klassen 7 bis 12 an den Kreisolympiaden findet dann jeweils Anfang Februar die 3. Stufe, die Bezirksolympiade, statt. Mit dieser Stufe endet auch für die Schüler der Klassen 7 und 8 der Wettbewerb.

Aus den Terminen für die einzelnen Stufen und aus der Art der Durchführung, die mindestens in den Stufen 2 und 3 in Klausurform innerhalb einer begrenzten Arbeitszeit erfolgt, ergeben sich Rückschlüsse für die Auswahl der Aufgaben. So müssen die Aufgaben für die erste Stufe so ausgewählt sein, daß sie in der Klasse n lediglich die in der Klasse $n - 1$ vermittelten Kenntnisse voraussetzen. Außerdem muß bei allen Aufgaben der Stufen 2 und 3 für die zur Lösung und Niederschrift der Lösung durchschnittlich erforderliche Zeit die zeitliche Begrenzung der Klausuren berücksichtigt werden, darf also je Aufgabe nicht mehr als etwa 1 Stunde betragen. Um eine echte Auswahl der besten Teilnehmer zu ermöglichen und auch um dem Teilnehmer Anhaltspunkte für seinen Wissensstand zu geben, sind unter den Aufgaben jeder Wettbewerbsstufe in jeder Klasse Aufgaben verschiedenen Schwierigkeitsgrades enthalten.

Von den Teilnehmern wird grundsätzlich verlangt, daß sie alle Aussagen, Schlußfolgerungen usw. begründen, wobei die Anforderungen in dieser Hinsicht für Schüler recht hoch

4

gestellt werden. Andererseits bleibt die Wahl des Lösungsweges und der zur Lösung verwendeten Mittel — soweit nicht im Aufgabentext anderweitige Festlegungen getroffen sind — dem Schüler frei überlassen. Dabei dürfen ohne Beweis nur solche Lehrsätze verwendet werden, die im Schulunterricht behandelt werden. In allen anderen Fällen ist der verwendete Satz mindestens im Wortlaut zu zitieren und gegebenenfalls zu beweisen. Ebenso müssen grundsätzlich alle (in Zeichnungen oder im Text) verwendeten Bezeichnungen eindeutig erläutert werden. Da der vorliegende Band auch dem interessierten Schüler Anregungen für die Beschäftigung mit diesem Material geben soll, sind an gegebener Stelle zu Beginn eines jeden Abschnitts einige Hinweise zur Analyse des Aufgabentextes sowie zum Finden von Lösungen und zur Frage der Exaktheit und Vollständigkeit derartiger Lösungen mit aufgenommen worden. Damit soll dem Leser das Verständnis der in dem jeweiligen Abschnitt auftretenden Probleme erleichtert werden. Insbesondere wurde auf solche Stellen aufmerksam gemacht, an denen entsprechend den Erfahrungen der Verfasser aus langjähriger Tätigkeit im Rahmen der Olympiaden Junger Mathematiker der DDR häufig Fehler bei der Abfassung von Lösungen zu finden sind.

Selbstverständlich kann im Rahmen einer Sammlung von Aufgaben und Lösungen von einer vollständigen und umfassenden Behandlung der erwähnten Probleme nicht die Rede sein. Die Verfasser hoffen aber, dem weniger erfahrenen Leser auf diese Weise einige Ratschläge geben zu können und ihn darüber hinaus zum weiteren systematischen Studium anzuregen.

Die unterschiedliche Anzahl der Aufgaben in den einzelnen Abschnitten erklärt sich vor allem daraus, daß die zum Zeitpunkt der jeweiligen Stufe beim Schüler laut Lehrplan vorhandenen mathematischen Mittel für die jeweiligen Abschnitte sehr unterschiedlich im Umfang und in der Vielfalt sind.

Eine eindeutige Verteilung der Aufgaben auf die einzelnen Abschnitte ist oft nicht möglich, da manche Aufgaben Merkmale mehrerer Abschnitte in sich vereinen und daher auch in einem anderen Abschnitt hätten aufgenommen werden können. Aus dem gleichen Grund wurde auch innerhalb der einzelnen Abschnitte auf eine strenge Gliederung verzichtet. Ebenso besagt die Reihenfolge der Aufgaben nichts über ihren Schwierigkeitsgrad.

Die abgedruckten Lösungen tragen gewissermaßen Mustercharakter. Es wurde im allgemeinen zu jeder Aufgabe nur eine Lösung ausgewählt, wobei zu berücksichtigen war, daß sie mit den Mitteln erfolgen muß, die dem Schüler in der jeweiligen Klasse laut Lehrplan zum Zeitpunkt der Aufgabenstellung zur Verfügung stehen. Daher konnten oft manche mathematisch durchaus „elegante" Lösungen nicht genommen werden. In einigen Fällen sind auch Lösungsvarianten aufgenommen worden, wobei es sich meist — nach Ansicht der Verfasser — um besonders interessante Lösungsmöglichkeiten handelt. Natürlich kann man vom Wettbewerbsteilnehmer im allgemeinen keine derartigen „Musterlösungen" erwarten, es wird aber verlangt, daß eine als vollständig und richtig zu bewertende Schülerlösung bei gleichem Lösungsweg alle wesentlichen Gedankengänge, Schlüsse usw. der hier veröffentlichten Lösungen enthält.

Für ihre wertvollen Hinweise bei der Endredaktion danken wir Herrn Dozent Dr. sc. LUDWIG STAMMLER (Halle), Herrn Studienrat MANFRED MÄTHNER (Cottbus) und Herrn WOLFGANG THIESS (Parchim).

Die Herausgeber

VORBEMERKUNGEN

Im folgenden sollen dem Leser einige Hinweise auf die im Text verwendete Terminologie bzw. auf verwendete Sätze und bestimmte Schreibweisen gegeben werden, wobei es sich nicht um strenge Definitionen handelt.

1. Sind A und B zwei Punkte, so bezeichnet AB bzw. BA die Strecke mit den Endpunkten A und B, während $\overline{AB}$ (bzw. $\overline{BA}$) die Länge der Strecke bedeutet (wie es in den Olympiaden Junger Mathematiker üblich ist).

2. Sind B der Scheitelpunkt eines Winkels, A ein auf dem einen Schenkel und C ein auf dem anderen Schenkel gelegener Punkt, so bezeichnet $\not\prec ABC$ den Winkel und $\overline{\not\prec ABC}$ die Größe dieses Winkels.

3. Die Ausdrucksweise „n Elemente (z. B. Zahlen, Punkte, Strecken) sind paarweise voneinander verschieden" bedeutet, daß es unter diesen n Elementen keine zwei gibt, die einander gleich sind.

4. O.B.d.A. ist die Abkürzung für „Ohne Beschränkung der Allgemeinheit" und bedeutet, daß die (zufällige) Wahl eines Elementes aus einer Menge ohne Einfluß auf das Ergebnis der Betrachtung ist.

5. Der Satz „Jede natürliche Zahl $n > 1$ läßt sich — bis auf die Reihenfolge der Faktoren — eindeutig als Produkt von Primzahlpotenzen schreiben" (Satz über die Eindeutigkeit der Zerlegung in Primfaktoren) wird häufig benutzt, ohne daß auf ihn verwiesen wird.

6. Der Satz „Wenn zwei (oder mehr) natürliche Zahlen (paarweise) teilerfremd sind, dann ist ihr kleinstes gemeinsames Vielfaches (k.g.V.) gleich ihrem Produkt" wird ohne Beweis verwendet.

7. Die im Schulunterricht laut Lehrplan behandelten Sätze und Definitionen werden nicht ausführlich zitiert. Da die Auffassungen und Bezeichnungsweisen in den z. Zt. in der DDR eingeführten Schulbüchern und Nachschlagewerken nicht einheitlich sind, wurde von den Herausgebern die in den „Vorbetrachtungen" des

Buches „Mathematische Olympiade-Aufgaben", Teil 2, Seite 7 bis 37, gegebene Fassung zugrundegelegt.

8. Alle vorkommenden Zahlen sind, wenn nichts anderes gesagt wird, unter Verwendung des dekadischen Systems dargestellt bzw. darzustellen.

9. Alle in den Lösungen in Klammern stehenden Wörter, Sätze, Bezeichnungen usw. sind zu einer vollständigen Lösung nicht unbedingt erforderlich, sondern sollen lediglich das Verständnis erleichtern.

10. Die Ausdrucksweisen „nach (ssw)", „nach dem Kongruenzsatz (sss)", „wegen (sws)" sind Abkürzungen für folgenden Satz:
    „Die beiden Dreiecke $\triangle$ und $\triangle'$ sind genau dann kongruent, wenn sich die Bezeichnung der Seitenlängen a, b, c von $\triangle$ mit den Größen α, β, γ der ihnen gegenüberliegenden Winkel und der Seitenlängen a', b', c' von $\triangle'$ mit den Größen α', β', γ' der ihnen gegenüberliegenden Winkel so wählen läßt, daß in einem der folgenden vier Fälle sämtliche Bedingungen erfüllt sind:

    1. $a = a'$, $\quad b = b'$, $\gamma = \gamma'$ $\qquad$ [Kongruenzsatz (sws)],
    2. $a = a'$, $\quad b = b'$, $c = c'$ $\qquad$ [Kongruenzsatz (sss)],
    3. $a = a' \geqq b = b'$, $\alpha = \alpha'$ $\qquad$ [Kongruenzsatz (ssw)],
    4. $a = a'$, $\quad \beta = \beta'$, $\gamma = \gamma'$ $\qquad$ [Kongruenzsatz (wsw)]."

11. Die Redewendungen „heißen", „bedeuten", „genannt werden", „versteht man" werden stets im Sinne von „genau dann, wenn" verwendet.

12. Mit der Formulierung „Wenn ein Gebilde g der Bedingung B genügt, so heißt es ein Element der Menge $\mathfrak{M}$" ist gemeint: „g ist genau dann Element von $\mathfrak{M}$, wenn es der Bedingung B genügt".

AUFGABEN

1. Arithmetik

Bei Olympiadeaufgaben werden alle vollständigen richtigen Lösungen als gleichwertig angesehen. Natürlich wird der Wettbewerbsteilnehmer bestrebt sein, eine möglichst rationelle, interessante, vielleicht sogar eine originelle Lösung zu finden. Er darf sich dabei — sofern der Aufgabentext keine Einschränkung vorsieht — beliebiger mathematischer Mittel bedienen, auch wenn diese über den seiner Klasse entsprechenden Lehrplanstoff weit hinausgehen. Im Gegensatz dazu berücksichtigen die unter L 1. veröffentlichten Lösungen die der jeweiligen Altersstufe entsprechenden, auf den Lehrplänen beruhenden Möglichkeiten.

Um eine vollständige richtige Lösung anfertigen zu können, muß man vor allem wissen, was von einer derartigen Lösung gefordert wird. Es empfiehlt sich daher, den Aufgabentext genau zu studieren und zu analysieren.

Wie zu einer Lösung (L 1.2) führende Überlegungen etwa verlaufen können, sei hier am Beispiel der Aufgabe A 1.2 dargestellt:

Diese Aufgabe besteht aus drei Teilen. Im Teil a) wird der Beweis einer bestimmten Aussage über unendlich viele Elemente (es gibt ja unendlich viele derartige Summen) gefordert. Es ist daher nicht möglich, durch systematisches und vollständiges Probieren das verlangte Ergebnis zu erhalten. Wohl aber kann man, falls man nicht sofort den richtigen Ansatz für eine Lösung findet, zunächst einmal einige konkrete Fälle (etwa die Summen $0 + 1 + 2 + 3 + 4$; $1 + 2 + 3 + 4 + 5$; $2 + 3 + 4 + 5 + 6$) betrachten. Dabei stellt man einerseits fest, daß die zu beweisende Aussage in diesen Fällen gilt, andererseits erkennt man, daß die zweite (bzw. die dritte) Summe aus der ersten hervorgeht, indem man zu jedem der 5 Summanden jeweils 1 (bzw. 2) addiert.

Zu der ersten Summe wird mithin in beiden Fällen ein (ganzzahliges) Vielfaches von 5 addiert. Das läßt sich nun verallgemeinern, indem man wie folgt ansetzt:

Es sei a eine natürliche Zahl. Dann gilt, wenn man den ersten der fünf Summanden mit $a + 0^1)$ bezeichnet:

$$(a + 0) + (a + 1) + (a + 2) + (a + 3) + (a + 4) = 5a + (0 + 1 + 2 + 3 + 4)$$
$$= 5a + 10 = 5(a + 2),$$

d. h., 5 ist ein Teiler der betrachteten Summe. Damit ist Teil a) bewiesen.

Im Teil b) soll untersucht werden, ob die in a) für fünf aufeinanderfolgende natürliche Zahlen bewiesene Eigenschaft auch für sechs aufeinanderfolgende natürliche Zahlen

---

1 Üblicherweise schreibt man statt dessen a, die Form $(a + 0)$ wurde hier aus methodischen Gründen gewählt.

stets gilt. Wie aus dem Wortlaut der Aufgabenstellung ersichtlich ist, wird also *nicht* etwa der Nachweis verlangt, daß die betrachtete Eigenschaft *in keinem Falle* gilt. Daher genügt es hier, *ein* beliebiges Beispiel anzugeben, in dem die Summe von sechs aufeinanderfolgenden natürlichen Zahlen *nicht* durch 6 teilbar ist. So ist z. B. die Summe $0 + 1 + 2 + 3 + 4 + 5 = 15$ nicht durch 6 teilbar. Damit ist auch der Teil b) gelöst.

Hätte man kein geeignetes Beispiel gefunden, dann könnte man analog zum Teil a) zu beweisen versuchen, daß die Summe von sechs aufeinanderfolgenden natürlichen Zahlen stets durch 6 teilbar ist. Im vorliegenden Fall wäre man wegen

$$a + (a + 1) + (a + 2) + (a + 3) + (a + 4) + (a + 5) = 6a + 15$$

aber zu dem Ergebnis gekommen, daß $6a + 15$ für *keine* natürliche Zahl a durch 6 teilbar ist, d. h., die betrachtete Eigenschaft gilt sogar für keine Summe von sechs aufeinanderfolgenden natürlichen Zahlen.

Selbstverständlich ist mit dieser zuletzt angegebenen Lösung auch der Teil b) gelöst, nur ist eine so umfassende Aussage zur Lösung in diesem Fall nicht erforderlich — und häufig auch gar nicht möglich; denn es gibt Eigenschaften, die in vielen, oft sogar in fast allen Fällen gelten, ohne allgemeingültig zu sein.[1]

Im Teil c) soll *eine* weitere natürliche Zahl n ($n > 6$) gefunden werden, für die folgende Aussage gilt:

Die Summe von n aufeinanderfolgenden natürlichen Zahlen ist stets durch n teilbar.

Dieser Aufgabentext ähnelt dem Teil a), nur daß dort bereits $n = 5$ vorgegeben war. Der (naheliegende) Versuch mit $n = 7$ führt auf:

$$a + (a + 1) + (a + 2) + (a + 3) + (a + 4) + (a + 5) + (a + 6) = 7a + 21$$
$$= 7(a + 3),$$

womit eine geeignete Zahl n gefunden ist, nämlich $n = 7$. Damit ist auch Teil c) gelöst.

Im vorliegenden Fall[2] kommt man sehr bald zu der Vermutung, daß die betrachtete Eigenschaft (genau) für alle ungeraden n gilt, während sie für alle geraden n ($n > 0$) *nicht* gilt. Das läßt sich beweisen, wobei man die Formel für die Summe der ersten n natürlichen Zahlen $\left(s = \dfrac{n(n - 1)}{2} \right)$ benötigt. Der Beweis sei hier nur angedeutet.

Für $n = 2m - 1$ (m eine natürliche Zahl, $m \neq 0$) führt obige Überlegung auf die Summe $(2m - 1)\, a + \dfrac{(2m - 1)\, (2m - 2)}{2} = (2m - 1)\, (a + m - 1)$. In diesem Fall ist also $n = 2m - 1$ ein Teiler dieser Summe. Für $n = 2m$ (m eine natürliche Zahl, $m \neq 0$) führt das auf die Summe $2ma + \dfrac{2m(2m - 1)}{2} = m(2a + 2m^2 - 1)$. Diese Summe ist nicht durch $n = 2m$ teilbar. Die Vermutung hat sich also als richtig erwiesen.

---

1 Ein interessierter Leser wird sich an dieser Stelle die Frage stellen, ob es weitere Zahlen n ($n > 0$) mit der betrachteten Eigenschaft gibt, — und vielleicht sogar zu der Frage gelangen, für welche n die betrachtete Eigenschaft gilt und für welche n sie nicht gilt. Solchen Anregungen, die man aus vielen Aufgaben empfangen kann, sollte man unbedingt nachgehen.

2 Die nachstehenden Ausführungen gehören nicht zu einer vollständigen Lösung. Sie sollen zeigen, wie man die Beschäftigung mit einem in einer Aufgabe aufgetretenen Problem sinnvoll erweitern kann.

A 1.1　Jemand schreibt 3 * 6 * 5 und möchte dann die Sternchen so durch Ziffern ersetzen, daß eine fünfstellige, durch 75 teilbare Zahl entsteht.
Ermittle alle fünfstelligen, durch 75 teilbaren Zahlen, die unter diesen Bedingungen entstehen können!
(14/6/1)

A 1.2　**a)**　Beweise: Die Summe von fünf aufeinanderfolgenden natürlichen Zahlen ist stets durch 5 teilbar!
b)　Untersuche, ob auch die Summe von sechs aufeinanderfolgenden Zahlen stets durch 6 teilbar ist!
c)　Ermittle eine weitere natürliche Zahl n ($n > 6$), für die gilt:
Die Summe von n aufeinanderfolgenden natürlichen Zahlen ist stets durch n teilbar!
(17/7/2)

A 1.3　Ermittle die größte natürliche Zahl n, für die gilt: Jedes Produkt von vier aufeinanderfolgenden geraden natürlichen Zahlen ist durch 2^n teilbar!
(3/7/2)

A 1.4　Ermittle die kleinste Primzahl, die bei Division durch 5, 7 und 11 jeweils den Rest 1 läßt!
(18/7/1)

A 1.5　Beweise: Unter n aufeinanderfolgenden natürlichen Zahlen gibt es genau eine, die durch n teilbar ist!
(7/8/2)

A 1.6　Zeige, daß für jede Primzahl $p > 5$ das Produkt $(p - 2)(p - 1)(p + 1)(p + 2)$ durch 360 teilbar ist!
(13/8/3)

A 1.7　Es seien a und b natürliche Zahlen.
Beweise: Wenn $100a + b$ durch 7 teilbar ist, dann ist auch $a + 4b$ durch 7 teilbar!
(8/8/1)

A 1.8　Es seien a, b und c natürliche Zahlen, für die $a \geq b \geq c$ gelte.
Beweise, daß dann mindestens eine der Zahlen $a + b + c$, $a - b$, $b - c$, $a - c$ durch 3 teilbar ist!
(12/8/3)

12

A 1.9 Klaus behauptet:
Es sei z eine beliebige dreistellige natürliche Zahl und z' die Zahl, die sich aus z durch Umkehrung der Ziffernfolge ergibt. Dann ist $|z - z'|$ durch 99 teilbar.
Beweise diese Behauptung!
(4/8/2)

A 1.10 Beweise, daß sich alle Primzahlen $p > 3$ in der Form $6n + 1$ oder $6n - 1$ schreiben lassen, wobei n eine von Null verschiedene natürliche Zahl ist!
(15/8/3)

A 1.11 Unter der Quersumme einer natürlichen Zahl versteht man die Summe ihrer Ziffern. Die Zahl 1979 hat z. B. die Quersumme $1 + 9 + 7 + 9 = 26$.
a) Gib die Anzahl aller zweistelligen natürlichen Zahlen an, bei denen die eine der beiden Ziffern um 5 größer als die andere ist!
b) Ermittle unter diesen Zahlen alle diejenigen, die achtmal so groß sind wie ihre Quersumme!
(4/5/2)

A 1.12 Ermittle die Summe aller Quersummen der natürlichen Zahlen von 1 bis einschließlich 1000!
(7/8/3)

A 1.13 Als erste Quersumme einer natürlichen Zahl n sei die in bekannter Weise gebildete Quersumme verstanden.
Ist die erste Quersumme von n eine Zahl mit mehr als einer Ziffer, so sei deren Quersumme als zweite Quersumme von n bezeichnet.
Ist die zweite Quersumme von n eine Zahl mit mehr als einer Ziffer, so heiße ihre Quersumme die dritte Quersumme von n.
a) Ermittle die größte Zahl, die als dritte Quersumme einer 1972-stelligen Zahl auftreten kann!
b) Gib (durch Beschreibung der Ziffernfolge) die kleinste 1972-stellige Zahl an, die diese größtmögliche dritte Quersumme hat!
(12/8/2)

A 1.14 Beweise, daß es unter 51 aufeinanderfolgenden natürlichen Zahlen, deren kleinste nicht kleiner als 1 und deren größte nicht größer als 100 ist, stets mindestens zwei Zahlen gibt, von denen die eine gleich dem Doppelten der anderen ist!
(12/7/3)

A 1.15 Es sei a eine positive ganze Zahl.
Zeige, daß der Bruch $\dfrac{a^2 - a + 1}{a^2 + a - 1}$ weder durch 2 noch durch 3 gekürzt werden kann!
(7/8/3)

A 1.16 Von zwölf Mädchen einer Klasse ist bekannt, daß alle im selben Jahr, aber keine zwei im gleichen Monat geboren wurden. Multipliziert man jeweils die Zahl, die den Tag des Geburtsdatums angibt, mit der Zahl, die den Monat des Geburtsdatums angibt, so erhält man für die zwölf Mädchen die folgenden Produkte:
Astrid 49, Beate 3, Christina 52, Doris 130, Evelyn 187, Friederike 300, Gudrun 14, Heike 42, Ines 81, Kerstin 135, Liane 128 und Martina 153.
Ermittle aus diesen Angaben den Geburtstag von jeder der zwölf Schülerinnen!
(16/7/3)

A 1.17 Es sei A die Menge aller derjenigen natürlichen Zahlen a, für die $1500 \leqq a \leqq 2650$ gilt.
Untersuche, ob es in der Menge A fünfundsechzig verschiedene Zahlen gibt, die gerade und durch 9 teilbar sind!
(17/7/3)

A 1.18 Ermittle alle Paare natürlicher Zahlen, deren größter gemeinsamer Teiler 6 und deren kleinstes gemeinsames Vielfaches 210 ist!
(8/7/1)

A 1.19 Vergleiche die Summe aller dreistelligen, durch 4 teilbaren natürlichen Zahlen mit der Summe aller dreistelligen, nicht durch 4 teilbaren geraden natürlichen Zahlen!
a) Welche der beiden Summen ist größer?
b) Wie groß ist die Differenz der beiden Summen dem Betrage nach?
(5/7/2)

A 1.20 Es seien a, b, c, d vier aufeinanderfolgende natürliche Zahlen.
1) Welches Produkt ist größer, ac oder bd?
Ermittle den Betrag der Differenz dieser beiden Produkte!
2) Welches Produkt ist größer, bc oder ad?
Ermittle den Betrag der Differenz dieser beiden Produkte!
(4/8/3)

A 1.21 Jörg und Claudia streiten sich darüber, ob es unter den natürlichen Zahlen von 0 bis 1000 eine größere Anzahl solcher gibt, bei deren dekadischer Darstellung (mindestens) eine 5 vorkommt, als solcher, bei denen das nicht der Fall ist.
Stelle fest, wie die richtige Antwort lautet!
(13/6/1)

A 1.22 Man denke sich die Zahlen 1, 2, 3, 4, ... , 99, 100 derart hintereinander aufgeschrieben, daß die Zahl $z = 12345678910111213 ... 9899100$ entsteht.
a) Wie viele Stellen hat z?
b) Es sollen 100 Ziffern der Zahl z so gestrichen werden, daß die mit den restlichen Ziffern dargestellte Zahl z' möglichst groß ist. Dabei soll an

der Reihenfolge der von z in z' verbleibenden Ziffern nichts geändert werden!
Ermittle, welche Ziffern zu streichen sind, und gib die ersten zehn Ziffern der neuen Zahl z' an!
(16/7/1)

A 1.23 Man denke sich alle natürlichen Zahlen von 1 bis 1 000 000 fortlaufend nebeneinandergeschrieben. Dann entsteht die Zahl mit der Ziffernfolge
123456789101112131415 16 ...
Welche Ziffer steht in dieser Zahl an der 300 001. Stelle?
(12/8/1)

A 1.24   **a)** Beweise folgende Behauptung!
Wenn die Summe aus vier natürlichen Zahlen eine ungerade Zahl ist, dann ist ihr Produkt eine gerade Zahl.
   b) Untersuche, ob für alle geraden Zahlen n gilt:
Wenn die Summe aus n natürlichen Zahlen ungerade ist, dann ist ihr Produkt gerade!
(10/7/1)

A 1.25 Aus den zweistelligen Primzahlen 13, 17, 37, 79 erhält man wieder Primzahlen, wenn man ihre Ziffern jeweils vertauscht, also die Zahlen 31, 71, 73, 97 bildet. Ebenso kann man bei der Primzahl 131 die Ziffern beliebig vertauschen, also die Zahlen 113, 311 bilden, ohne daß dabei die Primzahleigenschaft velorengeht.
Untersuche, ob es dreistellige Primzahlen mit paarweise voneinander verschiedenen Ziffern gibt, bei denen man bei sämtlichen möglichen Ziffernvertauschungen stets wieder dreistellige Primzahlen erhält!
(10/7/3)

A 1.26 Für ein Treffen „Junger Mathematiker" kauft Rainer folgende Waren ein: Dreizehn Flaschen Limonade zu je 0,21 Mark, sechs Bockwürste und neun Lachsbrötchen. Rainer soll dafür insgesamt 10,34 Mark zahlen. „Das kann nicht stimmen", sagt er. Dabei wußte er nicht, wieviel Pfennig jedes Lachsbrötchen kostet. Weshalb konnte er seiner Behauptung trotzdem sicher sein?
(8/6/1)

A 1.27 Unter „Primzahldrillingen" wollen wir drei Primzahlen verstehen, die sich in der Form p, $p + 2$, $p + 4$ darstellen lassen. Beweise, daß es genau eine Zahl p gibt, für die p, $p + 2$, $p + 4$ „Primzahldrillinge" sind, und ermittle diese Zahl!
(16/7/3)

A 1.28   Es seien a, b natürliche Zahlen, und es gelte $a > b$. Gib für a und b Bedingungen an, so daß folgendes gilt: Die Differenz der Quadrate von a und b ist genau dann eine Primzahl, wenn diese Bedingungen sämtlich erfüllt sind! (10/8/3)

A 1.29   Zwei Mathematiker unterhalten sich über ihre unterschiedlichen Telefonnummern. Dabei stellt sich folgendes heraus:
   (1)   Jede der beiden Telefonnummern ist eine dreistellige Primzahl.
   (2)   Jede einzelne Ziffer in den beiden Telefonnummern stellt, als einstellige Zahl aufgefaßt, eine Primzahl dar.
   (3)   Die Ziffern, die in den beiden Telefonnummern jeweils an der Zehnerstelle stehen, stimmen miteinander überein. Die Ziffer an der Hunderterstelle der einen Telefonnummer ist die Ziffer an der Einerstelle der anderen Telefonnummer und umgekehrt.
   Ermittle aus diesen Angaben die beiden Telefonnummern! (15/7/1)

A 1.30   Auf welche beiden Ziffern endet das Produkt
$$z = 345\,926\,476^3 \cdot 125\,399\,676^2 \cdot 2\,100\,257\,933\,776^3\,?$$
(5/7/3)

A 1.31   Rolf behauptet, daß sich zur Summe 1000 eine Additionsaufgabe bilden läßt, bei der sämtliche Summanden natürliche Zahlen sind, in deren dekadischer Darstellung ausschließlich die Ziffer 8 auftritt, und zwar insgesamt genau 8-mal. Stelle fest, ob Rolfs Behauptung richtig ist!
   Wenn sie es ist, dann gib alle derartigen Additionsaufgaben an, und ordne darin die Summanden der Größe nach, beginnend mit dem größten! (11/5/1)

A 1.32   Die Zahl $\dfrac{16}{15}$ soll in der Form $\dfrac{16}{15} = \dfrac{a}{m} + \dfrac{b}{n}$ dargestellt werden. Dabei sollen a, b, m, n natürliche Zahlen sein, für die die Brüche $\dfrac{a}{m}$ und $\dfrac{b}{n}$ unkürzbar und keine ganzen Zahlen sind.
   Gib drei Beispiele einer solchen Darstellung an, wobei im
   ersten Beispiel $m = n$ und $a \neq b$,
   im zweiten Beispiel $a = b$ und $m \neq n$,
   im dritten Beispiel $a = b$ und $m = n$ gilt!
   (6/7/3)

A 1.33   a)   Wie oft stehen insgesamt im Verlauf von 24 Stunden (von 0.00 Uhr bis 24.00 Uhr) der Stunden- und der Minutenzeiger einer Uhr senkrecht aufeinander?
   b)   Berechne insbesondere alle derartigen Zeitpunkte zwischen 4.00 und 5.00 Uhr! (9/8/2)

A 1.34 Aus den Ziffern 0, 1, 2, 3, 4, 5, 6, 7, 8, 9 seien genau sieben ausgewählt, von denen keine zwei einander gleich sind.
Ermittle die Anzahl derjenigen (im dekadischen System) siebenstelligen Zahlen, die in ihrer (dekadischen) Zifferndarstellung jede der ausgewählten Ziffern enthalten!
Dabei werde vorausgesetzt, daß die 0
a) *nicht* unter den ausgewählten Ziffern,
b) unter den ausgewählten Ziffern
vorkommt.
(19/8/1)

A 1.35 Gegeben seien die vier periodischen Dezimalbrüche

$$p = 0{,}\overline{3456}\ldots\,, \quad q = 0{,}3\overline{456}\ldots\,, \quad r = 0{,}34\overline{56}\ldots\,, \quad s = 0{,}345\overline{6}\,.$$

a) Ermittle alle diejenigen natürlichen Zahlen n, für die folgende Aussage gilt:
In der n-ten Stelle nach dem Komma haben alle vier Dezimalbrüche p, q, r, s dieselbe Ziffer!

b) Ermittle alle diejenigen natürlichen Zahlen m, für die folgende Aussage gilt:
In der m-ten Stelle nach dem Komma haben keine zwei der vier Dezimalbrüche p, q, r, s dieselbe Ziffer!
(19/8/1)

A 1.36 Ein automatischer Nummernstempel für ein Serienprodukt druckt in jeder Sekunde genau eine natürliche Zahl. Er beginnt mit der Zahl 0 und setzt dann das Drucken der Reihe nach mit den aufeinanderfolgenden Zahlen 1, 2, 3, ... fort.
Ermittle die Anzahl aller Ziffern 1, die der Stempel in der ersten Viertelstunde zu drucken hat!
(19/6/2)

A 1.37 Ermittle alle diejenigen natürlichen Zahlen z, für die $1000 \leq z \leq 1700$ gilt und die durch 9, 12 und 14 teilbar sind!
(20/6/2)

2. Gleichungen

Bei der Lösung von Aufgaben muß man zunächst feststellen, ob aus der Aufgabenstellung hervorgeht, daß es eine Lösung gibt, oder ob das nicht ohne weiteres vorausgesetzt werden kann.

Handelt es sich bei der Aufgabenstellung um ein Ereignis, das tatsächlich stattgefunden hat (bzw. von dem man voraussetzt, daß es stattgefunden hat), dann ist damit die Existenz einer Lösung gegeben (↗ z. B. Aufgaben A 2.25, A 2.26).

Hat man bei derartigen Aufgaben bewiesen, daß nicht mehr als ein angegebener Wert existieren kann, so ist damit die Lösung vollständig. In diesem Falle ist vom mathematischen Standpunkt aus eine Probe *nicht* erforderlich, d. h., man braucht nicht noch einmal gesondert nachzuweisen, daß der angegebene Wert tatsächlich den Bedingungen der Aufgabe entspricht. (Wohl aber ist eine Rechenkontrolle — im Sprachgebrauch oft ebenfalls als „Probe" bezeichnet — zu empfehlen, wenn sie auch nicht unabdingbarer Bestandteil einer vollständigen Lösung ist. Ihr Fehlen erfährt daher auch keinerlei Wertung, etwa durch einen „Punktabzug".)

Hat man eine Wertemenge ermittelt und bewiesen, daß keine anderen Werte die in der Aufgabenstellung geforderten Eigenschaften haben, so ist bei Aufgaben der genannten Art zunächst nur klar, daß die Menge aller Lösungen als Teilmenge der angegebenen Wertemenge mindestens eine Lösung enthält. Für alle Werte der angegebenen Wertemenge muß deshalb festgestellt werden, ob sie Lösungen sind oder die Bedingungen der Aufgabe nicht erfüllen. Das hat dann eine „Probe" zu zeigen.

Geht aus der Aufgabenstellung die Existenz einer Lösung nicht ausdrücklich hervor (↗ z. B. Aufgaben A 2.3, A 2.10) und hat man eine Wertemenge ermittelt, die die Menge aller Lösungen enthält, so ist ebenfalls für alle Werte dieser Menge festzustellen, ob sie Lösungen sind. Bei Aufgaben dieser Art ist es aber im Unterschied zu den oben genannten Aufgaben möglich, daß es keinen Wert gibt, der die Bedingungen der Aufgabe erfüllt.

Der Nachweis, daß *höchstens* die angegebenen Werte Lösungen sein können, wird oft mit dem Auffinden dieser Werte gekoppelt. Er wird vielfach so begonnen, daß man zunächst (bei Aufgaben, für die die Existenz einer Lösung nicht sogleich aus dem Aufgabentext folgt) von der Annahme ausgeht, die Aufgabe habe eine Lösung. Aus dieser Annahme versucht man dann durch Schlüsse zu der genannten Aussage zu kommen, daß nur ein bestimmter Wert bzw. eine bestimmte Menge von Werten mit dieser Aussage vereinbar ist. Ein Lösungstext für derartige Aufgaben beginnt daher zweckmäßigerweise mit den Worten: „Angenommen, es gibt eine Lösung der Aufgabe ..." — oder — „Wenn eine Zahl z die genannten Bedingungen erfüllt, so gilt ..." — oder — „Es sei n eine natürliche Zahl, die die Bedingungen der Aufgabe erfüllt . . .". Hat man (unter dieser Voraussetzung) durch entsprechende Schlüsse (und Rechnungen) Werte für die Lösung gefunden, so ist damit lediglich die Feststellung verbunden, daß nur diese Werte, aber keine anderen, Lösung sein können. Es ist damit jedoch keineswegs gesagt, daß sie auch wirklich Lösung sind. Die entsprechende Formulierung lautet daher etwa: „Also kann höchstens das Paar (880, 80) die Bedingungen der Aufgabe erfüllen . . .“ — oder — „Daher können nur die Zahlen . . . die Bedingungen der Aufgabe erfüllen . . .“. Anschließend ist, wie gesagt, *stets* eine Probe notwendig. Bei ihr muß an den ursprünglichen Bedingungen nachgewiesen werden, daß die ermittelten Werte (bzw. daß einige von ihnen) diesen Bedingungen genügen, d. h., es muß gewissermaßen in umgekehrter Reihenfolge geschlossen werden. Das geschieht meist mit den Worten: „Tatsächlich gilt . . .“ — oder — „Umgekehrt gilt . . .“.

Erst wenn für jeden vorher als mögliche Lösung ermittelten Wert diese Prüfung erfolgt ist, kann die Lösung der Aufgabe als vollständig angesehen werden. Das geschieht dann meist mit den Worten: „Mithin sind alle natürlichen Zahlen x, für die . . . gilt, und nur sie, Lösung der Aufgabe . . .“ — oder — „Daher sind genau die Zahlen . . . Lösung . . .“ bzw. „Daher gibt es keine Zahl x, die Lösung der Aufgabe ist“.

Auf eine Besonderheit in der Formulierung der Lösungen sei noch hingewiesen: Die abgedruckten Lösungen sind gewissermaßen die Reinschrift der Lösungen, d. h., die gesamte Lösung ist bereits vor der Niederschrift bekannt. Es ist daher z. B. auch bekannt, ob ein zur Abgrenzung der Lösungsmenge zu untersuchender Fall zu einem Widerspruch führt oder nicht. Ergibt sich dabei ein Widerspruch, dann wurde bei der Formulierung — zum besseren Verständnis für den Lesenden — durchgängig der Konjunktiv benutzt. Solch eine Stelle lautet dann also etwa: „Wäre $I + S = 10$, so müßte $R = 0$ sein. Dann wäre aber . . ., im Widerspruch zur Aufgabenstellung . . .“.

Wird in der Aufgabenstellung verlangt, *alle* Zahlen zu ermitteln, die bestimmten Bedingungen genügen, dann ist damit über die Existenz bzw. über die Beschaffenheit der Lösung nichts gesagt. Es ist also durchaus auch möglich, daß die Aufgabe überhaupt keine Lösung (im betrachteten Zahlenbereich) hat, d. h., daß die Lösungsmenge leer ist.

Oft ist es nicht allzu schwer, die Lösung einer Aufgabe zu finden, sie mitunter geradezu zu „raten“ und danach zu verifizieren, d. h. zu zeigen, daß es sich tatsächlich um eine Lösung handelt. Ist in der Aufgabenstellung aber nach *allen* Lösungen gefragt, dann muß der Nachweis geführt werden, daß es sich bei den angegebenen Lösungen um alle Lösungen handelt. Darin besteht häufig die Hauptschwierigkeit. Ist dagegen nur nach *einer* Lösung gefragt, dann entfällt dieser Nachweis der Vollständigkeit. Die Aufgaben A 2.1 bis A 2.7 können als Beispiele für das eben Gesagte dienen.

Für die Richtigkeit und Vollständigkeit einer Lösung ist es unerheblich, ob der Verfasser dabei umständlich vorgegangen ist oder ob er eine sogenannte „elegante“ Lösung gefunden hat. Auch eine Lösung durch vollständiges systematisches Durchrechnen aller möglichen Fälle ist daher als vollwertig anzusehen. Deshalb wurden auch solche Beispiele aufgenommen (↗ etwa L 2.48).

A 2.1 In der folgenden Multiplikationsaufgabe ist jedes Sternchen (∗) so durch eine der Ziffern 0, 1, 2, 3, 4, 5, 6, 7, 8, 9 zu ersetzen, daß eine richtig gelöste Aufgabe entsteht. Dabei muß jede Zeile mit einer von 0 verschiedenen Ziffer beginnen.

```
6 * · * * *
* *
  * *
    * *
  _____
* * * 6
```

Als vollständige Lösung gilt die richtig ergänzte Aufgabe ohne Begründung.
(5/5/2)

A 2.2 In der folgenden Aufgabe ist jedes Sternchen (∗) so durch eine der Ziffern 0, 1, 2, 3, 4, 5, 6, 7, 8, 9 zu ersetzen, daß eine richtig gelöste Multiplikationsaufgabe entsteht. Dabei muß jede Zeile mit einer von 0 verschiedenen Ziffer beginnen.

```
4 * * · 3 * *
* * * 5
  3 * * *
      8 * *
  _____
* * * * 3 *
```

Als Ergebnis wird nur eine richtig ergänzte Aufgabe ohne Begründung verlangt.
(12/5/2)

A 2.3 In das nachstehende Kryptogramm sind für die Buchstaben die Ziffern 0, 1, 2, 3, 4, 5, 6, 7, 8, 9 so einzutragen, daß für gleiche Buchstaben gleiche Ziffern und für verschiedene Buchstaben verschiedene Ziffern stehen und daß alle angegebenen Rechenaufgaben richtig gelöst sind.

$$
\begin{array}{ccccc}
A & \cdot & A & = & B \\
+ & & \cdot & & - \\
C & \cdot & D & = & E \\
\hline
F & - & G & = & H
\end{array}
$$

Stelle fest, ob es eine solche Eintragung gibt, ob sie die einzige ist und wie sie in diesem Falle lautet!
(16/5/2)

A 2.4 Als die Klasse 7a den Fachunterrichtsraum für Mathematik betrat, war an der Wandtafel eine Multiplikationsaufgabe angeschrieben. Jemand hatte jedoch die Ziffern derart verwischt, daß nur noch vier „Einsen" leserlich geblieben waren und von den unleserlichen Ziffern lediglich noch zu erkennen war, an welcher Stelle sie gestanden hatten.

Das Bild an der Wandtafel hatte folgendes Aussehen, wobei die unleserlichen Ziffern durch die Buchstaben $a, b, c, \ldots$ ersetzt sind. (Dabei können also verschiedene Buchstaben auch die gleiche Ziffer, möglicherweise auch nochmals die Ziffer 1, bezeichnen.)

$$
\begin{array}{cccccc}
1 & a & b & \cdot & c & d \\
\hline
h & i & j & 1 & & \\
  & e & f & g & 1 & \\
\hline
k & m & n & 1 & p & \\
\end{array}
$$

Einige Schüler versuchten sofort, die fehlenden Ziffern zu ergänzen, und schon nach kurzer Zeit rief Bernd: „Ich weiß genau, wie die beiden Faktoren hießen!" Doch Gerd entgegnete ihm: „Es läßt sich nicht eindeutig feststellen, wie die beiden Faktoren lauteten."
Stelle fest, ob Bernd oder Gerd recht hatte! Gib in jedem Falle alle Lösungen (Realisierungen) des Multiplikationsschemas an!
(12/7/3)

A 2.5 In dem nachstehend abgebildeten Kryptogramm sind statt der Buchstaben die Ziffern 0, 1, 2, 3, 4, 5, 6, 7, 8, 9 so einzusetzen, daß alle fünf angegebenen Aufgaben richtig gelöst sind. Dabei sollen gleiche Buchstaben gleiche Ziffern, verschiedene Buchstaben verschiedene Ziffern bedeuten.

$$
\begin{array}{ccccc}
a & \cdot & a & = & b \\
\hline
c & \cdot & a & = & d \\
\hline
e & \cdot & a & = & a \\
\end{array}
$$

Es ist ferner zu untersuchen, ob das Kryptogramm eine eindeutig bestimmte Lösung (Realisierung) hat.
(15/6/1)

A 2.6 In einer Gruppe Junger Mathematiker wurde folgende Aufgabe für die Knobelecke vorgeschlagen, wobei die Buchstaben so durch die Ziffern 0, 1, 2, 3, 4, 5, 6, 7, 8, 9 zu ersetzen sind, daß eine richtig gelöste Aufgabe entsteht. Gleiche Buchstaben bedeuten dabei gleiche Ziffern, verschiedene Buchstaben verschiedene Ziffern.

$$
\begin{array}{cccc}
 & D & R & E & I \\
+ & E & I & N & S \\
\hline
 & V & I & E & R \\
\end{array}
$$

Ermittle alle Lösungen dieser Aufgabe!
(4/7/3)

A 2.7 In der nachstehenden Aufgabe ist jedes Sternchen (∗) so durch eine der Ziffern 0, 1, 2, 3, 4, 5, 6, 7, 8, 9 zu ersetzen, daß eine wahre Aussage entsteht.

$$**\cdot 9* = ***$$

Ermittle sämtliche Lösungen dieser Aufgabe!
(13/8/1)

A 2.8   In die zwölf Felder A, B, C, D, E, F, G, H, K, M, N, P des Bildes A 2.8 sollen die natürlichen Zahlen von 1 bis 12, jede genau in eines der Felder, so eingetragen werden, daß die Summe der in den Feldern A, B, C, D stehenden Zahlen 22 beträgt, ebenso die Summe der in den Feldern D, E, F, G stehenden Zahlen, die Summe der in den Feldern G, H, K, M stehenden Zahlen und auch die Summe der in den Feldern M, N, P, A stehenden Zahlen.

a)   Gib eine derartige Eintragung von Zahlen an!

b)   Untersuche, welche Zahlen bei jeder derartigen Eintragung in den Feldern A, D, G, M stehen!

(13/5/2)

Bild A 2.8   Bild A 2.9

A 2.9   In die leeren Felder des Bildes A 2.9 sind natürliche Zahlen so einzutragen, daß die eingetragenen Zahlen, von links nach rechts gelesen und auch von oben nach unten gelesen, immer größer werden und daß dabei für jede Zeile und für jede Spalte folgendes gilt: Alle Differenzen, die man in dieser Zeile bzw. in dieser Spalte zwischen zwei unmittelbar neben- bzw. untereinanderstehenden Zahlen bilden kann, haben einen für diese Zeile bzw. Spalte einheitlichen Wert. (Bei der Differenzbildung ist jeweils die kleinere linke bzw. obere von der größeren rechten bzw. unteren Zahl zu subtrahieren.)

Gib für jede Zeile und für jede Spalte die für sie charakteristische Differenz an!

(13/6/1)

A 2.10   Man ermittle alle geordneten Tripel $[p_1; p_2; p_3]$ von Primzahlen p_1, p_2, p_3 mit $p_2 > p_3$, die der Gleichung $p_1(p_2 + p_3) = 165$ genügen.

(17/8/3)

A 2.11   Ermittle alle Paare $[m; n]$ natürlicher Zahlen, für die folgendes gilt!

(1) $m + n = 968$

(2)   Die Ziffernfolge von m endet auf eine Null.
       Streicht man diese Null, so erhält man die Ziffernfolge von n.

(4/5/1)

22

A 2.12   In einem alten Buch mit lustigen mathematischen Knobeleien fand sich folgender Vers:

> Eine Zahl hab' ich gewählt,
> 107 zugezählt,
> dann durch 100 dividiert
> und mit 11 multipliziert,
> endlich 15 subtrahiert,
> und zuletzt ist mir geblieben
> als Resultat die Primzahl 7.

Ermittle alle Zahlen, die diesen Bedingungen genügen!
(10/5/1)

A 2.13   Auf einer Geburtstagsfeier stellt Rainer seinen Gästen folgende — schon im Altertum bekannte — Knobelaufgabe:
Eine Schnecke beginnt am Anfang eines Tages vom Erdboden aus eine 10 m hohe Mauer emporzukriechen. In der folgenden Zeit kriecht sie während der ersten 12 Stunden eines jeden Tages genau 5 m nach oben und gleitet während der restlichen 12 Stunden des gleichen Tages jeweils um genau 4 m nach unten.
Nach wieviel Stunden hat sie erstmals die gesamte Mauerhöhe erreicht?
(12/5/1)

A 2.14   Ermittle alle Paare $[x; y]$ natürlicher Zahlen, für die die Gleichung $2x + 3y = 27$ erfüllt ist!
(16/7/3)

A 2.15   Ermittle alle zweistelligen natürlichen Zahlen z, die die folgenden Bedingungen (1), (2), (3) gleichzeitig erfüllen!
(1)   Die Zahl z ist nicht durch 10 teilbar.
(2)   Vergrößert man die Einerziffer (d. h. die an der Einerstelle stehende Ziffer) der Zahl z um 4, so erhält man die Zehnerziffer von z.
(3)   Vertauscht man die Ziffern von z miteinander, dann erhält man eine Zahl, deren Dreifaches kleiner als 100 ist.
(18/5/2)

A 2.16   Luise sucht eine natürliche Zahl x, die sie vom Zähler des Bruches $\dfrac{17}{19}$ subtrahieren und gleichzeitig zum Nenner dieses Bruches addieren möchte, wobei der so entstehende Bruch den Wert $\dfrac{7}{11}$ erhalten soll.

Stelle fest, ob es eine Zahl x gibt, die die Bedingungen der Aufgabe erfüllt! Gib diese Zahl im Falle ihrer Existenz an, und untersuche, ob sie die einzige ist, die die Bedingungen der Aufgabe erfüllt!
(16/6/1)

A 2.17   In Rumänien gibt es Geldscheine zu 3 und zu 5 Lei.
Beweise: Jeder beliebige ganzzahlige Geldbetrag in Lei, der größer als 7 Lei
ist, kann unter alleiniger Verwendung von Drei- und Fünf-Lei-Scheinen zusam-
mengestellt werden, falls genügend viele dieser Geldscheine vorhanden sind!
(6/7/1)

A 2.18   Ermittle alle nichtnegativen rationalen Zahlen x, die die Gleichung
$x + |x - 1| = 1$ erfüllen!
(12/7/3)

A 2.19   Fritz soll eine dreistellige natürliche Zahl z mit sich selbst multiplizieren.
Er schreibt versehentlich als ersten Faktor z', eine um 5 kleinere Zahl, hin.
Darauf aufmerksam gemacht, sagt er: „Ich nehme als zweiten Faktor z''
einfach eine um 5 größere Zahl, dann wird das Ergebnis richtig."
a)   Ist diese Behauptung wahr?
b)   Vorausgesetzt, sie sei falsch, so ermittle, zwischen welchen Grenzen
sich dann der absolute Fehler $|z^2 - z' \cdot z''|$ bewegt, wenn z alle drei-
stelligen Zahlen durchläuft!
(8/8/3)

A 2.20   Gib alle Quadrupel $[z_1; z_2; z_3; z_4]$ zweistelliger natürlicher Zahlen an, die die
folgenden Eigenschaften haben!
Für jedes Quadrupel $[z_1; z_2; z_3; z_4]$ gilt:
(1) $z_1 \cdot z_2 = z_3 \cdot z_4$
(2) z_3 erhält man, wenn man z_1 rückwärts liest.
(3) z_4 erhält man, wenn man z_2 rückwärts liest.
(4)   Unter den vier Ziffern von z_1 und z_2 gibt es keine zwei, die gleich sind.
(5) z_1 ist die kleinste der vier Zahlen.
(Beispiel für ein solches Quadrupel: [24; 63; 42; 36])
(5/8/3)

A 2.21   Untersuche, ob es eine kleinste positive rationale Zahl a gibt, zu der man eine

natürliche Zahl x mit der Eigenschaft $\dfrac{25}{2} x - a = \dfrac{5}{8} x + 142$ finden kann!

Wenn es ein solches kleinstes a gibt, so ermittle, welchen Wert x für dieses a
annimmt!
(12/8/3)

A 2.22   In einer Mathematik-Arbeitsgemeinschaft stellt Monika den Teilnehmern
folgende Aufgabe:
„Jeder der Buchstaben A, L, P, H bedeutet eine einstellige natürliche Zahl.
Dabei gilt:
(1)   Die Zahl H ist doppelt so groß wie die Zahl P.
(2)   Die Zahl A ist gleich der Summe aus der Zahl P und dem Doppelten der
Zahl H.
(3)   Die Zahl L ist gleich der Summe der Zahlen A, P und H.

Schreibt man die so ermittelten Zahlen in der Reihenfolge *ALPHA* hintereinander, dann erhält man die (fünfstellige) Leserzahl der mathematischen Schülerzeitschrift „alpha". Ermittle die Anzahl dieser Leser!"
(16/5/1)

A 2.23 Über die Altersangaben (in vollen Lebensjahren) einer Familie (Vater, Mutter und zwei Kinder) ist folgendes bekannt:
(1) Die Summe aller vier Lebensalter beträgt 124.
(2) Vater und Mutter sind zusammen dreimal so alt wie ihre beiden Kinder zusammen.
(3) Die Mutter ist mehr als doppelt so alt wie das älteste der Kinder.
(4) Die Differenz, die sich ergibt, wenn man das Lebensalter der Mutter von dem des Vaters subtrahiert, ist neunmal so groß wie die Differenz, die sich ergibt, wenn man das Lebensalter des jüngeren Kindes von dem des älteren Kindes substrahiert.
Ermittle für jedes der vier Familienmitglieder sein Alter!
(13/7/3)

A 2.24 Insgesamt 36 Schüler einer Klassenstufe nehmen am außerunterrichtlichen Sport teil, und zwar jeder in genau einer der Sektionen Leichtathletik, Tischtennis, Schwimmen, Judo und Schach. Über die Teilnahme dieser Schüler an den genannten Sektionen ist weiter bekannt:
(1) Mehr als die Hälfte der 36 Schüler betreibt Leichtathletik.
(2) Es gehören mehr der Sektion Schwimmen als der Sektion Tischtennis an.
(3) Die Summe aus der Anzahl der Mitglieder der Sektion Schach und der Sektion Judo beträgt genau ein Neuntel aller dieser Schüler.
(4) In der Sektion Tischtennis befinden sich doppelt soviele dieser Schüler wie in der Sektion Schach.
(5) Die Anzahl der Sektionsmitglieder Schach ist größer als das Doppelte, jedoch kleiner als das Vierfache der Anzahl der Sektionsmitglieder Judo aus dieser Schülergruppe.
Ermittle aus diesen Angaben für jede der genannten Sektionen die Anzahl der Schüler der erwähnten Gruppe, die Mitglieder dieser Sektion sind!
(13/7/2)

A 2.25 Eine Gruppe von Schülern einer Klasse hat Kastanien gesammelt, und zwar jeder Schüler die gleiche Anzahl. Als ein Mitschüler fragt, wie viele Schüler die Klasse insgesamt hat und wie viele am Sammeln teilgenommen haben, erhält er folgende Antworten:
(1) Wären 12 Schüler der Klasse mehr dabeigewesen, dann hätten wir (bei gleicher Leistung je Schüler) 75 % mehr sammeln können.
(2) Wenn 75 % der Schüler unserer Klasse teilgenommen hätten, dann hätten wir (bei gleicher Leistung je Schüler) das Eineinhalbfache sammeln können.
a) Ermittle die Anzahl der Schüler dieser Klasse, die am Sammeln teilgenommen haben!
b) Ermittle die Anzahl aller Schüler dieser Klasse!
(5/8/2)

A 2.26   Peter kam vom Einkaufen zurück. Er kaufte in genau vier Geschäften ein und hatte dafür genau 35 Mark zur Verfügung. Davon brachte er der Mutter genau 2 Mark wieder und berichtete:
„Im Gemüseladen habe ich 4 Mark und noch etwas, jedenfalls mehr als 10 Pfennig, bezahlt. Im Schreibwarengeschäft habe ich mehr als im Gemüseladen bezahlt, es war eine gerade Anzahl von Pfennigen dabei. Beim Bäcker war es dann mehr als im Gemüseladen und im Schreibwarengeschäft zusammen, aber diese Geldsumme war ungerade, und im Konsum schließlich bezahlte ich mehr als in den drei anderen Geschäften zusammen."
Welche Geldbeträge bezahlte Peter in den vier genannten Geschäften?
(15/8/1)

A 2.27   Über das Ergebnis einer Klassenarbeit ist folgendes bekannt:
Es nahmen daran mehr als 20 und weniger als 40 Schüler teil.
Das arithmetische Mittel aller Zensuren, die die Schüler in dieser Klassenarbeit erreichten, betrug 2,3125. Kein Schüler erhielt bei dieser Arbeit die Note „5". Die Anzahl der „Zweien" war eine ungerade Zahl und größer als 12. Die Anzahl der „Dreien" war genau so groß wie die der „Zweien".
a)   Ermittle die Anzahl der Schüler, die an dieser Klassenarbeit teilnahmen!
b)   Ermittle die Anzahl derjenigen, die hierbei die Note „1" erhielten!
(18/8/1)

A 2.28   In jeder von fünf Kisten befindet sich genau die gleiche Anzahl von Äpfeln. Entnimmt man jeder Kiste 60 Äpfel, so bleiben in den Kisten insgesamt soviel Äpfel übrig, wie vorher in zwei Kisten waren.
Ermittle die Anzahl aller Äpfel, die sich anfangs in den Kisten befanden!
(6/5/2)

A 2.29   Hans nimmt am Training der Sektion Leichtathletik seiner Schulsportgemeinschaft teil. Eine der Übungen besteht in rhythmischem Gehen mit anschließendem Nachfedern im Stand. Die Länge der Übungsstrecke beträgt dabei 30 m. Am Anfang und am Ende stehen Fahnenstangen. Hans legt die Strecke auf folgende Weise zurück: Zwei Schritte vor, nachfedern, dann einen Schritt zurück, nachfedern, dann wieder zwei Schritte vor ... usw., bis er die zweite Fahnenstange erreicht.
Welches ist die genaue Anzahl von Schritten, die er unter den angegebenen Bedingungen von der ersten bis zum Erreichen der zweiten Fahnenstange macht, wenn seine Schrittlänge dabei genau 5 dm beträgt?
(6/5/2)

A 2.30   Auf einer Großbaustelle sind drei Bagger eingesetzt. Bei gleichbleibender Leistung fördern sie zusammen in 20 min genau 90 m^3 Erde. Die Bedienung dieser drei Bagger erfolgt durch insgesamt sechs Arbeiter.
Angenommen, die von diesen drei Baggern verrichtete Arbeit müßte von sechs Erdarbeitern verrichtet werden, wobei jeder der Erdarbeiter an jedem Arbeitstag genau 5 m^3 Erde bewegen würde. Ermittle die Anzahl von Arbeitstagen, die diese Erdarbeiter für die 90 m^3 Erde benötigen würden!
(8/5/1)

A 2.31 Annerose bringt aus dem Garten Äpfel und Pflaumen mit. Als sie nach Hause kommt, wird sie von ihrem Bruder Gerd gefragt:
„Wie viele Äpfel und wie viele Pflaumen hast du mitgebracht?"
Verschmitzt antwortet Annerose:
„Es sind zusammen weniger als 50 Stück, und zwar dreimal so viel Pflaumen wie Äpfel. Wenn Mutter von den mitgebrachten Äpfeln und Pflaumen jedem von uns vier Geschwistern je einen Apfel und je eine Pflaume geben würde, blieben noch viermal soviel Pflaumen wie Äpfel übrig."
Ermittle die Anzahl der Äpfel und die der Pflaumen, die Annerose mitbrachte!
(8/5/1)

A 2.32 An einem Waldlauf beteiligten sich insgesamt 81 Personen. Von den teilnehmenden Erwachsenen (18 Jahre und älter) war die Anzahl der Männer doppelt so groß wie die der Frauen. Die Anzahl der teilnehmenden Kinder und Jugendlichen (unter 18 Jahren) betrug die Hälfte der Anzahl der teilnehmenden Erwachsenen. Dabei waren es halb so viele Kinder (unter 16 Jahren) wie Jugendliche (16 Jahre oder älter, aber unter 18 Jahre).
Gib die Anzahlen der teilnehmenden erwachsenen Männer, Frauen sowie der teilnehmenden Kinder und Jugendlichen an!
(15/5/1)

A 2.33 Auf drei Bäumen sitzen insgesamt 56 Vögel. Nachdem vom ersten Baum 7 auf den zweiten und vom zweiten 5 Vögel auf den dritten Baum geflogen waren, saßen nun auf dem zweiten Baum doppelt so viele Vögel wie auf dem ersten und auf dem dritten doppelt so viele Vögel wie auf dem zweiten Baum.
Berechne, wie viele Vögel ursprünglich auf jedem der Bäume saßen!
(17/5/2)

A 2.34 Während der Sommerferien besuchte Monika die Hauptstadt der Sowjetunion. Für ihre Mathematik-Arbeitsgemeinschaft brachte sie folgende Aufgabe mit:
Im „Gorki"-Ring der Moskauer Metro (Untergrundbahn) befinden sich vier Rolltreppen von unterschiedlicher Länge. Die Gesamtlänge der beiden Rolltreppen mittlerer Länge beträgt 136 m, wobei die Länge der einen um 8 m größer ist als die der anderen. Die Länge der längsten Rolltreppe beträgt $\frac{3}{10}$ und die der kürzesten $\frac{3}{14}$ von der Gesamtlänge aller vier Rolltreppen.
Berechne die Länge jeder der vier Rolltreppen!
(8/6/2)

A 2.35 In einer Verkaufsstelle wird ein Artikel in drei verschiedenen Ausführungen angeboten, wobei die Ausführungen unterschiedlich im Preis sind.
Beate kauft von jeder Ausführung dieses Artikels ein Stück und bezahlt dafür insgesamt 10,50 Mark. Hätte sie dagegen drei Stück von der billigsten Ausführung gekauft, dann hätte sie 0,75 Mark gespart. Hätte sie aber drei Stück von der teuersten Ausführung gekauft, dann hätte sie 0,75 Mark mehr bezahlen müssen. Wieviel kostet jede der drei Ausführungen dieses Artikels?
(18/6/2)

A 2.36 Ein Radfahrer fuhr mit gleichbleibender Geschwindigkeit auf einer Straße von A nach B. Er startete in A um 6.00 Uhr und legte in jeder Stunde 14 km zurück. Ein zweiter Radfahrer fuhr auf derselben Straße mit gleichbleibender Geschwindigkeit von B nach A. Er startete am selben Tag wie der erste Radfahrer um 8.00 Uhr in B und legte in jeder Stunde 21 km zurück. Beide Radfahrer begegneten sich genau am Mittelpunkt der Strecke von A nach B.
Ermittle
a) die Uhrzeit der Begegnung,
b) die Länge der Strecke von A nach B!
(14/6/2)

A 2.37 Von zwei Autos legte das eine eine Strecke von 1200 km zurück, das andere eine Strecke von 800 km. Es sei angenommen, daß jedes der beiden Autos für jeden Kilometer die gleiche Menge Kraftstoff verbrauchte. Dabei verbrauchte das zweite Auto 36 l Kraftstoff weniger als das erste.
Berechne, wieviel Liter Kraftstoff beide Autos zusammen für die oben angegebenen Strecken verbrauchten!
(11/6/1)

A 2.38 Schallwellen legen in der Luft in jeder Sekunde eine Strecke von rund 340 m zurück, die Rundfunkwellen dagegen in jeder Sekunde rund 300 000 km.
Wer hört einen vor dem Mikrophon sprechenden Redner früher,
a) ein genau 2 m vom Redner entfernt sitzender Zuhörer im Saal oder
b) ein Rundfunkhörer, der die Sendung in einer Entfernung von genau 1000 km vom Sender mit Kopfhörern abhört?
Begründe deine Behauptung!
(Löse die Aufgabe unter der Annahme, daß die Schallwellen in der Luft in jeder Sekunde höchstens 340 m und die Rundfunkwellen in der Luft mindestens 290 000 km in jeder Sekunde zurücklegen!)
(3/6/2)

A 2.39 Wenn man ein Drittel von Rainers Spargeld zu einem Fünftel dieses Spargeldes addiert, dann ist diese Summe genau 7 Mark mehr als die Hälfte seines Spargeldes.
Gib an, welche Summe Rainer hiernach gespart hatte!
(11/6/2)

A 2.40 Eine Strecke von 168 m soll in drei Teilstrecken geteilt werden, deren Längen der Reihe nach mit a, b, c bezeichnet seien. Dabei soll die zweite Teilstrecke dreimal so lang wie die erste und die dritte Teilstrecke viermal so lang wie die erste sein.
Ermittle alle Möglichkeiten, die Längen a, b, c der Teilstrecken so anzugeben, daß eine Teilung mit den angegebenen Eigenschaften entsteht!
(12/6/1)

A 2.41 Eine Expedition von Wissenschaftlern legte am ersten Tag ein Drittel der Gesamtstrecke, am zweiten Tag 150 km und am dritten Tag ein Viertel der

geplanten Gesamtstrecke zurück und erreichte damit den Zielort.
Ermittle die Länge der von der Expedition in diesen drei Tagen zurückgelegten
Wegstrecke!
(17/6/2)

A 2.42 Uli hat vier verschiedene, mit A, B, C bzw. D bezeichnete Sorten Stahlkugeln.
Dabei haben Kugeln gleicher Sorte auch stets gleiches Gewicht. Mit Hilfe
einer Balkenwaage stellte er fest, daß zwei Kugeln der Sorte B genau so schwer
sind wie eine Kugel der Sorte A. Weiter fand er, daß drei Kugeln der Sorte C
ebensoviel wiegen wie eine Kugel der Sorte B und daß fünf Kugeln der Sorte D
das gleiche Gewicht haben wie eine Kugel der Sorte C.

a) Wie viele Kugeln der Sorte D muß Uli in die eine (leere) Waagschale
legen, wenn sie einer Kugel der Sorte A in der anderen Waagschale das
Gleichgewicht halten sollen?

b) In der einen Waagschale liegen 20 Kugeln der Sorte D und 5 Kugeln
der Sorte C. Wie viele Kugeln der Sorte B muß Uli in die andere (leere)
Waagschale legen, um Gleichgewicht zu erhalten?

(17/7/3)

A 2.43 Vater und Sohn gehen nebeneinander. In der gleichen Zeit, in der der Vater
4 Schritte macht, macht der Sohn jedesmal 5 Schritte, und in dieser Zeit
legen beide jedesmal genau den gleichen Weg zurück. Die durchschnittliche
Schrittlänge des Vaters beträgt 80 cm.

a) Wie groß ist die durchschnittliche Schrittlänge des Sohnes?

b) Wir nehmen an, daß beide gleichzeitig mit dem rechten Fuß beginnen.
Nach wie vielen Schritten des Vaters treten beide erstmalig gleichzeitig mit dem linken Fuß auf?

(9/7/2)

A 2.44 Ein mit konstanter Geschwindigkeit fahrender Zug fuhr über eine 225 m
lange Brücke in genau 27 s (gerechnet von der Auffahrt der Lok auf die Brücke
bis zur Abfahrt des letzten Wagens von der Brücke).
An einem Fußgänger, der entgegen der Fahrtrichtung des genannten Zuges
ging, fuhr dieser in genau 9 s vorüber. In dieser Zeit hatte der Fußgänger
genau 9 m zurückgelegt.
Ermittle die Länge des Zuges (in Meter) und seine Geschwindigkeit (in Kilometer je Stunde)!
(13/7/3)

A 2.45 Das Ehepaar Winkler hat drei Kinder. Am 1. Januar 1975 war das älteste
Kind doppelt so alt wie das zweite und dieses wiederum doppelt so alt wie
das jüngste Kind. Die Mutter war doppelt so alt wie ihre drei Kinder zusammen.
Der Vater war so alt wie die Mutter und das jüngste Kind zusammen. Alle
fünf Familienmitglieder waren zusammen so alt wie der eine Großvater,
und dieser war 64 Jahre alt, als das älteste Kind geboren wurde.
Wie alt war jede der genannten Personen am 1. Januar 1975?
(Alle Altersangaben sind in vollen Lebensjahren zu verstehen.)
(15/7/2)

A 2.46 Klaus hatte an einem Sonnabend um 12.00 Uhr seine Armbanduhr nach dem Zeitzeichen des Radios eingestellt. Er bemerkte am folgenden Sonntag um 12.00 Uhr beim Zeitzeichen, daß seine Uhr um genau 6 min nachging, vergaß aber, sie richtig zu stellen. Er wollte am folgenden Montag früh um genau 8.00 Uhr fortgehen. Welche Zeit zeigte seine Uhr zu dieser Uhrzeit an, wenn angenommen wird, daß diese Uhr während der ganzen Zeit gleichmäßig lief?
(12/7/1)

A 2.47 Zwei Geschwister erhielten im September zusammen 6 Mark für abgelieferte Altstoffe. Im Oktober erhielten sie zusammen 13 Mark. Im November bekamen sie 2 Mark weniger als in den beiden vorigen Monaten zusammen. Ein Drittel ihres in den drei Monaten erzielten Gesamterlöses spendeten sie für die Solidarität, ein weiteres Drittel legten sie in ihre gemeinsame Ferienkasse. Den Rest teilten sie sich zu gleichen Teilen zum persönlichen Gebrauch.
Ermittle den Betrag, den damit jeder der beiden für sich persönlich erhielt!
(20/5/2)

A 2.48 Bei einem Einkauf wurde der Preis von 170 Mark mit genau 12 Geldscheinen bezahlt. Jeder dieser Geldscheine war ein 10-Mark-Schein oder ein 20-Mark-Schein. Ermittle die Anzahl der 10-Mark-Scheine und die der 20-Mark-Scheine, die zum Zahlen der angegebenen Summe verwendet wurden!
(20/5/2)

A 2.49 Ein Flugzeug, das mit konstanter (gleichbleibender) Geschwindigkeit von A nach B fliegt, ist um 10.05 Uhr noch 2100 km, um 11.20 Uhr nur noch 600 km von B entfernt.
Um welche Zeit trifft es in B ein, wenn es mit der bisherigen Geschwindigkeit weiterfliegt?
(20/6/2)

A 2.50 Ein leeres quaderförmiges Wasserbecken ist 22 m lang, 6 m breit und 2 m tief. Beim Füllen des Beckens fließen in jeder Minute 900 l Wasser in das Becken.
Nach welcher Zeit ist das Becken bis zu einer Höhe von genau 1,50 m gefüllt?
(Der Boden des Beckens ist waagerecht. Die Wasseroberfläche wird als eben angesehen.)
(20/6/2)

A 2.51 Herr Schäfer hatte sich zwei Hunde gekauft. Er mußte sie aber bald wieder verkaufen. Dabei erhielt er für jeden Hund 180 Mark. Wie Herr Schäfer feststellte, hatte er damit an dem einen Hund 20 % von dessen früherem Kaufpreis dazugewonnen, während er den anderen Hund mit 20 % Verlust von dessen früherem Kaufpreis weiterverkauft hatte.
Untersuche, ob sich hiernach für Herrn Schäfer insgesamt beim Verkauf beider Hunde ein Gewinn oder ein Verlust gegenüber dem gesamten früheren Kaufpreis ergeben hat! Wenn dies der Fall ist, so ermittle, wie hoch der Gewinn bzw. der Verlust ist!
(20/8/2)

A 2.52 Von einem Busbahnhof fahren um 12.00 Uhr gleichzeitig vier Busse ab. Die Zeit, die jeweils bis zur nächsten Rückkehr und anschließenden erneuten Abfahrt vom gleichen Busbahnhof vergeht, beträgt

für den ersten Bus $\frac{3}{4}$ h,

für den zweiten Bus $\frac{1}{2}$ h,

für den dritten Bus 36 min und

für den vierten Bus 1 h.

Zu welcher Uhrzeit fahren hiernach erstmalig alle vier Busse wieder zusammen von dem Busbahnhof ab?
Wie viele Fahrten hat jeder der Busse bis dahin durchgeführt?
(19/6/1)

A 2.53 Ulrike möchte vier natürliche Zahlen in einer bestimmten Reihenfolge angeben, so daß folgendes gilt:

Die zweite Zahl ist um 1 kleiner als das Doppelte der ersten,
die dritte Zahl ist um 1 kleiner als das Doppelte der zweiten,
die vierte Zahl ist um 1 kleiner als das Doppelte der dritten,
die Summe der vier angegebenen Zahlen beträgt 79.

Zeige, wie man alle Zahlen finden kann, die diese Bedingungen erfüllen!
Überprüfe, ob die gefundenen Zahlen alle Bedingungen erfüllen!
(19/6/1)

A 2.54 In einer Verkaufsstelle werden genau vier verschiedene Waschpulversorten A, B, C, D angeboten. Insgesamt sind 900 Pakete dieser Sorten im Lager der Verkaufsstelle vorhanden; jedes Paket hat 250 g Inhalt. Ein Drittel des gesamten Lagerbestandes an Waschmitteln ist von der Sorte A. Ein Viertel des übrigen Bestandes ist von der Sorte B. Von der Sorte C sind ebensoviele Pakete im Lager wie von der Sorte D.
a)   Ermittle für jede der vier Sorten den Lagerbestand!
b)   Wieviel Kilogramm Waschpulver sind insgesamt in den Paketen enthalten?
(19/5/2)

A 2.55 In einem Ladenregal liegen sechs Geschenkartikel, und zwar zu folgenden Preisen:
15 Mark, 16 Mark, 18 Mark, 19 Mark, 20 Mark und 31 Mark, von jeder Sorte genau ein Stück.
Ein Käufer kaufte genau zwei dieser Geschenke, ein anderer genau drei. Der zweite Käufer hatte doppelt soviel zu zahlen wie der erste.
Ermittle aus diesen Angaben, welche der sechs Geschenke vom ersten und welche vom zweiten Käufer gekauft wurden!
(19/6/2)

A 2.56 Ermittle alle diejenigen natürlichen Zahlen z, die die folgenden Bedingungen (1) bis (4) erfüllen!

(1)   Die Zahl z ist dreistellig.

(2)   Die Zehnerziffer (d. h. die an der Zehnerstelle stehende Ziffer) von z ist um 1 größer als die Hunderterziffer von z.

(3)   Die Einerziffer von z ist doppelt so groß wie die Hunderterziffer von z.

(4)   Die Zahl z ist das Doppelte einer Primzahl.

(19/7/2)

A 2.57 Ein Kraftfahrer fuhr mit seinem PKW von A nach B. Nach einer Fahrzeit von 20 min hatte er eine Panne, die in 30 min behoben werden konnte. Nach weiteren 12 min Fahrzeit mußte er an einer geschlossenen Bahnschranke 4 min warten. Bis dahin hatte er 40 km zurückgelegt. Die Fahrt von der Bahnschranke nach B begann um 11.06 Uhr und verlief ohne Aufenthalt. In B angekommen, stellte der Fahrer fest, daß er von der Abfahrt an der Bahnschranke bis zur Ankunft in B genau die Hälfte derjenigen Zeit benötigt hatte, die insgesamt von der Abfahrt in A bis zur Ankunft in B vergangen war. Es sei dabei angenommen, daß der Kraftfahrer auf jedem Teilstück dieses Weges mit derselben Durchschnittsgeschwindigkeit fuhr.

a)   Zu welcher Uhrzeit traf der Kraftfahrer in B ein?

b)   Wie groß war die Durchschnittsgeschwindigkeit (in $\dfrac{\text{km}}{\text{h}}$)?

c)   Wieviel Kilometer hatte er insgesamt von A nach B zurückgelegt?

(19/7/2)

A 2.58 Eine Gruppe von 39 Schülern unterhält sich über ihre Zensuren in den Fächern Mathematik, Russisch und Deutsch. Dabei wird festgestellt:

(1)   Genau 11 Schüler haben in Mathematik die Zensur 2.

(2)   Genau 19 Schüler haben in Russisch die Zensur 2.

(3)   Genau 23 Schüler haben in Deutsch die Zensur 2.

(4)   Genau 1 Schüler hat in allen drei Fächern die Zensur 2.

(5)   Genau 4 Schüler haben in Mathematik und Deutsch, aber nicht in Russisch die Zensur 2.

(6)   Genau 7 Schüler haben in Russisch und Deutsch, aber nicht in Mathematik die Zensur 2.

(7)   Genau 2 Schüler haben in Mathematik und Russisch, aber nicht in Deutsch die Zensur 2.

Ermittle aus diesen Angaben die Anzahl derjenigen Schüler dieser Gruppe, die in genau einem, und die Anzahl derjenigen, die in keinem der angegebenen Fächer die Zensur 2 haben!

(19/8/2)

A 2.59 Cathrin geht einkaufen. Sie hat genau 18 Geldstücke, und zwar nur Zweimark- und Fünfzigpfennigstücke, bei sich. Von dem Gesamtbetrag dieses Geldes gibt sie genau die Hälfte aus.

Nach dem Einkauf stellt sie fest, daß sie jetzt wieder ausschließlich Zweimark- und Fünfzigpfennigstücke bei sich hat, und zwar soviel Zweimarkstücke, wie sie vor dem Einkauf Fünfzigpfennigstücke besaß, und soviel Fünfzigpfennigstücke, wie sie vorher Zweimarkstücke hatte.

Welchen Geldbetrag besaß Cathrin noch nach dem Einkauf?
(19/7/3)

A 2.60   Klaus erzählt: „Als ich kürzlich einkaufte, hatte ich genau drei Münzen bei mir. Beim Bezahlen stellte ich folgendes fest: Wenn ich zwei meiner Münzen hergebe, so fehlen noch 3,50 Mark bis zum vollen Preis der gekauften Ware, lege ich aber nur die übrige Münze hin, so erhalte ich 3,50 Mark zurück." Ermittle aus diesen Angaben alle Möglichkeiten dafür, wie viele Münzen welcher Sorte Klaus bei sich gehabt hat! Dabei sind nur 1-, 5-, 10-, 20- und 50-Pfennigstücke sowie 1-, 2-, 5-, 10- und 20-Markstücke zu berücksichtigen.
(19/8/3)

A 2.61   Ermittle alle rationalen Zahlen x mit $x \neq 2$, die die folgende Gleichung erfüllen!

$$\frac{3x}{x-2} + 1 + \frac{4}{x-2} = 2 + \frac{3(x+1)}{x-2} + \frac{1}{x-2}$$

(10/8/1)

A 2.62   Eine Gruppe von Schülern unternahm eine Radwanderung. Sie startete innerhalb eines Ortes und erreichte nach 800 m Fahrt den Ortsausgang. Nachdem sie danach das Fünffache dieser Strecke zurückgelegt hatte, rastete sie. Nach weiteren 14 km machten die Schüler eine Mittagspause. Die Reststrecke von da ab bis zum Fahrtziel betrug 2,5 km weniger als die bisher zurückgelegte Strecke. Ermittle die Gesamtlänge der Strecke vom Start bis zum Fahrtziel!
(15/5/1)

A 2.63   Anita und Peter sollten 10 Flaschen Selterswasser holen. Sie hatten eine Geldsumme bei sich, die genau für den Preis dieser 10 Flaschen Selterswasser und das Pfand für die 10 Flaschen gereicht hätte. Sie konnten aber nur Brause bekommen, von der jede Flasche 15 Pfennige mehr kostete als jede Flasche Selterswasser. Nunmehr reichte ihr gesamtes Geld für genau 7 Flaschen Brause und das Pfand für diese 7 Flaschen. Dabei waren für jede Flasche (Selters bzw. Brause) genau 15 Pfennig Flaschenpfand zu zahlen.
Ermittle den Preis für eine Flasche Selterswasser und den Preis für eine Flasche Brause (jeweils ohne Flaschenpfand)!
Wieviel Geld hatten die beiden Schüler mitgenommen?
(14/5/2)

3. Ungleichungen

Einfache Ungleichungen lernen die Schüler bereits in den ersten Schuljahren kennen, eine spezifische Behandlung erfolgt jedoch laut Lehrplan erst später. Daher stehen für die Klassen 5 bis 8 nur verhältnismäßig wenige geeignete Aufgaben zur Verfügung. Da diese zudem meist noch mit logisch-kombinatorischen Problemen gekoppelt auftreten, wurden sie zum Teil dort behandelt.

Bei den vorliegenden Aufgaben und Lösungen wurden deshalb oft verschiedene Lösungsvarianten geboten, um dem interessierten Leser auch dafür einige Beispiele zu bieten. Neben prinzipiell anderen Lösungswegen gibt es auch Fälle, wo der Unterschied zwischen den einzelnen Lösungsvarianten keineswegs groß ist. Ein Beispiel dafür sind die Aufgaben A 3.3, A 3.5 und A 3.6 und ihre Lösungen.

Was den mathematischen Inhalt anbelangt, sind diese Aufgaben völlig identisch. Ihre verschiedene Einkleidung mag als Muster dafür dienen, wie man das gleiche mathematische Material wiederholt so verwenden kann, daß es vom Schüler zumeist nicht bemerkt wird. Die Lösungen dieser Aufgaben sind — nach Änderung der Bezeichnungen — miteinander austauschbar. In der Lösung L 3.5 müßte man danach $J = d$, $G = c$, $E = a$ und $R = b$ setzen. Obwohl nur drei Aussagen zur Verfügung stehen, gewinnt man als erstes Ergebnis bei L 3.3 die Aussage $a < b$, bei L 3.5 die Aussage $E < G$, also $a < c$, und bei L 3.6 die Aussage $d < b$. Das zeigt, wie vielfältig die Möglichkeiten zum Lösungsansatz selbst bei einer sehr einfachen Aufgabe sein können.

Selbstverständlich sind diese — im Wege verschiedenen, aber inhaltlich und in der Vollständigkeit und Richtigkeit gleichen — Lösungen sämtlich mit der vollen Punktzahl zu bewerten. Es ist sogar zweckmäßig, an derartigen einfachen Beispielen den Schülern zu zeigen, welche Möglichkeiten ihnen oft bei der Lösung von Aufgaben zur Verfügung stehen. Zweifellos hat auch das Einprägen eines festen Lösungsalgorithmus seinen Wert. Man sollte aber vermeiden, daß durch die zu starre Betonung eines bestimmten Lösungsweges beim Schüler der Eindruck entsteht, es gäbe keine andere Möglichkeit. Gerade in der Anregung, nach neuen Lösungswegen zu suchen, besteht nicht zuletzt ein wesentliches Ziel der Olympiadeaufgaben.

A 3.1 *Erklärung*:
Mit der Schreibweise einer „fortlaufenden Ungleichung" $a < b < c < d$ drückt man aus, daß die drei Ungleichungen $a < b$, $b < c$ und $c < d$ gelten. Es gelten dann auch die Ungleichungen $a < c$, $a < d$ und $b < d$.
Es seien w, x, y, z natürliche Zahlen, für die folgende Ungleichungen gelten:
(1) $z > x$,   (2) $z < w$,   (3) $w > x$,
(4) $x < y$,   (5) $y > w$,   (6) $z < y$.
Stelle fest, ob sich alle diese Ungleichungen in Form einer einzigen fortlaufenden Ungleichung schreiben lassen!
(12/5/1)

A 3.2 Ermittle alle natürlichen geraden Zahlen u, p, g, die die folgenden Ungleichungen erfüllen!
a) $42 > 5u > 19$
b) $11 < (3p + 3) < 22$
c) $23 > (3g - 3) \geqq 3$ und $g > 0$
Gib die Lösungsmengen jeweils so an, daß die die betreffende Ungleichung erfüllenden geraden Zahlen der Größe nach geordnet sind (jeweils mit der kleinsten beginnend)!
(15/5/1)

A 3.3 Es seien a, b, c, d rationale Zahlen, die den folgenden Bedingungen genügen.
(1) $d > c$ (2) $a + b = c + d$ (3) $a + d < b + c$
Ordne die Zahlen der Größe nach (beginnend mit der größten)!
(8/8/3)

A 3.4 Die Schüler Eva, Renate, Monika, Ingrid, Jürgen, Hans und Gerd haben sich in einer Reihe der Größe nach aufgestellt. Der größte steht vorn, und von zwei gleichgroßen steht der, dessen Vorname einen im Alphabet vorangehenden Anfangsbuchstaben hat, vor dem anderen. Folgendes ist bekannt:
(1)   Es ist wahr, daß Ingrid 2 cm kleiner als Monika ist.
(2)   Es ist falsch, daß Eva nicht dieselbe Größe wie Gerd hat.
(3)   Es ist nicht wahr, daß keiner dieser Schüler kleiner als Hans ist.
(4)   Es ist wahr, daß Jürgen kleiner als Ingrid, aber größer als Hans ist.
(5)   Es ist unwahr, daß Hans größer als Monika ist.
(6)   Es ist nicht falsch, daß Monika 2 cm größer als Gerd und auch größer als Jürgen ist.
Stelle mit Hilfe dieser Angaben fest:
a)   Welche Schüler sind gleichgroß?
b)   Wie lautet die Reihenfolge der Vornamen, in der sich die Schüler aufgestellt haben (beginnend mit dem größten)?
(5/6/2)

A 3.5 Nach einem Scheibenschießen verglichen Elke, Regina, Gerd und Joachim ihre Schießleistungen. Es ergab sich folgendes:
(1)   Joachim erzielte mehr Ringe als Gerd.
(2)   Elke und Regina erreichten zusammen dieselbe Ringzahl, die Joachim und Gerd zusammen erreichten.

(3)   Elke und Joachim erzielten zusammen weniger Ringe als Regina und Gerd zusammen.

Ermittle auf Grund dieser Angaben die Reihenfolge der Schützen (nach fallender Ringzahl)!

(7/6/2)

A 3.6   Die Fischer Adam, Bauer, Christiansen und Dahse (abgekürzt A, B, C, D) zählen nach dem Fischen ihre Ausbeute und stellen fest:
(1) D fing mehr als C.
(2) A und B fingen zusammen genau so viel wie C und D zusammen.
(3) A und D fingen zusammen weniger als B und C zusammen.

Ordne die Fangergebnisse a, b, c, d der Fischer A, B, C, D der Größe nach (beginnend mit dem größten Ergebnis)!

(5/8/2)

A 3.7   Bei einem Sportwettkampf beteiligten sich die Schüler Anton, Bernd, Christian, Detlef, Ernst und Frank am Hochsprung.
Über das Ergebnis wurde folgendes bekannt:
(1)   Anton sprang höher als Frank, aber nicht so hoch wie Detlef.
(2)   Frank und Ernst erreichten verschiedene Sprunghöhen; es ist jedoch nicht wahr, daß Frank höher als Ernst sprang.
(3)   Christian sprang genau so hoch wie Anton, aber höher als Ernst.
(4)   Es ist falsch, daß Bernd die Sprunghöhe eines anderen Schülers erreichte oder übertraf.

Ermittle die Reihenfolge dieser Schüler nach ihrer Sprungleistung (beginnend mit dem besten Ergebnis)!

(17/6/1)

A 3.8   Während des Course de la Paix fuhr die Spitzengruppe an 6 Zuschauern vorbei, die erkennen konnten, aus welchen Ländern die Fahrer kamen und in welcher Reihenfolge sie fuhren. Allerdings konnte keiner der Zuschauer die Reihenfolge aller Fahrer der Spitzengruppe wiedergeben. Um diese Reihenfolge nachträglich zu ermitteln, gab jeder der 6 Zuschauer seine Beobachtungen zu Protokoll. Später stellten sich diese Beobachtungen sämtlich als richtig heraus:
(1)   Die Spitzengruppe bestand aus genau acht Fahrern, darunter waren genau ein Belgier und genau zwei Polen.
(2)   Unter den Fahrern, die vor dem Belgier fuhren, waren mindestens zwei aus der DDR.
(3)   Vor den beiden Polen fuhren mehrere Fahrer, darunter mindestens ein sowjetischer Fahrer.
(4)   Von den Fahrern, die hinter dem Belgier fuhren, war mindestens einer ein sowjetischer Fahrer.
(5)   Zwei sowjetische Fahrer fuhren unmittelbar hintereinander.
(6)   Am Anfang und am Schluß der Spitzengruppe fuhr jeweils ein Fahrer aus der DDR.

Ermittle aus diesen Angaben die Reihenfolge der Fahrer dieser Spitzengruppe!

(10/7/3)

A 3.9   Beweise: Wenn a und b rationale Zahlen sind, für die $a > 2$ und $b > 2$ gilt, dann gilt $ab > a + b$!
(11/8/3)

A 3.10   **a)**   Ermittle alle geordneten Paare $[a; b]$ natürlicher Zahlen, für die die folgenden Bedingungen erfüllt sind!
(1) $a < 4$ (2) $a - b > 0$ (3) $a + b > 2$
b)   Beweise, daß es keine geordneten Paare $[a; b]$ ganzer Zahlen, bei denen $a < 0$ oder $b < 0$ ist, mit den Eigenschaften (1), (2), (3) gibt!
(15/8/1)

A 3.11   Ermittle alle rationalen Zahlen a, die die Ungleichung $\dfrac{3a - 2}{a + 1} < 0$ erfüllen!
(13/8/3)

4.   Logisch-kombinatorische Aufgaben

Die Aufgaben aus dem vorliegenden Kapitel können durch Zirkelleiter und Lehrer vor allem dafür eingesetzt werden,
— logisches Schließen, insbesondere anhand komplizierterer, zusammengesetzter logischer Ausdrücke, zu üben und
— Schüler mit elementarer Kombinatorik vertraut zu machen.
In Schülerlösungen findet man nicht selten Unfertigkeiten im logischen Schließen. Neben Unexaktheiten in den Formulierungen der Lösungen findet man (logische) Fehlschlüsse schon bei nur etwas komplizierteren Sachverhalten, z. B. beim Schließen aus Alternativen, beim Nachweis logischer Äquivalenzen und bei der Verneinung zusammengesetzter Ausdrücke.
Man sollte die ganze Vielfalt der Möglichkeiten nutzen, den heranwachsenden Schülergenerationen immer wieder aufs Neue und rasch Grundkenntnisse logischen Schließens zu vermitteln und sie zu exaktem Arbeiten zu erziehen. Dazu kann das vorliegende Aufgabenmaterial gut beitragen.
Neben der Suche nach Lösungswegen und der exakten Durchführung von Lösungen bietet es sich an, die Behandlung der Aufgaben etwa in folgender Weise weiterzuführen: Man kann z. B. im Zirkel die Konsequenzen für Aufgabenstellung und Lösung untersuchen, wenn man mathematisch exakte Formulierungen (z. B. „es existiert genau ein") durch („es existiert ein") ersetzt oder die Alternative „oder" ausschließlich im Sinne von „entweder-oder" versteht. Im Ergebnis solcher Diskussion wird dem Leser sicher auch die Notwendigkeit mancher „umständlichen" Formulierung der Olympiadeaufgaben dieses Kapitels verständlich.
Bei der Behandlung von Grundlagen logischen Schließens sollte insbesondere die Bedeutung der Durchführung von „Proben", d. h. der Überprüfung, ob eine aus notwendigen Bedingungen abgeleitete Lösung tatsächlich die Aufgabenstellung erfüllt, dargestellt werden. Derartige Überprüfungen sind für Aufgaben aus verschiedenen Kapiteln der vorliegenden Aufgabensammlung erforderlich, für die Lösung von Gleichungen oder Gleichungssystemen ebenso wie gegebenenfalls für geometrische oder logisch-kombinatorische Aufgaben. Dabei sollten Aufgabenstellungen, bei denen die Lösungsmenge durch Bedingungen allgemeiner Art eingeschränkt wird oder die Aufgabe (wie in Aufgabe A 4.32) überbestimmt ist, verwendet werden.

A 4.1 Auf einer Wanderung sagt Rudolf: „Die Entfernung von hier bis Neustadt ist größer als 5 km." Emil erwidert: „Die Entfernung von hier bis Neustadt ist kleiner als 5 km." Robert sagt: „Einer von beiden hat recht."
Wie sich später herausstellte, war Roberts Aussage falsch.
Wie groß war die Entfernung bis Neustadt tatsächlich?
(1/6/2)

A 4.2 Vor vielen Jahren war ein Wanderer auf dem Weg von Altdorf nach Neudorf. Als er unterwegs nach dem Weg fragte, erklärte ihm ein Ortskundiger: „Ihr seid auf dem richtigen Weg und werdet bald an einer Weggabelung einen Wegweiser mit drei Richtungsschildern sehen. Diese weisen auf die Wege nach Altdorf, Neudorf und Mittendorf. Ich mache Euch aber darauf aufmerksam, daß genau zwei dieser Richtungsschilder miteinander vertauscht worden sind." Der Wanderer bedankte sich, gelangte zum Wegweiser und las ihn.
Untersuche, ob der Wanderer mit den erhaltenen Informationen den Weg nach Neudorf mit Sicherheit ermitteln konnte!
(15/8/3)

A 4.3 Drei Schüler, Klaus, Silvia und Frank, wurden zu einem mathematischen Wettbewerb delegiert und errangen dort einen ersten, einen zweiten bzw. einen dritten Preis. Als Rainer später nach dem Abschneiden dieser drei Mitschüler gefragt wurde, sagte er: „Silvia errang keinen ersten Preis. Klaus bekam keinen zweiten Preis, den erhielt nämlich Frank." Wie sich anschließend herausstellte, war unter diesen drei Aussagen Rainers genau eine wahr, die anderen beiden dagegen waren falsch.
Welcher von den drei genannten Schülern erhielt den ersten, welcher den zweiten und welcher den dritten Preis?
(18/6/1)

A 4.4 Bei einem Schulsportfest bestritten Christa, Doris, Elke, Franziska und Gitta den 60-m-Endlauf. Auf die Frage, welche Plätze diese fünf Schülerinnen beim Einlauf ins Ziel belegen würden, machten einige der zuschauenden Klassenkameraden folgende Voraussagen:
(1)   Christa wird nicht unmittelbar vor Elke ins Ziel kommen.
(2)   Elke wird entweder als Vorletzte ankommen oder sogar einen noch besseren Platz belegen.
(3)   Es ist nicht wahr, daß Doris nicht schneller als Gitta laufen wird.
(4)   Franziska wird einen anderen als den dritten Platz belegen.
Als der Endlauf vorbei war, wurde festgestellt, daß die fünf Schülerinnen sämtlich verschiedene Zeiten gelaufen waren und daß alle vier Voraussagen über den Einlauf falsch waren.
Wie lautet die tatsächliche Reihenfolge des Einlaufs?
(17/6/2)

A 4.5 In einem Ferienlager erwarben genau 70 % aller Teilnehmer das Sportabzeichen und genau 30 % aller Teilnehmer das Touristenabzeichen. Vorher besaß kein Teilnehmer eines dieser Abzeichen. Bei den folgenden Aussagen (1) bis (4), die sich sämtlich auf dieses Lager beziehen, ist zu untersuchen, ob sie wahr sind oder falsch sind oder ob das allein aufgrund der gemachten Angaben nicht entschieden werden kann.

(1)   Weniger als die Hälfte aller Schüler, die das Sportabzeichen erwarben, erwarben auch das Touristenabzeichen.

(2)   Alle Teilnehmer erwarben entweder das Sportabzeichen oder das Touristenabzeichen.

(3)   Unter den Trägern des Sportabzeichens gibt es mehr solche, die auch das Touristenabzeichen erwarben, als solche, die dies nicht taten.

(4)   Wenn sich die Anzahl der Schüler, die das Sportabzeichen erwarben, um 10 % erhöhen würde, so gäbe es mehr Träger des Sportabzeichens als Träger des Touristenabzeichens.

(10/7/2)

A 4.6   Vier Schüler, Anja, Birgit, Christoph und Dirk, spielten folgendes Spiel, dessen Regeln ihnen allen bekannt waren:

Einer von ihnen, z. B. Dirk, verläßt das Zimmer. Nun nimmt eine der Personen Anja, Birgit oder Christoph einen vereinbarten Gegenstand, etwa einen Fingerhut, an sich, und Dirk wird wieder hereingerufen. Er erhält dann von den drei Mitspielern Aussagen mitgeteilt, wobei genau derjenige eine falsche Aussage macht, der den Fingerhut bei sich hat.

Bei einer Durchführung dieses Spiels lauteten die Aussagen:

Anja: Ich habe den Fingerhut nicht, und Christoph hat den Fingerhut.

Birgit: Anja hat den Fingerhut, und ich habe den Fingerhut nicht.

Christoph: Ich habe den Fingerhut nicht.

Untersuche, ob mit Hilfe dieser Aussagen eindeutig feststeht, welcher Spieler den Fingerhut genommen hatte!

Ist dies der Fall, so ermittle diesen Spieler!

(17/8/2)

A 4.7   Um Peters Fähigkeit im Knobeln zu erproben, werden ihm an einem Zirkelnachmittag über fünf Schüler sieben Aussagen mitgeteilt, unter denen, wie ihm ebenfalls gesagt wird, genau eine falsch ist. Er soll diese falsche Aussage herausfinden und außerdem die Namen der Schüler dem Alter nach ordnen.

Die Aussagen lauten:

(1)   Anton ist älter als Elvira.

(2)   Berta ist jünger als Christine.

(3)   Dieter ist jünger als Anton.

(4)   Elvira ist älter als Christine.

(5)   Anton ist jünger als Christine.

(6)   Elvira ist älter als Dieter.

(7)   Christine ist jünger als Dieter.

Ermittle die falsche Aussage, und ordne die Namen der Schüler dem Alter nach (beginnend mit dem jüngsten)!

(14/8/3)

A 4.8   Fritz behauptet seinen Mitschülern gegenüber:

(1)   In unserem Haus wohnen mehr Erwachsene als Kinder.

(2)   Es gibt in unserem Hause mehr Jungen als Mädchen.

(3)   Jeder der Jungen hat wenigstens eine Schwester.

(4)   Kinderlose Ehepaare wohnen nicht in unserem Hause.

(5)   Alle in unserem Hause wohnenden Ehepaare haben ausschließlich schulpflichtige Kinder.

(6)   Außer den Ehepaaren mit ihren Kindern wohnt niemand in unserem Hause.

Brigitte entgegnet darauf: „Diese Aussagen können aber nicht sämtlich wahr sein."

Untersuche, ob Brigitte mit diesem Einwand recht hat!

(10/8/3)

A 4.9   Ein Betrieb kann unter Verwendung des gleichen Uhrwerks verschiedene Ausführungen von Uhren herstellen. Dazu stehen ihm drei verschiedene Gehäuse, vier verschiedene Zifferblätter und zwei verschiedene Zeigerausführungen zur Verfügung, die jeweils miteinander kombinierbar sind.

Ermittle die Anzahl aller voneinander verschiedenen Ausführungen von Uhren, die sich unter Verwendung der angegebenen Teile herstellen lassen!

(6/5/1)

A 4.10   Ermittle die Anzahl aller sechsstelligen Zahlen, in denen die Ziffernfolge 1970 (d. h. die Ziffern 1, 9, 7, 0 in dieser Reihenfolge und ohne dazwischenstehende andere Ziffern) auftritt!

Wie lautet die kleinste und wie die größte dieser sechsstelligen Zahlen?

(10/8/1)

A 4.11   Klaus und Horst haben zwei Würfel, einen schwarzen und einen weißen. Sie würfeln abwechselnd mit beiden Würfeln und addieren bei jedem Wurf die Augenzahlen des weißen und des schwarzen Würfels.

Klaus meint, daß unter allen möglichen verschiedenen Würfen solche mit der Augenzahl 7 am häufigsten auftreten. Zwei Würfe heißen dabei genau dann gleich, wenn die Augenzahlen der gleichfarbigen Würfel jeweils übereinstimmen. Begründe die Richtigkeit dieser Meinung!

(9/8/2)

A 4.12   Nach der Eichordnung sind im Bereich 1 g bis 1 kg nur Wägestücke in folgenden Größen zugelassen:

1 g, 2 g, 5 g, 10 g, 20 g, 50 g, 100 g, 200 g, 500 g, 1 kg.

Mit einer Balkenwaage sollen alle Massebeträge zwischen 1 g und 2 kg in Abstufungen von 1 g ermittelt werden, wobei die Wägestücke der oben angegebenen Sorten nur auf einer Seite aufgestellt werden sollen.

Gib (aufgeschlüsselt auf die oben angegebenen Sorten) die kleinstmögliche Anzahl von Wägestücken an, mit denen das erreicht werden kann, wobei die Gesamtmasse der Wägestücke möglichst klein sein soll und von jeder Sorte mindestens 1 Stück vorhanden sein muß!

(4/5/1)

A 4.13 Gegeben sei eine positive ganze Zahl n. Man denke sich alle Darstellungen von n als Summe von genau zwei voneinander verschiedenen positiven ganzzahligen Summanden. Dabei sollen Darstellungen, die sich nur durch die Reihenfolge der Summanden unterscheiden, z. B. $9 = 4 + 5$ und $9 = 5 + 4$, als nicht verschieden angesehen werden. Ermittle die Anzahl aller dieser Darstellungen
a)   für $n = 7$,   **b)**   für $n = 10$,
c)   für beliebiges positives ganzzahliges n!
(8/7/3)

A 4.14 In einem Kasten befinden sich insgesamt 100 gleichgroße und gleichschwere Kugeln, nämlich 28 rote, 28 blaue, 26 schwarze, 16 weiße und 2 grüne. Ulrike soll aus diesem Kasten im Dunkeln (also ohne bei irgendeiner der herausgenommenen Kugeln die Farbe erkennen zu können) eine Anzahl von Kugeln herausnehmen. Diese Anzahl soll sie so wählen, daß mit Sicherheit unter den herausgenommenen Kugeln mindestens 9 die gleiche Farbe haben.
Ermittle die kleinste Kugelanzahl, für die das zutrifft!
(12/5/2)

A 4.15 In einem Kästchen befinden sich 12 rote, 15 blaue und 8 gelbe Kugeln, die sich nur durch ihre Farbe unterscheiden. Anke will mit verbundenen Augen Kugeln herausnehmen. Ihre Anzahl will sie so wählen, daß sie mit Sicherheit erreicht, daß sich unter den herausgenommenen Kugeln 5 von gleicher Farbe befinden. Sie meint: „Es genügt hierzu, 15 Kugeln herauszunehmen."
Birgit meint: „Es genügen dazu sogar nur 13 Kugeln."
Cornelia behauptet: „Es genügen dafür 12 Kugeln."
Entscheide für jede der drei Meinungen, ob sie wahr ist, und begründe deine Entscheidung!
(19/6/1)

A 4.16 Klaus hat 7 Kugeln: 4 rote, 2 weiße und 1 schwarze. Er soll sie in zwei Kästen A und B legen, und zwar in A drei und in B vier. Gib sämtliche möglichen voneinander verschiedenen Verteilungen der Kugeln auf die zwei Kästen an!
(Die Reihenfolge, in der die Kugeln in den Kästen liegen, soll dabei nicht berücksichtigt werden.)
(6/8/2)

A 4.17 Von 10 Koffern und 10 Schlüsseln ist bekannt, daß jeder Schlüssel zu genau einem Koffer paßt und zu jedem Koffer genau ein Schlüssel. Man weiß aber nicht, welcher Schlüssel zu welchem Koffer gehört. Jemand ermittelt dies durch Probieren, wobei jede Probe darin besteht, daß er für genau einen Koffer und genau einen Schlüssel feststellt, ob sie zusammenpassen oder nicht. Die Reihenfolge der Proben wird so gewählt, daß für jeden Koffer, sobald einmal an ihm eine Probe durchgeführt wurde, dann genau so viele Proben vorgenommen werden, bis der passende Schlüssel ermittelt ist.
a)   Nach wie vielen Proben ist frühestens zu jedem Koffer der passende Schlüssel gefunden?
b)   Nach wie vielen Proben ist das spätestens der Fall?
(6/8/3)

A 4.18   Stelle fest, auf wie viele verschiedene Weisen insgesamt sich in dem in Bild A 4.18 dargestellten Schema die Wörter „Junge Welt" lesen lassen, wenn man schrittweise von einem Buchstaben zum nächsten in Pfeilrichtung fortschreitet! Dabei gelten zwei Leseweisen genau dann als verschieden, wenn sie sich in wenigstens einem der jeweils erforderlichen 8 Teilschritte unterscheiden. (4/6/1)

A 4.19   Schneide ein rechteckiges Stück Papier aus, teile es in der aus Bild A 4.19 ersichtlichen Weise in 8 kongruente Rechtecke und schreibe jeweils auf Vorder- und Rückseite einer jeden Rechteckfläche denselben Buchstaben, so daß das dargestellte Bild entsteht! Danach falte dieses Stück Papier so, daß die Buchstaben in der Reihenfolge W, O, L, F, G, A, N, G übereinanderliegen! Als Lösung gilt das entsprechend gefaltete Papier oder eine Beschreibung des Vorgehens. (9/7/1)

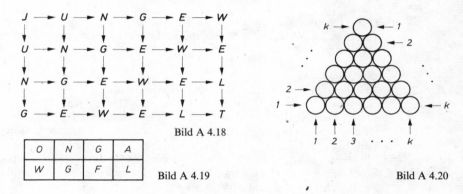

Bild A 4.18

O	N	G	A
W	G	F	L

Bild A 4.19

Bild A 4.20

A 4.20   In einem Warenhaus sind zu Dekorationszwecken gleichgroße Konserven- büchsen zu einer „Pyramide" aufgeschichtet worden. In jeder Schicht sind die Büchsen so „im Dreieck" angeordnet, wie es Bild A 4.20 zeigt. Die dort mit k bezeichnete Anzahl der Büchsen längs einer jeden „Seitenkante des Dreiecks" beträgt für die unterste Schicht 9. In jeder weiteren Schicht ist die entsprechende Anzahl k um 1 kleiner als in der unmittelbar darunterliegenden Schicht. Die oberste Schicht besteht aus 1 Büchse.
Ermittle die Anzahl aller in der „Pyramide" enthaltenen Büchsen! (13/5/2)

A 4.21   Eine quadratische Fläche mit einem Flächeninhalt von 1 m² soll mit Hilfe von Streichhölzern von je 5 cm Länge in gleichgroße quadratische Flächen aufgeteilt werden, deren jede von genau 4 Streichhölzern begrenzt wird, wobei je zwei benachbarte Teilflächen nur durch 1 Streichholz getrennt werden dürfen.
Ermittle die dafür ausreichende Anzahl von Streichhölzern! (3/6/2)

A 4.22 Einige Schüler einer Klasse trugen untereinander ein Schachturnier aus, bei dem jeder Teilnehmer gegen jeden anderen genau zwei Partien zu spielen hatte. Insgesamt wurden an jedem der 24 Tage, die das Turnier dauerte, genau 3 Partien ausgetragen.
Ermittle die Anzahl der Teilnehmer an diesem Turnier!
(14/5/1)

A 4.23 Andreas, Birgit und Claudia trugen untereinander ein kleines Schachturnier aus. Folgendes wurde darüber bekannt:
(1) Jeder Teilnehmer spielte gegen jeden anderen die gleiche Anzahl von Partien.
(2) Keine Partie endete unentschieden (remis).
(3) Andreas gewann genau $\frac{2}{3}$ seiner Spiele.
(4) Birgit gewann genau $\frac{3}{4}$ ihrer Spiele.
(5) Claudia gewann genau ein Spiel.
Ermittle die Anzahl aller Spiele, die in diesem Turnier ausgetragen wurden!
(11/7/2)

A 4.24 In einem Haus wohnen die Mietsparteien Albrecht, Becker, Conrad, Dietrich, Ermler, Fritsche, Geißler, Hamann, Ilgner, Keie, Lorenz, Männig, Nolte, Oswald, Richter, Pätzold und sonst niemand. Im Erdgeschoß und in jeder Etage wohnen genau zwei Mietsparteien. Außerdem ist folgendes bekannt:
Albrechts wohnen zwei Stockwerke tiefer als Beckers. Beckers wohnen sechs Stockwerke höher als Conrads. Familie Fritsche wohnt neben Familie Geißler. Familie Männig wohnt vier Stockwerke höher als Familie Nolte und zwei Stockwerke tiefer als Familie Fritsche. Ein Stockwerk über Familie Nolte wohnt Familie Oswald. Familie Albrecht wohnt drei Etagen über Familie Richter. Familie Pätzold wohnt fünf Stockwerke unter Familie Geißler.
a) Ermittle die Anzahl der Stockwerke, die das Haus hat! (Das Erdgeschoß wird nicht als Stockwerk gezählt; es gibt keine unbewohnten Wohnungen in diesem Haus.)
b) In welchem Stockwerk wohnt Familie Albrecht?
(6/6/1)

A 4.25 Anja hatte zum Geburtstag ihre beiden Freundinnen Cathrin und Eva eingeladen, mit denen sie nicht verwandt ist. Außerdem waren die Jungen Bernd, Dirk und die Zwillinge Frank und Gerold eingeladen; jeder der vier ist ein Bruder eines der Mädchen. Nachdem diese sieben Personen an einem runden Tisch in der alphabetischen Reihenfolge ihrer Vornamen Platz genommen hatten, stellte man fest, daß keiner der Jungen neben seiner Schwester saß.
Untersuche, ob sich aus den vorstehenden Aussagen ermitteln läßt, welche Jungen und welche Mädchen Geschwister sind!
(17/7/2)

A 4.26 An einer Schule unterrichten die drei Lehrer Schulze, Ufer und Krause in den Fächern Deutsch, Russisch, Geschichte, Mathematik, Physik und Biologie. Es ist über die drei Personen folgendes bekannt:

(1) Jeder dieser drei Lehrer unterrichtet in genau zwei dieser sechs Fächer, und jedes dieser sechs Fächer wird von genau einem dieser drei Lehrer unterrichtet.

(2) Sowohl der Lehrer für Biologie als auch der Lehrer für Physik sind älter als Herr Schulze.

(3) In ihrer Freizeit spielen der Lehrer für Russisch, der für Mathematik und Herr Schulze gern Skat. Dabei gewinnt Herr Krause öfter als der Lehrer für Biologie und der Lehrer für Russisch.

Weise nach, daß man aus diesen Angaben die Verteilung der drei Lehrer auf die sechs Fächer eindeutig ermitteln kann, und gib diese Verteilung an!
(18/7/2)

A 4.27 In einem Betrieb macht es sich erforderlich, für jeden der Arbeiter Arnold, Bauer, Donath, Funke, Große, Hansen, Krause und Lehmann langfristig Qualifizierungsmaßnahmen zu planen. Innerhalb von vier Wochen, und zwar in der Zeit vom 1. 11. (Montag) bis 27. 11. 1976 (Sonnabend) kann jeweils für drei Tage (entweder von Montag bis Mittwoch oder von Donnerstag bis Sonnabend) je ein Arbeiter zu einem dreitägigen Lehrgang delegiert werden. Da die laufende Produktion nicht gefährdet werden soll, kann eine Freistellung von der Arbeit nur zu bestimmten Zeiten erfolgen:

(1) Arnold kann nicht in der dritten Woche teilnehmen.

(2) Bauer ist in der ersten Hälfte jeder Woche im Betrieb nicht entbehrlich, aber auch nicht vom 11. bis 13. 11. und nicht in der zweiten Hälfte der vierten Woche.

(3) Donath kann nur in der gleichen Woche wie Lehmann gehen.

(4) Funke kann nur in der ersten oder zweiten Woche freigestellt werden.

(5) Große kann nur vom 4. bis 6. 11. oder vom 18. bis 20. 11. oder in der zweiten oder vierten Woche jeweils in der zweiten Hälfte berücksichtigt werden.

(6) Hansen kann nur in der zweiten oder dritten Woche jeweils in der zweiten Hälfte geschickt werden, jedoch nicht in der Woche, in der Funke zum Lehrgang geht.

(7) Krause kann nur in der ersten Woche oder vom 22. bis 24. 11. zum Lehrgang geschickt werden.

(8) Lehmann kann nur in der ersten Hälfte jeder Woche teilnehmen.

Ermittle sämtliche Möglichkeiten, unter diesen Bedingungen die vorgesehenen Qualifizierungsmaßnahmen durchzuführen!

Gib dabei für jeden der acht Arbeiter an, in welcher Zeit er zum Lehrgang delegiert wird!
(16/8/1)

A 4.28 Gib eine Möglichkeit an, die Ziffern 1, 2, 3, 4 und 5 so in das im Bild A 4.28 gegebene quadratische Netz einzutragen, daß in jeder Zeile, jeder Spalte und in jeder der beiden Hauptdiagonalen jede der fünf Ziffern genau einmal vorkommt!

Die Angabe eines Beispiels ohne Begründung genügt.
(9/5/1)

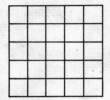

Bild A 4.28

A 4.29 Von fünf äußerlich gleichen Kugeln haben genau drei gleiches Gewicht; die beiden übrigen, die untereinander gleich schwer sind, haben jeweils ein anderes Gewicht als jede der erstgenannten.
Beweise, daß in jedem Falle (d. h. bei jedem möglichen Resultat der durchgeführten Wägungen) drei Wägungen ausreichen, um die beiden letztgenannten Kugeln herauszufinden, wenn als Hilfsmittel nur eine zweischalige Balkenwaage ohne Wägestücke zur Verfügung steht!
(8/8/3)

A 4.30 Gerd und Bernd haben sich ein Kartenspiel ausgedacht. Sie schneiden sechs Pappkarten aus und numerieren sie nacheinander mit den Zahlen 1, 2, 3, 4, 5, 6.
Sie vereinbaren folgende Spielregeln:
Jeder Spieler bekommt nach dem Mischen drei dieser Karten. Dann spielt jeder nacheinander jeweils eine Karte aus. Wer die Karte mit einer größeren Zahl ausgespielt hat, bekommt den „Stich" und darf nun ausspielen. Nach drei in dieser Weise zustandegekommenen „Stichen" ist die Runde beendet. Wer in einer Runde mindestens zwei „Stiche" bekommt, ist in dieser Runde Sieger. Um häufiger als Bernd Sieger zu werden, erklärt sich Gerd bereit, in jeder Runde als erster auszuspielen. Er nimmt an, dadurch mehr Möglichkeiten zum Gewinn zu haben.
Überprüfe anhand der möglichen Kartenverteilungen und der jeweils möglichen Spielverläufe, ob Gerds Annahme richtig war!
Dabei sei vorausgesetzt, daß jeder der beiden Spieler stets für sich möglichst günstig spielt.
(8/8/1)

A 4.31 Ein Mathematiklehrer, ein Physiklehrer und ein Deutschlehrer treffen sich auf einer Tagung. Sie heißen Meyer, Peters und Siewert. (Die Reihenfolge der Familiennamen braucht nicht mit der Reihenfolge der Berufe übereinzustimmen.) Im Gespräch stellen sie fest, daß einer von ihnen mit Vornamen Otmar, ein anderer Kurt und der dritte Karl heißt und daß einer in Leipzig, einer in Suhl und einer in Schwerin wohnt. Ferner wissen wir:
(1) Herr Meyer erzählt dem Physiklehrer, daß er den Mathematiklehrer in Leipzig besucht habe.
(2) Darauf erwidert Herr Peters: „Das weiß ich schon, Kurt."
(3) Karl hatte ihm nämlich berichtet, daß er Besuch aus Suhl gehabt habe.
Ordne jedem Familiennamen den zugehörigen Vornamen, Wohnort und Beruf zu! (In (1), (2), (3) ist nur von diesen drei Personen die Rede.)
(20/5/2)

A 4.32 Vier Schüler, je einer aus den Klassen 5a, 5b, 6a, 6b, unterhalten sich über die Zeitschriften, die sie regelmäßig lesen. Die Schüler heißen Fred, Gerd, Hans und Ingo mit Vornamen. Wie sich herausstellt, liest jeder von ihnen genau eine der beiden Zeitschriften „alpha" bzw. „Frösi" regelmäßig. Ferner werden folgende Angaben gemacht:

(1) Der Schüler aus der Klasse 5b liest nicht die Zeitschrift „alpha".

(2) Hans und außer ihm der Schüler der Klasse 5a lesen die Zeitschrift „alpha" regelmäßig.

(3) Fred und außer ihm der Schüler der Klasse 6b lesen die Zeitschrift „Frösi" regelmäßig, Gerd dagegen nicht.

(4) Der Schüler der Klasse 6a, der Schüler der Klasse 5b und außer diesen beiden noch Gerd wurden von Ingo zum Geburtstag eingeladen.

Gesucht ist eine Zuordnung, durch die beschrieben wird, welcher der vier Schüler welche Klasse besucht und welche der beiden Zeitschriften er regelmäßig liest.

Untersuche, ob es nach den gemachten Angaben eine solche Zuordnung gibt und ob sie durch die Angaben eindeutig festgelegt ist!

Wenn dies der Fall ist, dann gib diese Zuordnung an!

(20/6/2)

A 4.33 Auf einer internationalen Mathematikerversammlung werden Vorträge in russischer, englischer, deutscher, französischer und ungarischer Sprache gehalten. Von den Tagungsteilnehmern ist bekannt:

(1) Diejenigen Tagungsteilnehmer, die sowohl die russische als auch die französische Sprache verstehen, verstehen außerdem auch alle Englisch.

(2) Diejenigen Teilnehmer, die Ungarisch verstehen, verstehen auch Französisch und Deutsch.

Untersuche, ob diejenigen Tagungsteilnehmer, die sowohl Ungarisch als auch Russisch verstehen, zum Verstehen einer der Vortragssprachen einen Dolmetscher brauchen!

(20/7/2)

5. Geometrie in der Ebene

Bei der Lösung von geometrischen Beweisaufgaben empfiehlt es sich, eine Zeichnung anzufertigen. Man muß sich allerdings darüber klar sein, daß diese Zeichnung nur eine Veranschaulichung ist, daß man also insbesondere aus ihr keinerlei Aussagen ohne mathematische Begründung entnehmen darf. Diese Gefahr ist besonders groß, wenn es sich bei der gezeichneten Figur lediglich um ein Beispiel von (meist unendlich) vielen möglichen handelt, wenn also für die Figur keine festen Werte gegeben sind. Oft werden in einem derartigen Fall vom Schüler z. B. Lagebeziehungen, die nicht notwendig so sein müssen wie in der gezeichneten Figur, ohne jede Begründung in die Betrachtung mit einbezogen.

Sind für die zu zeichnende Figur keine festen Werte gegeben, dann muß man irgendeinen Vertreter (Element) der angegebenen Art (Menge) auswählen, da es unmöglich ist, alle möglichen Fälle zu betrachten. Dabei ist es zweckmäßig, keinen Vertreter zu wählen, der irgendwelche zusätzlichen Eigenschaften hat (z. B. als Dreieck kein rechtwinkliges bzw. kein gleichschenkliges Dreieck). Andererseits muß man überlegen, ob es unter den möglichen Vertretern solche gibt, die sich zu einer Untermenge zusammenfassen lassen (Fall). Es kommt vor, daß man die Menge aller zu betrachtenden Figuren in mehrere disjunkte Untermengen einteilen muß, von denen dann jeweils ein Element zu untersuchen ist, weil dabei unter Umständen ein anderer bzw. ein etwas abgeänderter Beweisweg beschritten werden muß (Fallunterscheidung). Ein Beispiel mag das erläutern:

In der Aufgabe A 5.1 soll eine bestimmte Eigenschaft von Sehnenvierecken untersucht werden. Dabei spielt sicher die Größe des Kreises, in dem das jeweilige Sehnenviereck liegt, keine Rolle. Da es sich bei dem zu beweisenden Satz um eine Aussage über Winkelgrößen handelt, bietet sich die Benutzung des Satzes über die Winkelsumme im Dreieck an. Die Unterteilung des Sehnenvierecks mit Hilfe einer Diagonalen oder mit Hilfe des Diagonalenschnittpunktes bringt offensichtlich keine allgemeine Lösung, da bei einem beliebigen Viereck dadurch keine zusätzlichen Eigenschaften zur Lösung benutzt werden können. Diese erhält man dagegen, wenn man als gemeinsamen Punkt der Zerlegungsdreiecke den Kreismittelpunkt M verwendet, da alle derartigen Dreiecke gleichschenklig sind. Benutzt man M in dieser Eigenschaft, dann erkennt man, daß sich die Menge aller Sehnenvierecke in drei disjunkte Mengen aufteilen läßt, die bezüglich des Punktes M besondere Eigenschaften aufweisen: M kann innerhalb, auf dem Rand oder außerhalb des Sehnenvierecks liegen. Diese drei Fälle müssen nun gesondert untersucht werden.

Da offensichtlich bei der Lage von M innerhalb des Sehnenvierecks die Verhältnisse besonders übersichtlich sind, ist es zweckmäßig, damit zu beginnen.

Tatsächlich spielt, wie L 5.1, Fall 1, zeigt, die Eigenschaft der Gleichschenkligkeit der Zerlegungsdreiecke beim Beweis des Satzes die entscheidende Rolle.

Der Fall 2 läßt sich nun noch in genau vier Unterfälle einteilen; M kann nämlich entweder auf AB oder auf BC oder auf CD oder auf DA liegen. In jedem dieser Fälle hat genau eine der Winkelgrößen β_1, β_2, δ_1, δ_2 den Wert 0, sonst bleibt der Beweisgang unverändert.

Der Fall 3 ergibt wieder genau vier Unterfälle, da M so außerhalb des Sehnenvierecks liegen kann, daß entweder AB oder BC oder CD oder DA dabei die längste Seite des Sehnenvierecks ist. In diesem Falle ist jeweils entweder die Winkelgrößensumme $\beta_1 + \beta_2$ durch eine der Differenzen $\beta_2 - \beta_1$ oder $\beta_1 - \beta_2$ zu ersetzen oder es ist die Winkelgrößensumme $\delta_1 + \delta_2$ durch eine der Differenzen $\delta_2 - \delta_1$ oder $\delta_1 - \delta_2$ zu ersetzen. Der prinzipielle Verlauf des Beweises bleibt erhalten. Es ist also nicht möglich, auf diese Fallunterscheidung zu verzichten, da anderenfalls der Beweis unvollständig wäre.

Es kommt auch vor, daß ein Satz nicht allgemeingültig ist, daß er also in einem oder mehreren der betrachteten Fälle nicht gilt, in einem anderen oder in mehreren anderen dagegen gilt. Daher lasse man sich niemals durch irgendeine gezeichnete Figur zu voreiligen Schlüssen verleiten, ohne überlegt zu haben, welche Fallunterscheidungen möglicherweise zu treffen sind. Ferner untersuche man stets bei jedem Beweisschritt, wodurch er begründet ist (insbesondere, ob man nicht unbeabsichtigt eine Eigenschaft der gezeichneten Figur lediglich aus der Anschauung entnommen und zum Beweis verwendet hat). Bei der Analyse eines zu beweisenden Satzes frage man stets danach, welche Eigenschaft zu beweisen ist und welche Sätze über eine derartige Eigenschaft dem Lösenden bekannt sind. Lassen sich derartige Sätze nicht unmittelbar anwenden, dann überlege man, ob sich nicht durch das Einzeichnen von Hilfslinien das betrachtete Problem auf einen bekannten Fall zurückführen läßt. So führt z. B. in L 5.4 die Einzeichnung der Höhen von P_1 bzw. P_2 auf AB zur Lösung. In L 5.8 sind es die Halbkreise über AB bzw. BC bzw. CA, die zur Lösung benötigt werden, in L 5.10 ist es die Parallele zu CD durch B.

Manchmal hilft auch eine Ergänzung der gegebenen Figur weiter. Das wohl bekannteste Beispiel dieser Art ist der vielzitierte Beweis der Existenz des Höhenschnittpunktes im Dreieck durch GAUSS. Bei diesem Beweis wurde bekanntlich das Dreieck so ergänzt, daß die Höhen zu Mittelsenkrechten in dem ergänzten Dreieck wurden, womit der Beweis auf einen bereits erbrachten Beweis zurückgeführt würde.

A 5.1   In einem Kreis k mit dem Mittelpunkt M sei ein Viereck $ABCD$ so eingezeichnet, daß jede seiner Seiten eine Sehne des Kreises k ist (Sehnenviereck). Beweise, daß in jedem Sehnenviereck die Summe der Größen je zweier gegenüberliegender Winkel 180° beträgt!
(6/7/2)

A 5.2   Es sei k ein Kreis mit dem Radius r und dem Mittelpunkt M. Ferner sei AB eine Sehne von k, die nicht Durchmesser von k ist. Auf dem Strahl aus A durch B sei C der Punkt außerhalb AB, für den $\overline{BC} = r$ gilt. Der Strahl aus C durch M schneide k in dem außerhalb CM gelegenen Punkt D.
Beweise, daß dann $\overline{\sphericalangle\, AMD} = 3 \cdot \overline{\sphericalangle\, ACM}$ gilt!
(15/8/2)

A 5.3   Auf einer Geraden seien die Punkte A, E, F, M, G, H, B in dieser Reihenfolge so gelegen, daß

$$\overline{AB} = 6 \text{ cm}; \quad \overline{AE} = \overline{EF} = \overline{FM} = \overline{MG} = \overline{GH} = \overline{HB} = 1 \text{ cm}$$

gilt. Über den Strecken AB, EH und FG seien Halbkreise in die eine Halbebene und über den Strecken AM, MB, EF und GH Halbkreise in die andere

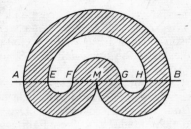

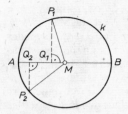

Bild A 5.3   Bild A 5.5

Halbebene bezüglich der Geraden durch A und B gezeichnet. Die so entstehende Figur werde entsprechend Bild A 5.3 schraffiert.
Berechne den Inhalt dieser schraffierten Fläche!
(9/8/2)

5.4 Auf einem Kreis k mit dem Radius r seien zwei Punkte A und B mit dem Abstand a gelegen. Durch diese Punkte A, B wird der Kreis k in die Bögen b_1 und b_2 zerlegt. Es sei P_1 ein Punkt auf b_1, P_2 ein Punkt auf b_2.
a) Gesucht sind unter allen diesen Punkten P_1, P_2 solche, für die der Flächeninhalt des Vierecks AP_1BP_2 am größten ist.
Beweise, daß es solche Punkte gibt, und ermittle ihre Lage auf k!
b) Ermittle den zugehörigen größten Flächeninhalt des Vierecks AP_1BP_2!
(16/8/3)

A 5.5 Gegeben sei ein Kreis k mit dem Mittelpunkt M. Ein Durchmesser dieses Kreises sei AB. Zwei Punkte P_1 und P_2 mögen sich vom gleichen Zeitpunkt an gleichförmig auf je einer der beiden Halbkreislinien von A nach B bewegen, wobei die Bewegung des Punktes P_1 viermal so schnell erfolgen soll wie die des Punktes P_2 (Bild A 5.5). Gibt es zwischen dem Start beider Punkte in A und der Ankunft von P_1 in B einen Zeitpunkt, an dem die Dreiecke ABP_1 und ABP_2 gleichen Flächeninhalt haben?
Wenn ja, dann ermittle für jeden solchen Zeitpunkt die Größe des Winkels $\not\prec AMP_2$!
(12/8/3)

A 5.6 In einem Kreis k seien zwei verschiedene, nicht senkrecht aufeinander stehende Durchmesser eingezeichnet. Ferner sei durch jeden der vier Endpunkte beider Durchmesser die Tangente an k gelegt.
Beweise, daß die Schnittpunkte E, F, G, H dieser Tangenten die Ecken eines nichtquadratischen Rhombus sind!
(16/8/2)

A 5.7 Der Inkreis k eines Dreiecks ABC habe mit den Seiten AB, BC und CA die Berührungspunkte D, E bzw. F (Bild A 5.7). Die Größen der Winkel des Dreiecks ABC seien wie üblich mit α, β und γ bezeichnet.
Ermittle die Größen der Winkel $\not\prec DEF$, $\not\prec EFD$ und $\not\prec FDE$ des Dreiecks DEF in Abhängigkeit von α, β, γ!
(5/8/3)

50

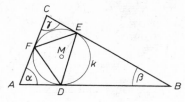

Bild A 5.7

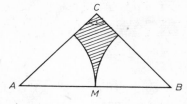

Bild A 5.11

A 5.8 Beweise: Sind D, E, F die Fußpunkte der Höhen eines spitzwinkligen Dreiecks ABC, dann halbieren diese Höhen des Dreiecks ABC die Innenwinkel des Dreiecks DEF!
(10/8/3)

A 5.9 Beweise: Wenn der Winkel $\angle CBA$ eines Dreiecks ABC die Größe 30° hat, dann hat die Seite AC des Dreiecks ABC die gleiche Länge wie der Radius des Umkreises k dieses Dreiecks!
(17/8/3)

A 5.10 Beweise: In jedem Dreieck teilt die Halbierende eines Innenwinkels dessen Gegenseite im Verhältnis der Längen der beiden anderen Seiten!
(9/8/2)

A 5.11 In dem gleichschenklig-rechtwinkligen Dreieck ABC mit $\overline{AB} = 7$ cm und $\angle ACB = 90°$ seien um die Punkte A und B Kreisbögen mit einem Radius von 3,5 cm gezeichnet (Bild A 5.11).
Ermittle den Inhalt der im Bild schraffiert gezeichneten Fläche!
(6/8/1)

A 5.12 Beweise: Jedes Dreieck läßt sich in zwei rechtwinklige Teildreiecke zerlegen!
(8/8/3)

A 5.13 Beweise: In jedem Dreieck ist die Länge jeder Seitenhalbierenden kleiner als der halbe Umfang des Dreiecks!
(16/7/3)

A 5.14 Der Umfang u eines gleichschenkligen Dreiecks soll 24 cm betragen; eine der Seiten dieses Dreiecks soll $2\frac{1}{2}$ mal so lang sein wie eine andere seiner Seiten.

Untersuche, ob es eine Möglichkeit gibt, die Seitenlängen eines Dreiecks so anzugeben, daß diese Bedingungen erfüllt sind!
Untersuche, ob es genau eine solche Möglichkeit gibt! Wenn dies der Fall ist, so ermittle die zugehörigen Seitenlängen!
(13/7/1)

A 5.15 Ermittle alle in der Ebene eines Dreiecks ABC gelegenen Punkte D, die mit den Eckpunkten A und B des Dreiecks ABC ein Dreieck ABD bilden, dessen Flächeninhalt halb so groß ist wie der des Dreiecks ABC!
(5/8/3)

A 5.16 Bernd will ein Rechteck zeichnen, das sich in genau 36 Quadrate von je 1 cm Seitenlänge zerlegen läßt.
  a) Gib alle verschiedenen Rechtecke (durch ihre Seitenlängen) an, die diese Bedingungen erfüllen!
  b) Welches dieser Rechtecke hat den kleinsten Umfang?
(5/5/2)

A 5.17 Zeichne fünf Geraden g_1, g_2, g_3, g_4, g_5 so, daß eine Figur entsteht, in der
  a) kein Punkt,
  b) genau ein Punkt,
  c) genau vier Punkte,
  d) genau fünf Punkte,
  e) genau sechs Punkte,
  f) genau sieben Punkte,
  g) genau acht Punkte,
  h) genau neun Punkte,
  i) genau zehn Punkte
die Eigenschaft haben, gemeinsamer Punkt von (mindestens) zweien der Geraden g_1, g_2, g_3, g_4, g_5 zu sein!
Als Lösung gilt jeweils eine Zeichnung ohne Begründung, wobei parallele Geraden als solche zu kennzeichnen sind (z. B. $g_1 \parallel g_2$).
(11/5/1)

A 5.18 Berechne die Größe des kleineren der beiden Winkel, die der Stunden- und der Minutenzeiger einer Uhr um 16.40 Uhr miteinander bilden!
(8/6/1)

A 5.19 Eine Klasse stellte verschiedenartige Pappdreiecke her. Die Schüler wollten diese Dreiecke im Mathematischen Kabinett ihrer Schule in einem Schränkchen sortiert aufbewahren, das neun Fächer enthielt. Drei Fächer hatten sie dabei für gleichseitige Dreiecke vorgesehen, drei Fächer für gleichschenklige, aber nicht gleichseitige Dreiecke und drei Fächer für ungleichschenklige Dreiecke. Innerhalb jeder dieser Gruppen sollten die Figuren nämlich noch in spitzwinklige, rechtwinklige und stumpfwinklige Dreiecke unterteilt werden.
Überprüfe, ob die Schüler, wenn sie Dreiecke aller möglichen Sorten herstellen, sämtliche neun Fächer benötigen oder ob sie mit einer geringeren Zahl auskommen können!
(4/6/1)

A 5.20   In der Ebene seien 50 verschiedene Punkte so gelegen, daß es keine Gerade gibt, die (mindestens) drei dieser Punkte enthält. Jeder der 50 Punkte sei mit jedem anderen durch eine Strecke verbunden.
 a)   Ermittle die Anzahl aller dieser Verbindungsstrecken!
 a)   Angenommen, die 50 Punkte seien die Eckpunkte eines konvexen 50-Ecks. Ermittle die Anzahl der Diagonalen dieser Figur!
 (15/7/1)

A 5.21   Ein Quadrat $ABCD$ von 12 cm Seitenlänge sei in 36 gleichgroße Quadrate zerlegt.
 Berechne den Umfang und den Flächeninhalt des in Bild A 5.21 schraffiert gezeichneten, in dem Quadrat $ABCD$ gelegenen Streifens!
 (4/5/2)

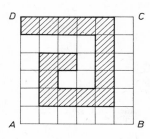

Bild A 5.21

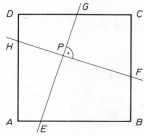

Bild A 5.22

A 5.22   Durch einen Punkt P im Innern eines Quadrats $ABCD$ seien zwei aufeinander senkrecht stehende Geraden so gelegen, daß die eine die Seiten AB bzw. CD in den Punkten E bzw. G und die andere die Seiten BC bzw. DA in den Punkten F bzw. H schneidet (Bild A 5.22).
 Beweise, daß die beiden Strecken EG und HF gleichlang sind, daß also $\overline{EG} = \overline{HF}$ gilt!
 (4/7/3)

A 5.23   In einem Quadrat $ABCD$ mit der Seitenlänge a werde die Seite AB durch die Punkte A_1, A_2, A_3, die Seite BC durch B_1, B_2, B_3, die Seite CD durch C_1, C_2, C_3 und DA durch D_1, D_2, D_3 jeweils in vier gleichlange Teilstrecken geteilt. Ferner seien die Strecken $A_1B_2, A_2B_3, B_1C_2, B_2C_3, C_1D_2, C_2D_3, D_1A_2$ und D_2A_3 eingezeichnet. Von den Schnittpunkten dieser Strecken miteinander seien die Punkte $P_1, P_2, P_3, P_4, P_5, P_6, P_7, P_8$ wie in Bild A 5.23 bezeichnet.

Bild A 5.23

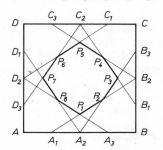

Bild A 5.24

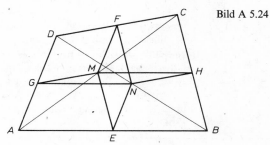

53

Berechne den Flächeninhalt des Achtecks $P_1P_2P_3P_4P_5P_6P_7P_8$ in Abhängigkeit von a!
(13/8/3)

A 5.24 Beweise: Sind in einem konvexen Viereck *ABCD* keine zwei Seiten zueinander parallel und bezeichnen *E*, *F*, *G*, *H*, *M*, *N* in dieser Reihenfolge die Mittelpunkte von *AB*, *CD*, *AD*, *BC*, *AC* bzw. *BD*, dann sind die Vierecke *GNHM* und *ENFM* Parallelogramme (Bild A 5.24)!
(4/8/3)

A 5.25 Beweise: Verbindet man die Mittelpunkte der Diagonalen eines Trapezes, so erhält man eine (evtl. zu einem Punkt ausgeartete) Strecke, deren Länge halb so groß ist wie der Betrag der Differenz der Längen von zwei parallelen Seiten des Trapezes!
(14/8/3)

A 5.26 Beweise, daß es in jedem konvexen Sechseck *ABCDEF*, in dem die Seiten *AB* und *DE* zueinander parallel und gleich lang sind, ebenso die Seiten *BC* und *EF*, ebenso die Seiten *CD* und *FA*, stets einen von *A*, *B*, *C*, *D*, *E* und *F* verschiedenen Punkt gibt, in dem sich genau drei Diagonalen schneiden!
(8/7/1)

A 5.27 Errichtet man auf den Seiten eines gleichseitigen Dreiecks die Quadrate nach außen, so bilden die äußeren Eckpunkte dieser Quadrate die Ecken eines konvexen Sechsecks. Der Flächeninhalt des Dreiecks sei mit A_3, der jedes der Quadrate mit A_4 und der des Sechsecks mit A_6 bezeichnet.
Gesucht sind ganze Zahlen n und m so, daß die Gleichung $A_6 = nA_3 + mA_4$ gilt.
(7/8/2)

A 5.28 Untersuche, ob es Vielecke mit einer der folgenden Eigenschaften gibt!
a) Die Anzahl der Diagonalen des Vielecks ist dreimal so groß wie die Anzahl seiner Eckpunkte.
b) Die Anzahl der Eckpunkte des Vielecks ist dreimal so groß wie die Anzahl seiner Diagonalen.
(9/8/1)

A 5.29 Von sieben Schülern soll jeder auf sein Zeichenblatt vier voneinander verschiedene Geraden zeichnen. Dabei soll der erste Schüler die Geraden so zeichnen, daß kein Schnittpunkt, der zweite so, daß genau 1 Schnittpunkt auftritt, der dritte so, daß genau 2 Schnittpunkte, der vierte so, daß genau 3 Schnittpunkte, der fünfte so, daß genau 4 Schnittpunkte, der sechste so, daß genau 5 Schnittpunkte, und der siebente so, daß genau 6 Schnittpunkte auftreten. Schnittpunkte, die außerhalb des Zeichenblattes liegen, werden hierbei mitgezählt.

Nach einer gewissen Zeit behaupten der zweite, der dritte und der sechste Schüler, daß ihre Aufgabe nicht lösbar sei. Stelle fest, wer von den drei Schülern recht und wer nicht recht hat, und beweise deine Feststellung!
(11/8/3)

A 5.30 Auf den Verlängerungen der Seiten AB, BC und CA eines Dreiecks ABC über die Punkte B bzw. C bzw. A hinaus seien Strecken mit den Längen $\overline{BB'} = \overline{AB}$, $\overline{CC'} = \overline{BC}$ und $\overline{AA'} = \overline{CA}$ abgetragen.
Beweise, daß der Flächeninhalt des Dreiecks $A'B'C'$ siebenmal so groß ist wie der des Dreiecks ABC!
(7/7/3)

A 5.31 a) Beweise den folgenden Satz!
Wenn ein spitzwinkliges Dreieck ABC gleichschenklig mit $\overline{AC} = \overline{BC}$ ist, dann haben die von A und B ausgehenden Höhen gleiche Länge.

b) Beweise die folgende Umkehrung dieses Satzes!
Wenn in einem spitzwinkligen Dreieck ABC die von A und B ausgehenden Höhen gleiche Länge haben, dann ist das Dreieck ABC gleichschenklig mit $\overline{AC} = \overline{BC}$.
(20/7/2)

A 5.32 Gegeben sei ein Halbkreis mit dem Durchmesser AB und dem Mittelpunkt M. Ferner seien P und Q zwei von A und B und voneinander verschiedene Punkte auf diesem Halbkreis. Die in P und Q auf der Geraden durch P und Q errichteten Senkrechten mögen AB in R bzw. in S schneiden.
Beweise, daß dann $\overline{RM} = \overline{SM}$ gilt!
(20/8/2)

A 5.33 Von einem Dreieck ABC und einer Geraden g werde vorausgesetzt:
(1) Es gilt $\overline{AB} = \overline{AC}$.
(2) Die Gerade g schneidet die Strecke BC in einem Punkt F, die Strecke AC in einem Punkt E und die Verlängerung der Strecke BA über A hinaus in einem Punkt D.
(3) Es gilt $\overline{CE} = \overline{CF}$.
(4) Der Winkel $\angle\, EDA$ hat die Größe $18°$.
Ermittle aus diesen Voraussetzungen die Größe α des Winkels $\angle\, ABC$, die Größe β des Winkels $\angle\, EFC$ sowie die Größe γ des Winkels $\angle\, CAB$!
(20/8/2)

A 5.34 Von zwei Kreisen k_1 und k_2 werde vorausgesetzt, daß sie sich von außen in einem Punkt P berühren. Die Gerade, die beide Kreise in P berührt, sei t. Ferner sei s eine weitere gemeinsame Tangente beider Kreise; sie berühre diese in den Punkten Q bzw. R. Der Schnittpunkt von s mit t sei S.
Beweise, daß unter diesen Voraussetzungen S der Mittelpunkt der Strecke QR ist!
(19/8/1)

A 5.35   In einem Parallelogramm $ABCD$ sei P ein beliebiger Punkt auf der Diagonalen AC ($P \neq A$, $P \neq C$). Die Parallele durch P zu AB schneide BC in H und AD in G; die Parallele durch P zu BC schneide AB in E und CD in F.
Beweise, daß die beiden Parallelogramme $EBHP$ und $GPFD$ den gleichen Flächeninhalt haben!
(19/8/2)

A 5.36   Von drei Kreisen k_1, k_2, k_3 mit dem gleichen Radius r, aber verschiedenen Mittelpunkten M_1, M_2, M_3 werde vorausgesetzt:
Die Kreise k_2 und k_3 schneiden einander in einem Punkt P und einem Punkt $A \neq P$.
Die Kreise k_3 und k_1 schneiden einander ebenfalls in P und außerdem in einem Punkt $B \neq P$, $B \neq A$.
Die Kreise k_1 und k_2 schneiden einander ebenfalls in P und außerdem in einem Punkt $C \neq P$, $C \neq A$, $C \neq B$.
Beweise, daß aus diesen Voraussetzungen stets folgt: Der Umkreis des Dreiecks ABC hat r als Radius!
(19/7/3)

A 5.37   Es sei $ABCD$ ein Quadrat der Seitenlänge 6 cm und E der Mittelpunkt der Seite AD. Auf CE sei ein Punkt F so gelegen, daß die Flächen der Dreiecke AFE und BCF inhaltsgleich sind.
Ermittle den Flächeninhalt des Dreiecks ABF!
(19/7/3)

A 5.38   Gegeben sei ein Quadrat $ABCD$ mit der Seitenlänge a. Eine Parallele zu AB schneide die Seiten BC und AD in den Punkten E bzw. F, eine Parallele zu BC schneide die Strecken AB und EF in den Punkten G bzw. H, und eine Parallele zu AB schneide die Strecken BE und GH in den Punkten J bzw. K (Bild A 5.38).

a)   Ermittle den Umfang des Rechtecks $KJEH$ in Abhängigkeit von a unter der Bedingung, daß die Rechtecke $AGHF$, $GBJK$, $KJEH$ und $FECD$ untereinander flächeninhaltsgleich sind!

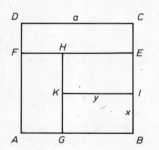

Bild A 5.38

b)   Ermittle den Flächeninhalt des Rechtecks $KJEH$ in Abhängigkeit von a unter der Bedingung, daß die Rechtecke $AGHF$, $GBJK$, $KJEH$ und $FECD$ untereinander umfangsgleich sind!
(19/8/3)

56

A 5.39 Es sei *EG* ein Durchmesser eines Kreises *k*. Die in *E* und *G* an *k* gelegten Tangenten seien *t* bzw. *t'* genannt. Auf *t* sei eine Strecke *AB* so gelegen, daß *E* ihr Mittelpunkt ist. Die von *A* und *B* aus an *k* gelegten (und von *t* verschiedenen) Tangenten mögen *t'* in *D* bzw. *C* schneiden. Der Radius von *k* sei *r*; die Längen von *AB* bzw. *CD* seien *a* bzw. *c* genannt.

Beweise, daß unter diesen Voraussetzungen stets die Gleichung $r^2 = \dfrac{ac}{4}$ gilt!
(19/8/3)

A 5.40 In einem Kreis *k* mit dem Mittelpunkt *M* sei ein Trapez *ABCD* mit *AB* ∥ *CD* so gelegen, daß die Eckpunkte *A*, *B*, *C*, *D* auf der Peripherie des Kreises *k* liegen und *AB* Durchmesser von *k* ist. Außerdem sei $\sphericalangle MAC = 36°$.
Beweise, daß dann $\sphericalangle CMD = 36°$ ist!
(18/7/2)

A 5.41 Zwei Kreise k_1 und k_2 mögen einander in zwei verschiedenen Punkten *A* und *B* schneiden. Zwei voneinander verschiedene parallele Geraden g_1 und g_2 durch *A* bzw. *B* seien so gelegen, daß g_1 den Kreis k_1 in einem von *A* verschiedenen Punkt *C* und den Kreis k_2 in einem von *A* verschiedenen Punkt *D* schneidet, daß ferner g_2 den Kreis k_1 in einem von *B* verschiedenen Punkt *E* und den Kreis k_2 in einem von *B* verschiedenen Punkt *F* schneidet und daß dabei *A* zwischen *C* und *D* sowie *B* zwischen *E* und *F* liegt.
Beweise, daß dann $\overline{CD} = \overline{EF}$ gilt!
(13/8/2)

A 5.42 Beweise: Stehen in einem gleichschenkligen Trapez *ABCD* (mit *AB* ∥ *CD* und $\overline{AD} = \overline{BC}$) die Diagonalen *AC* und *BD* senkrecht aufeinander, dann ist die Länge der Mittellinie dieses Trapezes gleich der Länge seiner Höhe!
(12/7/1)

A 5.43 Es sei △ *ABC* ein rechtwinkliges Dreieck mit *C* als Scheitelpunkt des rechten Winkels. Die Halbierende dieses Winkels schneide die Seite *AB* in *D*. Der Fußpunkt des Lotes von *D* auf *AC* sei *E*.
Beweise: Wenn in diesem Dreieck $\sphericalangle CAB = 22{,}5°$ ist, dann gilt $\sphericalangle ADE = \sphericalangle CDB$!
(19/7/1)

A 5.44 **a)** Beweise: Wenn in einem Trapez *ABCD* mit *AB* ∥ *CD* die Gleichung

$$\overline{CD} = \overline{AD} \tag{1}$$

gilt, dann gilt auch die folgende Aussage (2): Im Trapez *ABCD* halbiert die Diagonale *AC* den Innenwinkel $\sphericalangle BAD$!

b) Beweise auch die folgende Umkehrung:
Wenn in einem Trapez *ABCD* mit *AB* ∥ *CD* die Aussage (2) gilt, dann gilt auch die Gleichung (1)!
(19/7/2)

A 5.45   Einem Kreis k mit dem Mittelpunkt M und dem Radius r sei ein Trapez $ABCD$ mit $AB \parallel CD$ derart umbeschrieben, daß jede der Trapezseiten den Kreis k berührt.
Beweise, daß dann $\measuredangle\, BMC = 90°$ ist!
(16/8/3)

A 5.46   Gegeben sei ein Quadrat $ABCD$.
Mit $\overline{AB}$ als Radius sei um A ein Kreis gezeichnet, der die Diagonale AC in einem Punkt E schneide. Die in E an den Kreis gelegte Tangente schneide die Seite BC in einem Punkt F.
Beweise, daß dann $\overline{CE} = \overline{EF} = \overline{FB}$ gilt!
(18/8/2)

A 5.47   Gegeben sei ein rechtwinkliges Dreieck ABC mit der Hypotenuse AB, dessen Innenwinkel $\measuredangle\, CAB$ die Größe 60° hat. Von C sei das Lot CD (D sei der Fußpunkt) auf AB, danach seien von D die Lote DE und DF auf AC bzw. BC sowie von F das Lot FH auf AB gefällt.
Beweise, daß dann $\overline{HB} = \overline{HA} + \overline{AE}$ ist!
(18/8/1)

A 5.48   Bild A 5.48 stellt den Grundriß einer Wohnung mit den Räumen A, B, C, D, E dar. Die Fußböden der Räume A und B sollen gestrichen werden, die der Räume C, D und E sollen mit einem Fußbodenbelag ausgelegt werden.
Ermittle den Flächeninhalt für jeden dieser Räume, und gib die Anzahl der zu streichenden und die der auszulegenden Quadratmeter Fußboden an!
(12/5/2)

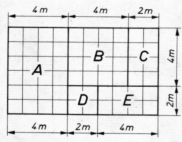

Bild A 5.48

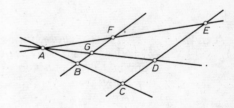

Bild A 5.49

A 5.49   Bild A 5.49 zeigt genau sieben Punkte A, B, C, D, E, F, G und genau fünf Geraden, von denen eine durch A, B, C, eine durch A, F, E, eine durch A, G, D, eine durch B, G, F und eine durch C, D, E geht. Außerdem gilt $BF \parallel CE$.
Wir wollen sagen:
Eine Strecke ⎫
Ein Dreieck ⎬ „gehört der Zeichnung an" genau dann,
Ein Trapez ⎭
wenn

ihre Endpunkte zwei
seine Eckpunkte drei | der Punkte *A, B, C, D, E, F, G*
seine Eckpunkte vier |
sind, falls
die Strecke
alle Seiten des Dreiecks | schon vollständig gezeichnet
alle Seiten des Trapezes |

in Bild A 5.49

{ vorkommt.
{ vorkommen.
{ vorkommen.

(*Beispiele*: Die Strecke *AB*, das Dreieck *ABF* „gehören der Zeichnung an".
Die Strecke *BD* „gehört der Zeichnung *nicht* an", auch nicht die Strecke, die
den Mittelpunkt von *AB* mit *B* verbindet, auch nicht das Dreieck *ABD*.)
Gib alle Strecken, Dreiecke und Trapeze an, die „der Zeichnung angehören"!
(9/5/1)

A 5.50 Beweise: Ist ein Viereck *ABCD* konvex, so ist sein Flächeninhalt gleich dem
Flächeninhalt jedes Dreiecks, bei dem zwei Seiten gleichlang den Diagonalen
des Vierecks sind und als Winkel einen der Schnittwinkel der Diagonalen
einschließen!
(9/7/3)

A 5.51 Die in Bild A 5.51 schraffierte Fläche ist 38 cm² groß. Sie ist aus einer quadratischen Fläche entstanden, von der man zwei (gleich große) dreieckige
Flächen abgeschnitten hat.

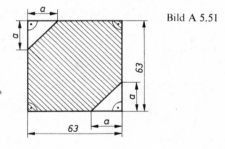

Bild A 5.51

Berechne aus den im Bild angegebenen Maßen (in mm) die Seitenlänge *a*
der Dreiecke (in mm)!
(18/6/2)

A 5.52 Man ermittle die Größen der Innenwinkel eines Dreiecks *ABC*, auf dessen
Außenwinkel folgende Aussage zutrifft:
Einer der Außenwinkel mit dem Scheitel *A* ist um 16° größer, einer der Außenwinkel mit dem Scheitel *B* ist um 49° kleiner als einer der Außenwinkel mit
dem Scheitel *C*.
(18/8/2)

A 5.53   Auf der Grundlinie BC eines gleichschenkligen Dreiecks ABC seien von B und C verschiedene Punkte M_1 und M_2 gelegen. Durch M_1 und M_2 seien jeweils die Parallelen zu den Dreiecksseiten AB und AC gezogen. Dabei mögen die Parallelen durch M_1 die Seite AB in D und die Seite AC in E, die Parallelen durch M_2 die Seite AB in F und die Seite AC in G schneiden.
Beweise, daß der Umfang des Parallelogramms M_1EAD gleich dem Umfang des Parallelogramms M_2GAF ist!
(6/8/3)

A 5.54   Über sechs Punkte A, B, C, D, E, F wird folgendes vorausgesetzt:
Das Dreieck ABC ist rechtwinklig mit B als Scheitel des rechten Winkels. Punkt D ist ein innerer Punkt der Strecke AB, Punkt E ein innerer Punkt der Strecke BC und Punkt F ein innerer Punkt der Strecke DB. Die Dreiecke ADC, DEC, DEF und FBE sind sämtlich einander flächeninhaltsgleich.
Ferner gilt $\overline{FB} = 15$ cm und $\overline{BE} = 20$ cm.
Ermittle unter diesen Voraussetzungen die Länge der Strecke AD!
(18/7/2)

A 5.55   Bild A 5.55 zeigt drei verschiedene Geraden, die genau den Punkt C gemeinsam haben, und eine vierte Gerade, die die drei erstgenannten Geraden in den Punkten A, B und D schneidet, wobei B zwischen A und D liegt. Ein Punkt E liege auf der Geraden durch A und C so, daß C zwischen A und E liegt. Ferner gelte $\sphericalangle\ ECD = \sphericalangle\ ABC$.
Beweise, daß dann $\sphericalangle\ DCB = \sphericalangle\ BAC$ ist!
(9/6/2)

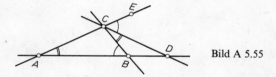

Bild A 5.55

6. Geometrie im Raum

Aufgabenstellungen zur Geometrie des Raumes nehmen unter den Olympiadeaufgaben der Klassenstufen 5 bis 8 im Verhältnis zu Aufgaben der Geometrie der Ebene weitaus geringeren Umfang ein. Das hat seine Ursache in erster Linie in den geringen Kenntnissen, die man bei Schülern dieser Klassenstufe auf diesem Gebiet voraussetzen darf. Die im vorliegenden Kapitel enthaltenen Aufgaben spiegeln den erwähnten Sachverhalt deutlich wider. Zu ihrer Lösung sind nur elementare Grundkenntnisse über Quader, insbesondere über Würfel, erforderlich.

Für die Entwicklung mathematischen Denkens ist jedoch die Schulung des räumlichen Vorstellungsvermögens von großer Bedeutung. Ausgehend vom vorliegenden Aufgabenmaterial sollte der Zirkelleiter deshalb weitere Möglichkeiten suchen, um bereits in diesen Klassenstufen die Entwicklung der räumlichen Vorstellung zu fördern.

Dazu können z. B. Modelle aus Holz, Knetmasse, Papier u. ä. m. gute Dienste leisten. Insbesondere für die Aufgabe A 6.15 ist die Anfertigung derartiger Modelle sehr zu empfehlen, weil unter Benutzung dieser Anschauungsmittel die Eigenschaften der in dieser Aufgabe zu untersuchenden Schnittfiguren wesentlich besser zu erkennen sind und ein Beweis der behaupteten Eigenschaften vielfach wenigstens angedeutet werden kann.

Ebenso kann man an solchen Modellen recht anschaulich demonstrieren, warum einige der angegebenen Schnittfiguren nicht entstehen können. Allerdings muß dabei stets deutlich werden, ob es sich um einen strengen Beweis oder lediglich um eine Plausibilitätsbetrachtung handelt.

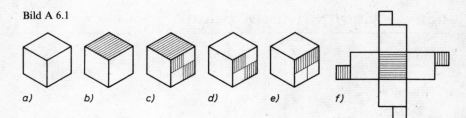

Bild A 6.1

a)   b)   c)   d)   e)   f)

A 6.1   Die Bilder A 6.1 a) bis e) zeigen von fünf Würfeln je ein Schrägbild, Bild f) zeigt ein Netz, aus dem ein Würfel hergestellt werden kann, wobei die Seite mit den gefärbten Flächen nach außen kommen soll.
Beantworte für jedes der fünf Schrägbilder die Frage, ob es den aus dem abgebildeten Netz hergestellten Würfel darstellen kann oder nicht!
Falls die Antwort „Ja" lautet, genügt die Angabe dieser Antwort, falls sie „Nein" lautet, ist sie zu begründen.
(10/5/1)

A 6.2   Marie-Luise hat einen außen rot angestrichenen Würfel aus Holz. Der Würfel hat eine Kantenlänge von 3 cm. Marie-Luise denkt sich diesen Würfel in kleine Würfel von 1 cm Kantenlänge zerlegt.

a)   Wie viele derartige kleine Würfel würden aus dem roten Würfel insgesamt entstehen?

Wie viele von den kleinen Würfeln hätten

b)   genau drei rot angestrichene Seitenflächen,

c)   genau zwei rot angestrichene Seitenflächen,

d)   genau eine rot angestrichene Seitenfläche,

e)   keine rot angestrichene Seitenfläche?

Als Lösung genügt die Angabe der in a) bis e) erfragten Anzahl ohne Begründung.
(18/5/1)

A 6.3   Fünf Flächen eines Würfels von 3 cm Kantenlänge seien rot angestrichen, die sechste Fläche sei ohne Anstrich. Durch Schnitte parallel zu den Seitenflächen sei der Würfel in 27 Würfel von 1 cm Kantenlänge zerlegt.
Wie viele dieser kleinen Würfel haben

a)   keine rot angestrichene Seitenfläche,

b)   genau eine rot angestrichene Seitenfläche,

c)   genau zwei rot angestrichene Seitenflächen,

d)   genau drei rot angestrichene Seitenflächen,

e)   genau vier rot angestrichene Seitenflächen?

Als Lösung genügt die Angabe der in a) bis e) erfragten Anzahlen ohne Begründung.
(8/5/1)

A 6.4   Vier Flächen eines Holzwürfels von 3 cm Kantenlänge seien rot angestrichen, die beiden übrigen seien ohne Anstrich. Der Würfel sei durch Schnitte parallel zu den Seitenflächen in 27 Würfel von 1 cm Kantenlänge zerlegt.
Ermittle die Anzahl derjenigen dieser kleinen Würfel, die dann

a) keine rot angestrichene Seitenfläche,
b) genau eine rot angestrichene Seitenfläche,
c) genau zwei rot angestrichene Seitenflächen,
d) genau drei rot angestrichene Seitenflächen
haben!
Unterscheide dabei die folgenden Fälle!
(1) Die nicht angestrichenen Seitenflächen des großen Würfels haben keine gemeinsame Kante.
(2) Die nicht angestrichenen Seitenflächen des großen Würfels haben eine gemeinsame Kante.
Als Lösung genügt die Angabe der erfragten Anzahlen ohne Begründung.
(11/6/1)

A 6.5 Der kleine Uwe hat weiße Würfelbausteine mit einer Kantenlänge von 2 cm und rote Würfelbausteine mit einer Kantenlänge von 3 cm. Er baute einen größeren Würfel aus roten und weißen Bausteinen und verwendete dabei nur Steine dieser beiden Sorten. Die vier senkrecht stehenden Außenwände bestanden aus roten Bausteinen, der restliche Würfelkörper von unten bis oben durchgehend aus weißen Bausteinen.
Ermittle die Anzahl der hierbei verwendeten weißen und die der verwendeten roten Bausteine, wobei bekannt ist, daß Uwe nicht mehr als 60 Bausteine von jeder der beiden Sorten zur Verfügung hatte!
(17/7/1)

A 6.6 Im Werkunterricht fertigen Schüler quaderförmige Bauklötze an, deren Seitenkanten 55 mm, 55 mm bzw. 70 mm lang sind. Zur besseren Aufbewahrung werden diese Bauklötze in quaderförmige Baukästen gepackt, deren Innenmaße (bei geschlossenem Schiebedeckel) 0,33 m, 2,2 dm bzw. 21 cm betragen. Berechne die größtmögliche Anzahl von Bauklötzen, die sich in einem derartigen Baukasten unterbringen lassen (wobei sich der Schiebedeckel schließen lassen muß)!
(9/5/1)

A 6.7 Vier undurchsichtige Würfel mit den Kantenlängen 24 cm, 12 cm, 6 cm bzw. 3 cm sollen so übereinander auf eine undurchsichtige Tischplatte gestellt werden, daß der größte zuunterst steht, darauf der nächstgrößte usw., schließlich der kleinste Würfel zuoberst steht, wobei jeder der Würfel vollständig auf der Deckplatte des unter ihm stehenden (bzw. auf der Tischplatte) ruht, (d. h., ohne über diese Fläche hinauszuragen).
Ermittle von diesen Würfeln den Gesamtflächeninhalt derjenigen Oberflächenteile, die sichtbar (d. h. nicht verdeckt) sind!
(13/6/2)

A 6.8 Auf einer horizontalen Ebene steht ein oben offener quaderförmiger Kasten mit den inneren Grundkantenlängen 5 cm und 4 cm, der bis zu einer Höhe von 7 cm mit einer Flüssigkeit gefüllt ist.
Um wieviel Zentimeter muß ein Würfel von 2 cm Kantenlänge vom Berühren der Flüssigkeitsoberfläche an gesenkt werden, bis sich die Deckfläche des

Würfels und der Flüssigkeitsspiegel in ein und derselben Ebene befinden? Dabei sollen Grund- und Deckfläche des Würfels stets parallel zum Flüssigkeitsspiegel sein.

Bemerkung: Der Flüssigkeitsspiegel sei als Teil einer horizontalen Ebene angenommen, die Adhäsion werde vernachlässigt.

(14/7/1)

A 6.9 In einem allseitig geschlossenen quaderförmigen Glaskasten befinden sich genau 600 cm³ Wasser. Legt man den Kasten nacheinander mit seinen verschiedenen Außenflächen auf eine horizontale Ebene, so ergibt sich für die Wasserhöhe im Kasten einmal 2 cm, einmal 3 cm und einmal 4 cm.
Ermittle das Fassungsvermögen des Kastens!

Bemerkung: Der Wasserspiegel sei als Teil einer horizontalen Ebene angenommen, die Adhäsion werde vernachlässigt.

(16/8/3)

A 6.10 Gegeben sei ein Würfel mit den Eckpunkten A, B, C, D, E, F, G, H (Bild A 6.10) und der Kantenlänge 4 cm. Von ihm werde durch einen ebenen Schnitt durch die Punkte I, K, L eine Ecke abgeschnitten, wobei I der Mittelpunkt von AE, K der Mittelpunkt von EF und L der Mittelpunkt von EH ist.
Zeichne ein Netz des Restkörpers, und benenne dabei die Eckpunkte!

(9/6/1)

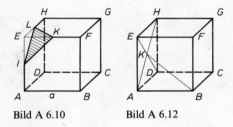

Bild A 6.10   Bild A 6.12

A 6.11 Von einem Würfel mit der Kantenlänge $a = 9$ cm seien an jeder seiner Ecken jeweils ein Würfel mit einer Kantenlänge $b < \dfrac{a}{2}$ herausgeschnitten. (Die Flächen der herausgeschnittenen Würfel seien parallel zu den entsprechenden Flächen des großen Würfels.)

a) Zeichne für $b = 3$ cm ein Schrägbild des Restkörpers (60°; 1:3)!

c) Ermittle den Wert von b, für den das Volumen des Restkörpers $V_R = 217$ cm³ beträgt!

(12/8/1)

A 6.12 Gegeben sei ein Würfel mit den Eckpunkten A, B, C, D, E, F, G, H (Bild A 6.12). Der Schnittpunkt der Flächendiagonalen AH und DE sei K.
Beweise, daß DE senkrecht auf BK steht!

(15/7/3)

A 6.13   Durch den in Bild A 6.13 dargestellten Würfel soll ein ebener Schnitt so gelegt werden, daß als Schnittfigur ein gleichseitiges Dreieck entsteht, dessen sämtliche Ecken auch Eckpunkte des Würfels sind.
Gib alle Möglichkeiten für einen solchen Schnitt an, und stelle einen Würfel mit einem solchen Schnitt in Kavalierperspektive dar!
(16/8/1)

Bild A 6.13

A 6.14   Ein Würfel werde von allen denjenigen Ebenen geschnitten, die durch die Mittelpunkte jeweils der drei von einem Eckpunkt ausgehenden Kanten verlaufen. Dabei entsteht ein Restkörper.
  a)   Stelle für einen Würfel mit einer Kantenlänge 6 cm den Restkörper in einem Schrägbild (60°; 1:3) dar!
  b)   Ermittle die Anzahl aller Eckpunkte und die Anzahl aller Kanten des Restkörpers!
  c)   Gib die Form und die Anzahl aller Teilflächen der Oberfläche des Restkörpers an!
(10/8/1)

A 6.15   Ein Würfel soll auf verschiedene Arten durch einen ebenen Schnitt in zwei Teilkörper zerlegt werden. Können dabei folgende Schnittfiguren entstehen?
  a)   gleichseitiges Dreieck
  b)   gleichschenkliges (nicht gleichseitiges) Dreieck
  c)   rechtwinkliges Dreieck
  d)   ungleichschenkliges Dreieck
  e)   Quadrat   **f)**   nichtquadratisches Rechteck
  g)   Fünfeck   **h)**   Achteck
Welche möglichen Schnittfiguren sind in dieser Aufzählung nicht enthalten?
Als Lösung gilt eine Abbildung, aus der man sehen kann, wie der ebene Schnitt geführt werden muß, wenn man die betreffende Schnittfigur erhalten will. In den Fällen, in denen eine der aufgeführten Schnittfiguren nicht entstehen kann, genügt der Hinweis darauf (ohne Begründung).
(4/8/1)

7. Geometrische Konstruktionen in der Ebene

Wie bei den meisten mathematischen Aufgaben lassen sich auch für geometrische Konstruktionen häufig mehrere Lösungswege finden. Es hat sich bewährt, bei der Lösung nach einem Schema vorzugehen. Außer dem hier dargestellten Schema gibt es andere Schemata, die zum gleichen Ergebnis führen. Grundsätzliche Ausführungen zum Thema „Konstruktionen" findet der interessierte Leser in der im Vorwort (Seite 4) genannten, von Prof. Dr. W. ENGEL und Prof. Dr. U. PIRL herausgegebenen Sammlung von Olympiade-Aufgaben. Als Hilfsmittel seien — wenn nicht anderweitige Angaben in der Aufgabenstellung erfolgt sind — zunächst grundsätzlich Bleistift, Lineal (ohne Skale) und Zirkel zugelassen; ferner ist die Benutzung von Zentimetermaß und Winkelmesser gestattet, aber nur zum einmaligen Auftragen „gegebener Stücke" auf dem Zeichenblatt. Außerdem ist es üblich, zum Konstruieren von Parallelen und Senkrechten das Zeichendreieck zuzulassen (auch wenn an sich für diese Konstruktionen Lineal und Zirkel ausreichen).

Jede Lösung einer Konstruktionsaufgabe beginnt mit dem Abschnitt (I) „Analyse" (auch Analysis genannt). Dabei geht man von der Annahme aus, ein geometrisches Objekt habe die verlangten Eigenschaften. Es ist ratsam, dazu eine Zeichnung anzufertigen, wobei die gezeichnete Figur keineswegs der später konstruierten ähnlich sein muß. Diese sogenannte Analysisfigur soll dem Lösenden lediglich zur Veranschaulichung des Sachverhalts dienen. Insbesondere soll sie alle „gegebenen Stücke" enthalten. Ausgehend von den vorausgesetzten Eigenschaften wird nun das geometrische Objekt analysiert, d. h., es werden weitere Eigenschaften abgeleitet, die Objekte der vorausgesetzten Art haben müssen. Das Ziel der Betrachtungen besteht dabei darin, solche Eigenschaften zu finden, die eine Konstruktion des geometrischen Objektes aus den „gegebenen Stücken" ermöglichen.

Es folgt dann der Teil (II) „Konstruktionsbeschreibung", und zwar derart mit Teil I verknüpft, daß am Ende (und als Ziel) des Teiles I die Aussage steht: „Daher" (als Schlußfolgerung aus der eingangs gemachten Annahme) „kann ein geometrisches Objekt nur dann die verlangten Eigenschaften haben, wenn es nach folgender Beschreibung konstruiert werden kann."

Im Teil I wurde also gezeigt, daß jede Figur, die den Bedingungen der Aufgabe entspricht, sich nach der Konstruktionsbeschreibung II konstruieren lassen muß.

(Es ist dabei durchaus möglich, daß man auch auf anderem Wege zu einer Konstruktion — evtl. sogar einer ganz anderen Konstruktion — des geforderten Objektes kommen kann.

Dann hätte natürlich die Analyse anders aussehen müssen. Die obige Aussage enthält also keine Angaben über die Anzahl der Konstruktionsmöglichkeiten für das betrachtete Objekt. Sie besagt aber andererseits, daß ein Objekt nicht die geforderten Eigenschaften haben kann, wenn es sich auf die angegebene Weise nicht konstruieren läßt.)

Bei den angegebenen Konstruktionsschritten wird üblicherweise, zur Entlastung der Darstellung in Teil II, nichts darüber ausgesagt, ob z. B. in der Beschreibung erwähnte Schnittpunkte mit Hilfe der gegebenen Stücke überhaupt zustandegekommen und ob sie eindeutig bestimmt sind. Das bleibt einem späteren Teil IV überlassen (jedoch ist dies keine bindende Vorschrift; insbesondere kann man sehr einfach ersichtliche Eindeutigkeits- und Existenzaussagen sogleich in Teil II formulieren).

Im Teil (III) wird anschließend bewiesen, daß jede nach der Beschreibung II konstruierte Figur die verlangten Eigenschaften hat. Dieser Teil III (oft kurz nur „Beweis" genannt) ist also die logische Umkehrung der Teile I und II.

Im Teil (IV), den man mit „Determination" oder auch mit „Diskussion" bezeichnet, wird erstens untersucht, ob die in Teil II angegebenen Konstruktionsschritte (mit den gegebenen Stücken) überhaupt ausführbar sind. Damit ist, wenn dies zutrifft, zusammen mit Teil III bewiesen, daß es geometrische Objekte mit den verlangten Eigenschaften gibt (Existenznachweis).

Zweitens ist zu untersuchen, ob die Ausführung der Konstruktion in jedem Fall möglich ist oder ob die gegebenen Stücke dafür bestimmte einschränkende Voraussetzungen erfüllen müssen. Ist einer der Konstruktionsschritte nicht ausführbar (z. B. Ermitteln des Schnittpunktes zweier zueinander paralleler Geraden), so ist zusammen mit Teil I bewiesen, daß es keine geometrischen Objekte mit den verlangten Eigenschaften gibt.

Drittens wird in Teil IV untersucht, ob die Konstruktionsschritte aus Teil II eindeutig ausführbar sind, oder — wenn dies nicht zutrifft — bis auf Kongruenz eindeutig. Trifft dies für alle Schritte zu, so ist damit zusammen mit Teil I bewiesen, daß die gestellten Forderungen eindeutig bzw. bis auf Kongruenz eindeutig das geometrische Objekt festlegen, d. h., es ist dann bewiesen: Es gibt nur *ein* Objekt mit den geforderten Eigenschaften bzw. alle Objekte mit diesen Eigenschaften sind einander kongruent (Eindeutigkeitsnachweis). Dabei wird davon ausgegangen, daß ein ebenes geometrisches Objekt einem Vergleichsobjekt genau dann kongruent ist, wenn es durch Verschiebung oder Drehung oder Spiegelung aus dem Vergleichsobjekt erhalten werden kann. (In den Vorbemerkungen, Punkt 10., ist insbesondere die Kongruenz von Dreiecken in diesem Sinne definiert.)

Beide Teiluntersuchungen in IV, die Existenz- und die Eindeutigkeitsuntersuchungen, können Fallunterscheidungen für die gegebenen Stücke erforderlich machen, sofern nämlich diese Stücke nicht konkret durch zahlenmäßige Größenangaben oder in wahrer Größe abgebildet vorliegen, sondern abstrakt als „gegeben" bezeichnet sind. Aber auch bei konkret gegebenen Stücken ist jeweils eine Existenz- bzw. Eindeutigkeitsaussage zu einem Konstruktionsschritt zu begründen. Dies kann freilich oft durch Verweis auf eine tatsächlich ausgeführte Konstruktion geschehen (z. B. mit einer Formulierung wie etwa: „Wie die Konstruktion mit den gegebenen Stücken ergibt, sind die Geraden g und h nicht zueinander parallel, haben also einen Schnittpunkt"). Bei abstrakt „gegebenen" Stücken dagegen dürfen auf keinen Fall Eigenschaften der Analysisfigur (etwa Lagebeziehungen oder dergleichen) der Anschauung entnommen und zum Beweis herangezogen werden, es sei denn, man erbringt den Nachweis, daß diese Eigenschaften von der Wahl der konkreten Analysisfigur unabhängig sind.

A 7.1 Konstruiere ein Dreieck ABC aus $r = 3{,}2$ cm, $a = 5{,}6$ cm und $h_a = 4{,}4$ cm! Dabei bedeuten a die Länge der Seite BC des Dreiecks ABC, r den Umkreisradius dieses Dreiecks und h_a die Länge der zur Seite BC senkrechten Höhe. Beschreibe und begründe deine Konstruktion! Stelle fest, ob durch die gegebenen Stücke ein Dreieck bis auf Kongruenz eindeutig bestimmt ist! (14/7/1)

A 7.2 Gegeben seien in der Ebene drei Geraden g_1, g_2 und g_3, die einander in einem Punkt S schneiden, sowie ein Punkt $A \neq S$ auf g_1. Konstruiere ein Dreieck ABC, dessen Seitenhalbierenden s_a, s_b und s_c auf g_1, g_2 bzw. g_3 liegen! Beschreibe und begründe deine Konstruktion! Stelle fest, ob durch die gegebenen Bedingungen ein Dreieck ABC bis auf Kongruenz eindeutig bestimmt ist! (8/7/3)

A 7.3 Konstruiere ein Dreieck ABC, das den Bedingungen $a:b:c = 2:3:4$ und $r = 4$ cm genügt! Dabei seien a, b, c in dieser Reihenfolge die Längen der Seiten BC, AC bzw. AB, und r sei der Umkreisradius des Dreiecks ABC. Beschreibe und begründe deine Konstruktion! Stelle fest, ob durch die gegebenen Bedingungen ein Dreieck ABC bis auf Kongruenz eindeutig bestimmt ist! (13/8/3)

A 7.4 Konstruiere ein Dreieck ABC, in dem $\overline{AB} = 5$ cm, $\angle BAC = 70°$ und $\overline{BH} = \overline{HE}$ gelten. Dabei sei H der Höhenschnittpunkt des Dreiecks ABC und E der Fußpunkt des von B auf die Gerade durch A und C gefällten Lotes. Beschreibe und begründe deine Konstruktion! Stelle fest, ob durch die gegebenen Bedingungen ein Dreieck ABC bis auf Kongruenz eindeutig bestimmt ist! (7/8/3)

A 7.5 Zeichne drei Strecken AB, CD, EF mit den Längen $\overline{AB} = 5{,}6$ cm, $\overline{CD} = 1{,}8$ cm, $\overline{EF} = 6{,}2$ cm! Konstruiere mit Hilfe dieser Strecken drei weitere Strecken, für deren Längen a, b bzw. c gilt:
$$\overline{AB} = a + b, \quad \overline{CD} = a - b, \quad \overline{EF} = b + c! \tag{1}$$
Begründe, warum deine Konstruktion Strecken der Länge a, b bzw. c ergibt, die die Eigenschaften (1) haben! (17/5/2)

A 7.6 Die Fläche des Rechtecks $ABCD$ mit den Seitenlängen $a = 16$ cm, $b = 9$ cm ist so in fünf Rechtecksflächen zu zerlegen, daß sich diese zu einer Quadratfläche zusammensetzen lassen, wobei sämtliche Teilrechtecke verwendet werden sollen und die gesamte Fläche des Quadrats lückenlos und ohne Überlappungen von den Flächen dieser Teilrechtecke ausgefüllt werden soll. Gib eine Möglichkeit hierfür an! (10/6/2)

A 7.7 Gegeben seien zwei Punkte A und B, deren Abstand voneinander 10 cm beträgt. Ferner seien als Hilfsmittel ein Lineal von nur 8 cm Länge ohne Maßeinteilung, ein Bleistift und ein Zirkel vorhanden.
Konstruiere unter alleiniger Verwendung dieser Hilfsmittel die Strecke AB!
Beschreibe deine Konstruktion!
(3/6/2)

A 7.8 Fällt ein Lichtstrahl auf einen ebenen Spiegel, so wird er so reflektiert, daß der Einfallswinkel (d. h. der Winkel, den der einfallende Strahl mit der im Auftreffpunkt A errichteten Senkrechten bildet) gleich dem Reflexionswinkel (d. h. dem Winkel zwischen der genannten Senkrechten und dem reflektierten Strahl) ist (Bild A 7.8a)).
a) Konstruiere den Verlauf eines Lichtstrahls, der auf den in Bild A 7.8 b) dargestellten Winkelspiegel unter einem Einfallswinkel von 30° fällt!
b) Ermittle die Größe des Winkels, den der auf den Spiegel 1 einfallende Strahl mit dem vom Spiegel 2 reflektierten Strahl bildet!
(3/6/2)

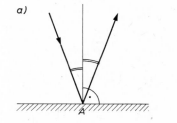 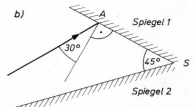

Bild A 7.8

A 7.9 Gegeben sei ein Winkel mit dem Scheitelpunkt S und der Größe 36°.
Konstruiere hieraus unter alleiniger Verwendung von Zirkel und Lineal einen Winkel, dessen Größe 99° beträgt!
(6/6/2)

A 7.10 Gegeben seien zwei voneinander verschiedene Punkte A und B.
Konstruiere unter alleiniger Verwendung eines Zirkels einen Punkt P, der auf der Geraden durch A und B liegt!
Beschreibe und begründe deine Konstruktion!
(5/7/3)

A 7.11 Einem rechtwinkligen Dreieck ABC mit dem rechten Winkel bei C ist ein Quadrat so einzuschreiben, daß der rechte Winkel des Dreiecks ABC zum Quadratwinkel wird und der ihm gegenüberliegende Eckpunkt des Quadrats auf der Hypotenuse AB liegt.
Beschreibe und begründe deine Konstruktion! Stelle fest, ob durch die gegebenen Bedingungen ein Quadrat eindeutig bestimmt ist!
(7/7/2)

A 7.12 Gegeben sei ein Dreieck ABC mit $\overline{AC} = 9,0$ cm, $\overline{BC} = 6,0$ cm und $\sphericalangle\ BCA = 120°$.

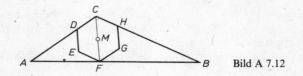

Bild A 7.12

Konstruiere ein regelmäßiges Sechseck *CDEFGH* so, daß *D* auf *AC*, *F* auf *AB* und *H* auf *BC* liegen (Bild A 7.12)!

Beschreibe und begründe deine Konstruktion! Stelle fest, ob es genau ein Sechseck *CDEFGH* gibt, das den Bedingungen der Aufgabe entspricht!

(17/7/3)

A 7.13 In der Ebene seien drei Geraden g_1, g_2, g_3 gegeben, von denen keine zwei zueinander parallel sind. Ferner sei s eine positive rationale Zahl.

Konstruiere einen Kreis k, der von jeder der Geraden g_1, g_2, g_3 eine Strecke der Länge s abschneidet!

Beschreibe und begründe deine Konstruktion! Stelle fest, ob stets ein solcher Kreis existiert! Wenn ja, so ermittle die Anzahl aller derartigen Kreise!

(6/8/3)

A 7.14 In der Ebene seien zwei voneinander verschiedene Punkte P_1 und P_2 und zwei voneinander verschiedene Geraden g_1 und g_2 gegeben.

Ermittle alle Punkte X mit den folgenden Eigenschaften!

(1) $\overline{XP_1} = \overline{XP_2}$

(2) Die Abstände des Punktes X von g_1 bzw. g_2 sind gleichgroß. (Fallunterscheidung beachten!)

(6/8/4)

A 7.15 Gegeben seien zwei parallele Geraden g_1 und g_2 mit dem Abstand a. Ferner sei P ein beliebiger Punkt zwischen g_1 und g_2.

Konstruiere einen Kreis k, der g_1 und g_2 berührt und durch P geht!

Beschreibe und begründe deine Konstruktion! Stelle fest, ob durch die Aufgabenstellung ein Kreis eindeutig bestimmt ist!

(15/8/2)

A 7.16 Gegeben seien drei Strecken mit den Längen p_1, p_2 und r, wobei $p_1 < p_2$ vorausgesetzt sei.

Konstruiere ein gleichschenkliges Trapez, dessen parallele Seiten die Längen p_1 bzw. p_2 haben und dessen Umkreis den Radius r hat!

a) Beschreibe und begründe deine Konstruktion! Stelle fest, ob durch die gegebenen Stücke ein Trapez eindeutig bestimmt ist!

b) Führe die Konstruktion für den Fall $p_1 = 3$ cm, $p_2 = 5$ cm und $r = 4$ cm aus!

(4/8/3)

A 7.17 Gegeben seien ein Kreis k mit dem Mittelpunkt M und dem Radius $r = 6$ cm und ein Kreis k_1 mit dem Mittelpunkt M_1 und dem Radius $r_1 = 2$ cm. Beide Kreise berühren einander von außen.
Konstruiere alle Kreise mit dem Radius 2 cm, die die beiden gegebenen Kreise berühren! Konstruiere auch die Berührungspunkte der gesuchten Kreise mit den gegebenen!
(7/8/2)

A 7.18 Gegeben sei ein beliebiges Parallelogramm $ABCD$.
Konstruiere unter Beibehaltung der Seite AB ein zu $ABCD$ flächeninhaltsgleiches Parallelogramm ABC_1D_1, das auf derselben Seite der Geraden durch A und B wie das Parallelogramm $ABCD$ liegt und dessen Diagonale AC_1 eine vorgegebene Länge e mit $e > 0$ hat!
Beschreibe und begründe deine Konstruktion!
Stelle fest, ob mit den gegebenen Stücken ein Parallelogramm ABC_1D_1 eindeutig bestimmt ist!
(11/8/1)

A 7.19 Gegeben sei ein spitzer Winkel; sein Scheitel sei der Punkt S, seine Schenkel seien die Strahlen a und b; seine Winkelhalbierende sei der Strahl w. Ferner sei ein auf w gelegener Punkt P mit $P \neq S$ gegeben.
Konstruiere einen Kreis k, der a und b berührt und durch P geht!
Beschreibe und begründe deine Konstruktion!
Stelle fest, ob durch die genannten Bedingungen ein Kreis eindeutig bestimmt ist!
(16/8/3)

A 7.20 Konstruiere ein Trapez $ABCD$ mit $AB \parallel CD$ aus $a - c = 3$ cm, $b = 4$ cm, $d = 6$ cm, $e = 9$ cm!
Dabei bedeuten a, b, c und d in dieser Reihenfolge die Längen der Seiten AB, BC, CD, DA und e die Länge der Diagonalen AC.
Beschreibe und begründe deine Konstruktion!
Stelle fest, ob durch die gegebenen Stücke ein Trapez bis auf Kongruenz eindeutig bestimmt ist!
(13/7/3)

A 7.21 In einem Quadrat $ABCD$ habe die Diagonale AC eine Länge von 10,0 cm.
  a) Konstruiere ein solches Quadrat!
         Beschreibe und begründe deine Konstruktion!
  b) Ein Rechteck $EFGH$ heißt dann dem Quadrat $ABCD$ einbeschrieben, wenn bei geeigneter Bezeichnung E auf AB, F auf BC, G auf CD und H auf DA liegt. Dabei sei noch vorausgesetzt, daß $EF \parallel AC$ gilt. Ermittle für jedes derartige Rechteck $EFGH$ seinen Umfang!
(17/7/3)

LÖSUNGEN

1. Arithmetik

L 1.1 Wegen $75 = 3 \cdot 25$ ist eine Zahl genau dann durch 75 teilbar, wenn sie sowohl durch 3 als auch durch 25 teilbar ist, da 3 und 25 teilerfremd sind. Ferner ist eine mehrstellige Zahl genau dann durch 25 teilbar, wenn ihre letzten beiden Stellen 25, 50, 75 oder 00 lauten. Da in der Aufgabe die letzte Ziffer, nämlich 5, bereits festliegt, kann nur dann eine der gesuchten Zahlen entstehen, wenn das zweite Sternchen durch 2 oder 7 ersetzt wird.

Nun ist weiterhin eine Zahl genau dann durch 3 teilbar, wenn ihre Quersumme durch 3 teilbar ist. Ohne die für das erste Sternchen einzusetzende Zahl ist 16 die Quersumme von $3 + 625$ bzw. 21 die von $3 + 675$. Folglich kann nur dann eine der gesuchten Zahlen entstehen, wenn dieses Sternchen im ersten Fall durch 2, 5 oder 8, im zweiten Fall durch 0, 3, 6 oder 9 ersetzt wird. Daher können nur die Zahlen

32625, 35625, 38625, 30675, 33675, 36675 und 39675

den Bedingungen der Aufgabe entsprechen.

Da sie in der Tat fünfstellige, durch 75 teilbare Zahlen sind, sind sie genau die gesuchten Zahlen.

L 1.2 **a)** Es sei a eine beliebige natürliche Zahl. Dann gilt:
$$a + (a + 1) + (a + 2) + (a + 3) + (a + 4) = 5a + 10.$$
Für natürliche Zahlen x, y, z gilt der Satz: Wenn z ein Teiler sowohl von x als auch von y ist, so ist z auch Teiler der Summe $x + y$.
Nun ist 5 ein Teiler von $5a$, und 5 ist auch ein Teiler von 10. Daher ist 5 ein Teiler von $5a + 10$, w. z. b. w.

b) Ein Gegenbeispiel zeigt, daß die Summe von sechs aufeinanderfolgenden Zahlen nicht immer durch 6 teilbar ist:
Es gilt z. B. $1 + 2 + 3 + 4 + 5 + 6 = 21$, und 6 ist kein Teiler von 21.

c) Es gilt z. B. für $n = 7$:
$$a + (a + 1) + (a + 2) + (a + 3) + (a + 4) + (a + 5) + (a + 6)$$
$$= 7a + 21.$$
Nun ist 7 sowohl ein Teiler von $7a$ als auch von 21 und mithin auch ein Teiler von $7a + 21$.
Somit ist z. B. $n = 7$ eine weitere natürliche Zahl (> 6), für die die in der Aufgabe gemachte Aussage gilt.

L 1.3 Da von vier aufeinanderfolgenden natürlichen Zahlen stets genau eine durch 4 und von acht aufeinanderfolgenden natürlichen Zahlen genau eine durch 8 teilbar ist (↗ auch Aufgabe A 1.5), gibt es unter vier aufeinanderfolgenden geraden natürlichen Zahlen stets genau eine durch 8 teilbare, genau eine weitere durch 4, aber nicht durch 8 teilbare Zahl und genau zwei weitere durch 2, aber nicht durch 4 teilbare Zahlen. Daher ist ihr Produkt durch $2 \cdot 2 \cdot 4 \cdot 8 = 2^7$ teilbar. Ferner kann erreicht werden, daß die durch 8 teilbare Zahl nicht durch 16 teilbar ist. Die größte zu ermittelnde Zahl ist mithin $n = 7$.

L 1.4 Ist p die gesuchte Primzahl, so ist $p - 1$ durch 5, 7 und 11 teilbar. Außerdem ist, da $p = 2$ die geforderten Eigenschaften nicht aufweist, $p - 1$ auch durch 2 teilbar.

Weil 2, 5, 7 und 11 paarweise teilerfremd sind, kommen für $p - 1$ nur Vielfache von $2 \cdot 5 \cdot 7 \cdot 11 = 770$ in Frage, d. h., es gilt

$$p = 770k + 1 \qquad (k \in N, \ k \neq 0).$$

Die Zahl 771 ist durch 3, die Zahl $770 \cdot 2 + 1 = 1541$ durch 23 teilbar. Für $k = 3$ erhält man

(1) $\qquad 770 \cdot 3 + 1 = 2311.$

Da 2311 weder durch 2 noch durch 3, 5, 7, 11, 13, 17, 19, 23, 29, 31, 37, 41, 43 oder 47 teilbar ist und da $53^2 = 2809 > 2311$ ist, ist 2311 eine Primzahl. Sie läßt wegen (1) bei Division durch 5, 7 bzw. 11 jeweils den Rest 1 und ist daher die kleinste derartige Primzahl.

L 1.5 Die größte der n aufeinanderfolgenden natürlichen Zahlen sei mit g bezeichnet. Sie lasse bei Division durch n den Rest r, wobei $0 \leq r \leq n - 1$ gilt, es sei also $g = q \cdot n + r$ (q eine natürliche Zahl). Dann gehört zu den n aufeinanderfolgenden natürlichen Zahlen auch die Zahl $g - r$, und genau diese Zahl ist wegen $g - r = q \cdot n$ durch n teilbar, w. z. b. w.

L 1.6 Von den fünf aufeinanderfolgenden natürlichen Zahlen $p - 2, p - 1, p, p + 1, p + 2$ ist genau eine durch 5 teilbar. Da p Primzahl und $p > 5$ ist, ist p nicht durch 5 teilbar. Folglich ist genau eine der Zahlen $p - 2, p - 1, p + 1, p + 2$ durch 5 teilbar.

Da $p \neq 2$ ist, ist p ungerade. Daher ist jede der beiden Zahlen $p - 1, p + 1$ gerade und genau eine von beiden (wenigstens) durch 4 teilbar. Folglich ist $(p - 1)(p + 1)$ durch 8 teilbar.

Da $p \neq 3$ ist, ist p nicht durch 3 teilbar. Mithin sind entweder die beiden Zahlen $p - 2$ und $p + 1$ oder die beiden Zahlen $p - 1$ und $p + 2$ jeweils durch 3 teilbar, ihr Produkt daher durch 9 teilbar. Aus den bisherigen Betrachtungen folgt, daß das Produkt $(p - 2)(p - 1)(p + 1)(p + 2)$ durch 5, 8 und 9 und, da diese drei Zahlen paarweise teilerfremd sind, auch durch $5 \cdot 8 \cdot 9 = 360$ teilbar ist, w. z. b. w.

L 1.7 Es sei $100a + b = 7n \qquad (n \in N)$.
Durch Multiplikation mit 4 erhält man daraus

$$400a + 4b = 4 \cdot 7n, \text{ also}$$
$$a + 4b = 4 \cdot 7n - 399a.$$

Nun gilt $399 = 7 \cdot 57$ und daher

$$a + 4b = 4 \cdot 7n - 7 \cdot 57a = 7(4n - 57a) \,,$$

d. h., $a + 4b$ ist durch 7 teilbar, w. z. b. w.

L 1.8   Wir unterscheiden folgende Fälle:

Fall 1: Die bei der Division der Zahlen a, b, c durch 3 auftretenden Reste sind paarweise verschieden. Es lasse o. B. d. A. die Zahl a den Rest 0, die Zahl b den Rest 1 und die Zahl c den Rest 2.

Dann lassen sich a, b, c in folgender Form schreiben:

$$\left. \begin{array}{l} a = 3m \\ b = 3n + 1 \\ c = 3s + 2 \end{array} \right\} \quad \text{mit } m, n, s \in N \,.$$

Nun gilt:
$$\begin{aligned} a + b + c &= 3m + 3n + 1 + 3s + 2 \\ &= 3(m + n + s) + 3 \\ &= 3(m + n + s + 1) \,, \end{aligned}$$

d. h., 3 ist ein Teiler von $a + b + c$.

Fall 2: Es gibt unter den Zahlen a, b, c (mindestens) zwei Zahlen, die bei Division durch 3 denselben Rest r lassen. Das seien o. B. d. A. die Zahlen a und b. Dann lassen sich diese Zahlen in folgender Form schreiben:

$$\left. \begin{array}{l} a = 3m + r \\ b = 3n + r \end{array} \right\} \quad \text{mit } m, n, r \in N \text{ und } 0 \leqq r \leqq 2 \,.$$

Folglich gilt:

$$\begin{aligned} a - b &= 3m + r - (3n + r) \\ &= 3(m - n), \end{aligned}$$

d. h., 3 ist ein Teiler von $a - b$.

Da es keine weiteren Fälle gibt, ist damit die Behauptung bewiesen.

L 1.9   Jede dreistellige natürliche Zahl z läßt sich in der Form

$$z = 100a + 10b + c$$

schreiben, wobei a, b, c natürliche Zahlen sind, für die $1 \leqq a \leqq 9$, $0 \leqq b, c \leqq 9$ gilt. Die Zahl z' mit der umgekehrten Ziffernfolge lautet dann

$$z' = 100c + 10b + a$$

und die Differenz $z - z'$ beider Zahlen

$$\begin{aligned} z - z' &= 100a + 10b + c - (100c + 10b + a) \\ &= 99a - 99c = 99(a - c) \,, \end{aligned}$$

d. h., $z - z'$ ist durch 99 teilbar, w. z. b. w.

L 1.10   Wie jede ganze Zahl läßt sich p in der Form $p = 6n + r$ darstellen, wobei n, r natürliche Zahlen sind und $0 \leqq r \leqq 5$ gilt.

Da jede Primzahl $p > 3$ weder durch 2 noch durch 3 teilbar ist, kann r nicht gleich 0, 2, 3, 4 sein. Also muß

$$p = 6n + 1 \qquad \text{mit} \quad n > 0 \qquad \text{oder}$$
$$p = 6n + 5 \qquad \text{mit} \quad n \geqq 0, \qquad \text{d. h.,}$$
$$p = 6(n + 1) - 1 \quad \text{mit} \quad (n + 1) > 0$$

gelten, w. z. b. w.

L 1.11 a) Es gibt genau neun derartige zweistellige Zahlen, nämlich 16, 27, 38, 49, 50, 61, 72, 83 und 94.

b) Unter diesen Zahlen ist nur die Zahl 72 wegen $72 = 8(7 + 2) = 8 \cdot 9$ achtmal so groß wie ihre Quersumme.

L 1.12 Wir nehmen 0 (mit der Quersumme 0) unter die zu berücksichtigenden Zahlen auf, schließen 1000 vorläufig aus und fassen jeweils die beiden Zahlen a und $(999 - a)$, mit $0 \leqq a \leqq 499$, zu einem Paar zusammen. Es sei

$$a = u \cdot 10^2 + v \cdot 10 + w \qquad\qquad (*)$$

mit $u, v, w \in N$ und $0 \leqq u, v, w \leqq 9$.

Dann ist $u + v + w$ die Quersumme von a. Ferner ist

$$999 - a = 9 \cdot 10^2 + 9 \cdot 10 + 9 - u \cdot 10^2 - v \cdot 10 - w$$
$$= (9 - u)10^2 + (9 - v)10 + (9 - w) ,$$

und wegen $(*)$ gilt auch

$$0 \leqq (9 - u), (9 - v), (9 - w) \leqq 9 .$$

Daher ist $9 - u + 9 - v + 9 - w$ die Quersumme dieser Zahl, die Summe der Quersummen von a und $999 - a$ ist dann

$$9 - u + 9 - v + 9 - w + u + v + w = 27 .$$

Unter den betrachteten Zahlen gibt es genau 500 solcher Paare, also ist die Summe der Quersummen der hiermit erfaßten Zahlen $500 \cdot 27 = 13\,500$.
Dazu ist noch die Quersumme 1 von 1000 zu addieren. Die zu ermittelnde Summe beträgt mithin 13\,501.

L 1.13 a) Unter allen 1972-stelligen Zahlen hat diejenige die größte erste Quersumme, die aus 1972 Ziffern 9 besteht. Diese größte erste Quersumme beträgt somit $9 \cdot 1972 = 17\,748$. Da hiernach die erste Quersumme einer 1972-stelligen Zahl nicht größer als 17\,748 sein kann, erhält man die größte zweite Quersumme als größte aller Quersummen der Zahlen von 10 bis 17\,748 und folglich als Quersumme der Zahl 9999, das ist 36. Denn jede natürliche Zahl x mit $10 \leqq x < 9999$ hat höchstens vier Ziffern, also hat x stets eine Quersumme kleiner als 36; jede natürliche Zahl y mit $9999 < y \leqq 17\,748$ aber hat genau fünf Ziffern, und zwar als erste eine 1, als zweite eine Ziffer kleiner als 8 und daher ebenfalls eine Quersumme kleiner als 36.
Da hiernach die zweite Quersumme einer 1972-stelligen Zahl nicht größer als 36 sein kann, erhält man die größte dritte Quersumme als größte aller Quersummen der Zahlen von 1 bis 36 und folglich als Quersumme der Zahl 29, das ist 11.

b) Unter allen Zahlen von 10 bis 36 ist 29 die einzige mit der Quersumme 11. Unter allen Zahlen mit der Quersumme 29 findet man wegen $\frac{29}{9} = 3\frac{2}{9}$ die kleinste, indem man eine Zahl mit den letzten drei Ziffern 9 so bildet, daß die aus den vorangegangenen Ziffern bestehende Zahl die kleinste mit der Quersumme 2 ist. Diese Zahl ist offenbar 2999.

Mit entsprechender Begründung findet man wegen $\frac{2999}{9} = 333\frac{2}{9}$ die kleinste 1972-stellige Zahl A mit der Quersumme 2999, indem man eine Zahl mit den letzten 333 Ziffern 9 so bildet, daß die aus den vorangehenden $1972 - 333 = 1639$ Ziffern bestehende Zahl die kleinste 1639-stellige mit der Quersumme 2 ist. So ergibt sich die Zahl

$$A = 1\underbrace{0\ldots0}_{1637}1\underbrace{9\ldots9}_{333},$$

die der Reihe nach aus einer Ziffer 1, 1637 Ziffern 0, einer Ziffer 1 und 333 Ziffern 9 besteht.

Ist nun g irgendeine von der kleinsten Zahl 2999 verschiedene, also größere Zahl mit der Quersumme 29 und hat eine 1972-stellige Zahl n die Zahl g als Quersumme, so gilt:

Wegen $\frac{g}{9} \geq \frac{3000}{9} = 333\frac{3}{9}$ hat die kleinste 1972-stellige Zahl B mit der Quersumme g als ihre letzten 333 Ziffern je eine 9 und unter den davor stehenden 1639 Ziffern, falls dabei 1637 Ziffern 0 auftreten, mindestens eine Ziffer ≥ 2. Folglich ist $B > A$ und demnach erst recht $n > A$. Damit ist A als kleinste unter allen 1972-stelligen Zahlen nachgewiesen, die irgendeine Zahl mit der Quersumme 29 als Quersumme haben, d. h. aber, die als dritte Quersumme die Zahl 11 besitzen.

L 1.14 Die kleinste der 51 aufeinanderfolgenden natürlichen Zahlen sei j. Dann gilt $1 \leq j$, und die aufeinanderfolgenden Zahlen lauten

$$j, j + 1, j + 2, \ldots, j + 49, j + 50. \tag{1}$$

Nun gilt laut Aufgabe $j + 50 \leq 100$, also $1 \leq j \leq 50$.
Folglich gehört $j + j = 2j$ auch zu den in (1) aufgezählten 51 aufeinanderfolgenden natürlichen Zahlen, w. z. b. w.

L 1.15 *1. Lösungsweg:*
(I) Ist a gerade, so ist a^2 gerade, also auch $a^2 - a$; folglich ist dann $a^2 - a + 1$ ungerade. Ist a ungerade, ist $a^2 - a$ gerade und folglich $a^2 - a + 1$ ungerade. Daher ist der Zähler stets ungerade, also kann der Bruch nicht durch 2 gekürzt werden.
(Entsprechend könnte man den Beweis auch durch alleinige Untersuchung des Nenners führen.)
(II) Ist a durch 3 teilbar, so auch a^2, also auch $a^2 - a$; folglich ist dann $a^2 - a + 1$ nicht durch 3 teilbar (ähnlich folgt: auch $a^2 + a - 1$ nicht).
Läßt a bei Division durch 3 den Rest 1, so auch a^2; folglich ist dann $a^2 - a$ durch 3 teilbar und mithin $a^2 - a + 1$ nicht.

Läßt a bei Division durch 3 den Rest 2, so läßt a^2 bei Division durch 3 den Rest 1; folglich ist dann $a^2 + a$ durch 3 teilbar, also $a^2 + a - 1$ nicht.

Daher ist von den beiden Zahlen $a^2 - a + 1$, $a^2 + a - 1$ stets (mindestens) eine nicht durch 3 teilbar, d. h., der Bruch kann nicht durch 3 gekürzt werden.

2. Lösungsweg:

(I)   Von den beiden Zahlen a, $a - 1$ ist stets eine ungerade. Daher ist $a^2 - a = a(a - 1)$ gerade usw. wie im 1. Lösungsweg.

(II) Von den drei Zahlen $a - 1$, a, $a + 1$ ist stets genau eine durch 3 teilbar, also auch stets mindestens eine der beiden Zahlen $a^2 - a = a(a - 1)$ und $a^2 + a = a(a + 1)$.

Folglich ist von den beiden Zahlen $a^2 - a + 1$ und $a^2 + a - 1$ stets (mindestens) eine nicht durch 3 teilbar usw.

L 1.16   Die Lösung läßt sich z. B. mit Hilfe folgender Tabelle ermitteln, wobei für jedes Mädchen der Anfangsbuchstabe seines Vornamens gesetzt wurde.

Name	Produkt	Primfaktoren-zerlegung	Mögliche Geburtsdaten		Tatsächliche
A	49	$7 \cdot 7$	7. 7.		7. 7.
B	3	$(1) \cdot 3$	3. 1. oder	1. 3.	3. 1.
C	52	$2 \cdot 2 \cdot 13$	26. 2. oder	13. 4.	13. 4.
D	130	$2 \cdot 5 \cdot 13$	26. 5. oder	13. 10.	13. 10.
E	187	$11 \cdot 17$	17. 11.		17. 11.
F	300	$2 \cdot 2 \cdot 3 \cdot 5 \cdot 5$	30. 10. oder	25. 12.	25. 12.
G	14	$(1) \cdot 2 \cdot 7$	14. 1. oder oder	7. 2. 2. 7.	7. 2.
H	42	$2 \cdot 3 \cdot 7$	21. 2. oder oder oder	14. 3. 7. 6. 6. 7.	7. 6.
I	81	$3 \cdot 3 \cdot 3 \cdot 3$	27. 3. oder	9. 9.	27. 3.
K	135	$3 \cdot 3 \cdot 3 \cdot 5$	27. 5. oder	15. 9.	27. 5.
L	128	$2 \cdot 2 \cdot 2 \cdot 2 \cdot 2 \cdot 2 \cdot 2$	16. 8.		16. 8.
M	153	$3 \cdot 3 \cdot 17$	17. 9.		17. 9.

Die tatsächlichen Daten ermittelt man folgendermaßen:

(1) Gibt es nur *eine* Möglichkeit für das Geburtsdatum, so ist für dieses Mädchen das Geburtsdatum damit festgelegt (gilt für A, E, L, M).

(2) Nun streicht man bei den verbleibenden Mädchen die Daten, deren Monatsnummer bereits bei den unter (1) genannten Daten auftritt, da

laut Aufgabe in jedem Monat genau eines der gesuchten Geburtsdaten liegt (gilt für G, H, I, K). Bleibt dabei bei einem Mädchen nur ein Datum übrig, ist damit sein Geburtsdatum ermittelt (I, K).

(3) Indem man analog fortfährt, werden die restlichen Daten ermittelt, und zwar in folgender Reihenfolge: Streichung bei B, D, H; Ermittlung des endgültigen Datums bei B, D; Streichung und damit endgültige Datenermittlung bei F, G und dann bei C, H.

L 1.17 Alle Zahlen, die durch 2 und durch 9 teilbar sind, sind auch, da 2 und 9 teilerfremd sind, durch $2 \cdot 9 = 18$ teilbar. Die kleinste durch 18 teilbare Zahl in der Menge A ist 1512, die nächstgrößere erhält man durch Addition von 18 zu dieser Zahl, da es unter 18 aufeinanderfolgenden natürlichen Zahlen genau eine durch 18 teilbare gibt. Dieses Verfahren läßt sich fortsetzen. Die vierundsechzigste dabei erhaltene Zahl (einschließlich der Zahl 1512 also insgesamt die fünfundsechzigste derartige Zahl) lautet

$$1512 + 64 \cdot 18 = 1512 + 1152 = 2664 \,.$$

Da sie größer als 2650 ist, gibt es folglich in der Menge A keine fünfundsechzig verschiedenen durch 9 teilbaren geraden Zahlen.

L 1.18 Jede der beiden Zahlen eines jeden Paares muß sowohl Teiler von 210 als auch Vielfaches von 6 sein. Wegen $210 = 2 \cdot 3 \cdot 5 \cdot 7$ sind das genau die Zahlen 6, 30, 42 und 210. Folglich sind folgende Zahlenpaare zu untersuchen.

Zahlenpaar	Kleinstes gemeinsames Vielfaches	Größter gemeinsamer Teiler
[6; 30]	30	6
[6; 42]	42	6
[6; 210]	210	6
[30; 42]	210	6
[30; 210]	210	30
[42; 210]	210	42

Mithin erfüllen genau die Zahlenpaare [6; 210] und [30; 42] die gestellten Bedingungen.

L 1.19 Man vergleicht die beiden ersten Summanden der beiden Summen (100 und 102), die beiden zweiten Summanden (104 und 106) usw. bis zu den beiden letzten Summanden (996 und 998). In jedem dieser Paare ist die erste Zahl um 2 kleiner als die zweite.

a) Die Summe der nicht durch 4 teilbaren dreistelligen geraden Zahlen ist daher größer als die Summe der durch 4 teilbaren dreistelligen Zahlen.

b) Es gibt insgesamt 225 solcher Paare, die Differenz der betrachteten Summen ist also dem Betrag nach 450.

L 1.20 Für vier aufeinanderfolgende natürliche Zahlen a, b, c, d gilt: $b = a + 1$, $c = a + 2$, $d = a + 3$. Daraus folgt:

(1) Es ist
$$ac = a(a + 2) = a^2 + 2a < a^2 + 4a + 3 = (a + 1)(a + 3) = bd \,.$$

80

Der Betrag der Differenz beider Produkte ist demnach
$$bd - ac = 2a + 3 \,.$$

(2) Es ist
$$bc = (a + 1)(a + 2) = a^2 + 3a + 2 > a^2 + 3a = a(a + 3) = ad \,.$$
Der Betrag der Differenz beider Produkte ist demnach
$$bc - ad = 2 \,.$$

L 1.21 Unter den natürlichen Zahlen von 0 bis 10 gibt es genau eine, bei der eine 5 auftritt, nämlich die 5 selbst. Unter den Zahlen von 0 bis 100 gibt es im Bereich von 0 bis 9, von 10 bis 19, von 20 bis 29, von 30 bis 39, von 40 bis 49, von 60 bis 69, von 70 bis 79, von 80 bis 89 und von 90 bis 100 jeweils genau eine Zahl, die die Ziffer 5 enthält, nämlich die Zahlen 5, 15, 25, 35, 45, 65, 75, 85 und 95. Die 10 Zahlen 50, 51, 52, 53, 54, 55, 56, 57, 58 und 59 enthalten ebenfalls (mindestens) eine Ziffer 5; daher gibt es unter den betrachteten Zahlen genau 19 derartige Zahlen. Ebenso gibt es unter den Zahlen von 100 bis 199, von 200 bis 299, von 300 bis 399, von 400 bis 499, von 600 bis 699, von 700 bis 799, von 800 bis 899 und von 900 bis 1000 jeweils genau 19 Zahlen, die die Ziffer 5 enthalten, insgesamt also $9 \cdot 19 = 171$. Die 100 Zahlen von 500 bis 599 enthalten sämtlich die Ziffer 5. Wegen $171 + 100 = 271$ gibt es daher unter den Zahlen von 0 bis 1000 genau 271 Zahlen, die die Ziffer 5 enthalten, und wegen $1001 - 271 = 730$ genau 730 Zahlen, bei denen das nicht der Fall ist. Von den letztgenannten Zahlen gibt es also mehr als von den erstgenannten.

L 1.22 **a)** Die vorgegebene Zahl z entstand aus 9 einstelligen Zahlen, $9 \cdot 10 = 90$ zweistelligen Zahlen und der dreistelligen Zahl 100.
Sie enthält $9 + 90 + 3 = 192$ Stellen.

b) Von den insgesamt 192 Ziffern von z sollen in der zu bildenden Zahl z' genau 92 Ziffern erhalten bleiben.
Von zwei 92-stelligen Zahlen, die mit einer verschiedenen Anzahl von Neunen beginnen, ist diejenige die größere, die mit der größeren Anzahl von Neunen beginnt.
Vor der ersten in der Zahl z auftretenden Neun stehen 8 von Neun verschiedene Ziffern, vor der zweiten weitere 19, vor der dritten, vierten und fünften wiederum je weitere 19 von Neun verschiedene Ziffern. Streichen wir diese, so sind wegen $8 + 4 \cdot 19 = 84$ insgesamt 84 Ziffern gestrichen. Es sind demnach noch genau 16 weitere Ziffern zu streichen. Nach der Streichung von 84 Ziffern beginnt dann die Zahl mit 9999950515253545556575859606162 ...
Da vor der nächsten Neun noch 19 von Neun verschiedene Ziffern stehen, können diese laut Aufgabe nicht mehr alle gestrichen werden.
Von zwei 92-stelligen, jeweils mit 5 Neunen beginnenden Zahlen ist diejenige größer, die an der sechsten Stelle die größere Zahl enthält (wenn man die an dieser Stelle stehende Ziffer jeweils als einstellige Zahl auffaßt). Im betrachteten Fall kann an der sechsten Stelle von z' keine Acht stehen, da dazu 17 Ziffern gestrichen werden müßten, was laut Aufgabe nicht möglich ist. Also kann an der sechsten Stelle von z' höchstens eine Sieben stehen. Das ist auch erreichbar, wenn man die nächsten 15 Ziffern nach der fünften Neun streicht. Entsprechend

stellt man fest, daß als letzte (16.) Ziffer die auf die (stehenbleibende) Sieben folgende Fünf gestrichen werden muß.

Danach lauten also die ersten zehn Ziffern der gesuchten Zahl z' der Reihe nach

9, 9, 9, 9, 9, 7, 8, 5, 9, 6.

L 1.23 Es gibt genau

$$
\begin{aligned}
&& &9 \text{ einstellige,}\\
99 &- &9 =\;\; &90 \text{ zweistellige,}\\
999 &- &99 =\;\; &900 \text{ dreistellige,}\\
9999 &- &999 =\;\; &9000 \text{ vierstellige,}\\
99999 &- &9999 =\;\; &90000 \text{ fünfstellige}
\end{aligned}
$$

Zahlen.

Die ersten neun Stellen der betrachteten Ziffernfolge nehmen die einstelligen, die nächsten $2 \cdot 90 = 180$ Stellen die zweistelligen, die nächsten $3 \cdot 900 = 2700$ Stellen die dreistelligen Zahlen ein. Die vierstelligen Zahlen benötigen weitere 36000 Stellen und die fünfstelligen schließlich noch 450000 Stellen. Da die ein- bis vierstelligen Zahlen zusammen also 38889 Stellen einnehmen, ist die uns interessierende Ziffer eine Ziffer einer mindestens fünfstelligen Zahl.

Wegen $300001 - 38889 = 261112 < 450000$ und $261112 : 5 = 52222$ Rest 2 ist die zu ermittelnde Ziffer die zweite Ziffer der 52223. fünfstelligen Zahl.

Da die fünfstelligen Zahlen mit 10000 beginnen, ist es die zweite Ziffer der Zahl 62222. Folglich steht an der 300001. Stelle der betrachteten Zahl die Ziffer 2.

L 1.24 a) Aus der Voraussetzung folgt, daß mindestens eine der vier natürlichen Zahlen gerade ist; denn andernfalls hätten diese Zahlen als Summe eine gerade Zahl, da die Summe von vier ungeraden Zahlen gerade ist. Daraus ergibt sich aber die Behauptung; denn ein Produkt, in dem mindestens ein Faktor gerade ist, ist ebenfalls gerade.

b) Wie oben folgt aus der Voraussetzung, daß mindestens eine der in gerader Anzahl auftretenden natürlichen Zahlen gerade ist; denn andernfalls ließen sich z. B. je zwei der (ungeraden) Summanden zu einer geraden Teilsumme zusammenfassen, so daß man als Gesamtsumme aus diesen Teilsummen eine gerade Zahl erhielte. Ebenfalls wie oben folgt dann aber, daß das Produkt der gegebenen natürlichen Zahlen eine gerade Zahl ist.

L 1.25 Angenommen, es gäbe eine derartige dreistellige Primzahl. Dann könnte sie nur aus drei verschiedenen der Ziffern 1, 3, 7, 9 bestehen, da bei den Vertauschungen jede ihrer Ziffern auch einmal an letzter Stelle stünde und daher, wie man mit Hilfe der Teilbarkeitsregeln erkennt, die Ziffern 0, 2, 4, 5, 6, 8 entfielen.

Also müßte die Primzahl

entweder aus den Ziffern	1, 3, 7
oder aus den Ziffern	1, 3, 9
oder aus den Ziffern	1, 7, 9
oder aus den Ziffern	3, 7, 9

bestehen.

Nun ist aber z. B. $371 = 7 \cdot 53$, $319 = 11 \cdot 29$, $791 = 7 \cdot 113$, $793 = 13 \cdot 61$, d. h., es gibt in jedem der Fälle unter den durch Vertauschung der Ziffern entstehenden Zahlen wenigstens eine, die nicht Primzahl ist.

Daher gibt es keine dreistellige Primzahl mit der geforderten Eigenschaft.

L 1.26 Es gilt:
(1) Ist mindestens ein Faktor eines Produktes durch 3 teilbar, so ist das Produkt selbst durch 3 teilbar.
(2) Ist jeder der Summanden einer Summe durch 3 teilbar, so ist auch die Summe durch 3 teilbar.

Bei jedem der Teilpreise, wenn man ihn als Produkt aus dem Einzelpreis und der Anzahl der jeweiligen Ware errechnet, ist mindestens ein Faktor durch 3 teilbar. Aus (1) folgt, daß jedes dieser Produkte dann durch 3 teilbar ist, und aus (2), daß der Gesamtpreis ebenfalls durch 3 teilbar ist.

Die Zahl 1043 ist aber nicht durch 3 teilbar. Folglich konnte der verlangte Gesamtpreis nicht stimmen.

L 1.27 Angenommen, für eine Primzahl p seien p, $p + 2$, $p + 4$ Primzahldrillinge. Wenn p bei Division durch 3 den Rest 1 ließe, so wäre $p + 2$ durch 3 teilbar und gleichzeitig (wegen $p > 1$) größer als 3, also nicht Primzahl. Wenn p bei Division durch 3 den Rest 2 ließe, so wäre $p + 4$ durch 3 teilbar und zugleich größer als 3, also nicht Primzahl. Daher muß p durch 3 teilbar und folglich selbst die Primzahl 3 sein.

In der Tat sind für $p = 3$ auch $p + 2 = 5$ und $p + 4 = 7$ Primzahlen. Somit gibt es, wie behauptet, genau eine Zahl p, für die p, $p + 2$, $p + 4$ Primzahldrillinge sind; dies ist die Zahl 3.

L 1.28 Wegen $a > b$ gilt $a^2 - b^2 > 0$.

Wegen $(a - b) \leqq (a + b)$ ist $a^2 - b^2 = (a - b)(a + b)$ genau dann Primzahl, wenn $a - b = 1$ gilt und $a + b$ eine Primzahl ist.

L 1.29 Die einstelligen Primzahlen lauten 2, 3, 5, 7. Wegen (1) können die Telefonnummern weder durch 2 noch durch 5 teilbar sein, folglich enden sie wegen (2) auf 3 oder 7. Da sie verschieden sind, haben sie wegen (3) und (1) die Ziffernfolge 3 * 7 bzw. 7 * 3, wobei * eine einstellige Primzahl, also eine der Zahlen 2, 3, 5, 7 ist.

Da die Zahlen 327 und 357 durch 3 teilbar sind, gilt $* \neq 2$ und $* \neq 5$. Da 377 durch 13 teilbar ist, gilt ferner $* \neq 7$. Folglich muß $* = 3$ sein.

Für $* = 3$ erhält man die Zahlen 337 und 733.

Da 337 weder durch 2 noch durch 3, 5, 7, 11, 13, 17 teilbar ist und $19^2 = 361 > 337$ ausfällt, ist 337 eine Primzahl.

Ebenso ist 733 weder durch 2 noch durch 3, 5, 7, 11, 13, 17, 19, 23 teilbar und wegen $29^2 = 841 > 733$ mithin Primzahl.

Die Telefonnummern der beiden Mathematiker lauten daher 337 und 733.

L 1.30 Die Zahl z ist das Produkt von acht Faktoren. Jeder dieser Faktoren ist eine Zahl der Form $100a + 76$, wobei a eine natürliche Zahl ist. Wegen

$$(100a + 76)(100b + 76) = 100(100ab + 76a + 76b + 57) + 76$$

ist das Produkt je zweier Zahlen dieser Form wieder eine Zahl dieser Form. Daher gilt dasselbe für z, d. h., z endet auf 76.

L 1.31 Laut Aufgabenstellung können höchstens acht Summanden auftreten. Da 1000 auf 0 endet und als letzte Ziffer jedes Summanden stets die Ziffer 8 auftritt, müssen in der Summe genau fünf Summanden vorkommen; denn 5 ist die einzige natürliche Zahl zwischen 0 und 8, die mit 8 multipliziert ein Produkt ergibt, das auf 0 endet. Jeder dieser Summanden muß kleiner als 1000 sein, kann daher höchstens dreistellig sein.

Da $2 \cdot 888 > 1000$ ist, kann höchstens ein Summand dreistellig sein. Andererseits muß wegen $5 \cdot 88 = 440 < 1000$ einer der Summanden dreistellig sein, d. h., einer der Summanden lautet 888. Die restlichen fünf Ziffern 8 müssen sich nun auf die übrigen vier Summanden verteilen, was nur so möglich ist, daß genau einer dieser Summanden 88 lautet und die übrigen drei Summanden jeweils 8 lauten.

Also verbleibt genau die folgende Möglichkeit, eine Additionsaufgabe mit der Summe 1000 laut Aufgabe zu bilden:

$$888 + 88 + 8 + 8 + 8 = 1000.$$

Mithin war Rolfs Behauptung richtig.

L 1.32 *1. Beispiel:* $\dfrac{16}{15} = \dfrac{a}{m} + \dfrac{b}{m} = \dfrac{a + b}{m}$ kann z. B. mit $m = 15$, $a = 2$, $b = 14$ erreicht werden, wobei auch alle anderen Bedingungen der Aufgabe erfüllt sind; denn es gilt:

$$\frac{16}{15} = \frac{2}{15} + \frac{14}{15}.$$

2. Beispiel: $\dfrac{16}{15} = \dfrac{a}{m} + \dfrac{a}{n} = \dfrac{a(m + n)}{mn}$ kann z. B. mit $m = 3$, $n = 5$, $a = 2$ erreicht werden, wobei auch alle anderen Bedingungen der Aufgabe erfüllt sind; denn es gilt: ·

$$\frac{16}{15} = \frac{2}{3} + \frac{2}{5}.$$

3. Beispiel: $\dfrac{16}{15} = \dfrac{a}{m} + \dfrac{a}{m} = \dfrac{2a}{m}$ kann (zugleich mit den übrigen Bedingungen der Aufgabe) durch $m = 15$, $a = 8$ erreicht werden; denn es gilt:

$$\frac{16}{15} = \frac{8}{15} + \frac{8}{15}.$$

L 1.33 *1. Lösungsweg*

a) (I) Im Zeitraum von je einem Übereinanderstehen der beiden Zeiger bis zum nächsten nimmt der Winkel zwischen den Zeigern (gemessen im Uhrzeigersinn vom Stundenzeiger bis zum Minutenzeiger) alle Werte von 0° bis 360° an, jeden genau einmal. Unter diesen Zeigerstellungen befinden sich daher genau zwei der gesuchten, nämlich die mit den Winkeln 90° und 270°.

(II) In der Zeit von 0 Uhr bis 12 Uhr führt der Minutenzeiger genau 12 volle Umdrehungen aus, der Stundenzeiger genau eine in gleicher Richtung. Daher wird dieser Zeitraum durch die Zeitpunkte des Übereinanderstehens der beiden Zeiger in 11 Teile geteilt (und zwar wegen der Gleichförmigkeit der Bewegung in gleichlange).

(III) Aus (I) und (II) folgt zunächst: Die Zeit von 0 Uhr bis 24 Uhr wird durch die Zeitpunkte des Übereinanderstehens in 22 Teile geteilt, und in jedem dieser Teilzeiträume befinden sich genau 2 der gesuchten Zeitpunkte. Deren Gesamtzahl beträgt somit 44.

b) (IV) Aus (I), (II) und der Gleichförmigkeit der Bewegungen folgt ferner: Der Zeitraum von 0 Uhr bis 12 Uhr wird durch diejenigen Zeitpunkte, die den Winkeln 0°, 90°, 180°, 270° entsprechen, in 44 gleichlange Teile geteilt. Diese Zeitpunkte ergeben sich somit als die ersten 43 positiven ganzzahligen Vielfachen von $\frac{12}{44}$ h $= \frac{3}{11}$ h. Die Zeitpunkte mit den Winkeln 90° und 270° sind dabei die ungeradzahligen unter diesen Vielfachen.

Von ihnen liegen zwischen 4 Uhr und 5 Uhr genau diejenigen $n \cdot \frac{3}{11}$ h (n ungerade), bei denen n die Ungleichung $4 < n \cdot \frac{3}{11} < 5$ oder, gleichbedeutend hiermit, $\frac{44}{3} < n < \frac{55}{3}$ erfüllt, dies sind die Zeitpunkte

$$15 \cdot \frac{3}{11} \text{ h} = 4\frac{1}{11} \text{ h} = 4 \text{ h } 5\frac{5}{11} \text{ min} \quad \text{und}$$

$$17 \cdot \frac{3}{11} \text{ h} = 4\frac{7}{11} \text{ h} = 4 \text{ h } 38\frac{2}{11} \text{ min}.$$

2. Lösungsweg

(Zuerst wird b) und danach a) beantwortet.)

b) (I) Um 4 Uhr ist der Winkel (gemessen im Uhrzeigersinn) vom Minutenzeiger zum Stundenzeiger größer als 90°, aber kleiner als 180° (also erst recht kleiner als 270°), und von da ab verringert er sich. Angenommen, um 4 Uhr x min habe er sich (erstmalig) auf 90° verringert. Dann hat der Minutenzeiger eine Stellung von x Teilstrichen nach 0 eingenommen, der Stundenzeiger steht $\left(20 + \frac{x}{12}\right)$ Teilstriche nach 0, und da ein rechter Winkel 15 Teilstrichen entspricht, ist die Annahme, der Winkel betrage 90°, gleichbedeutend mit der Gleichung

$$x + 15 = 20 + \frac{x}{12} \text{ mit der Lösung } x = \frac{60}{11}.$$

Daher ist einer der in b) gesuchten Zeitpunkte $4 \text{ h } 5\frac{5}{11}$ min.

(II) Nach diesem Zeitpunkt verringert sich der Winkel weiter bis 0°, d. h. bis zum Übereinanderstehen der Zeiger. (Auch dies tritt noch in der

Stunde zwischen 4 Uhr und 5 Uhr ein, und zwar genau einmal; denn in ihr überstreicht der Minutenzeiger zwischen 4 h 20 min und 4 h 25 min denselben Winkelraum mit gleichförmiger Geschwindigkeit wie der Stundenzeiger in der gesamten Stunde mit kleinerer gleichförmiger Geschwindigkeit.)

(III) Von da ab vergrößert sich der Winkel (gemessen im Uhrzeigersinn) vom Stundenzeiger zum Minutenzeiger. Angenommen, um 4 Uhr y Minuten habe er sich (erstmalig) auf 90° vergrößert. Dann ist dies analog wie in (I) gleichbedeutend mit $y - 15 = 20 + \dfrac{y}{12}$, und dies mit $y = \dfrac{420}{11}$. Daher ist ein zweiter der in b) gesuchten Zeitpunkte 4 h $38\dfrac{2}{11}$ min.

(IV) Von diesem Zeitpunkt an vergrößert sich der Winkel weiter, bis er um 5 Uhr größer als 180° ist, wobei er aber immer noch kleiner als 270° bleibt. Daher sind die unter (I) und (II) gefundenen Zeitpunkte die einzigen Lösungen zu b).

a) (V) Durch ähnliche Überlegungen kann man nachweisen, daß es in den Stunden zwischen 0 Uhr und 12 Uhr folgende Anzahlen von Zeitpunkten mit rechtwinkliger Zeigerstellung gibt (wobei eine genauere Berechnung dieser Zeitpunkte nicht erforderlich ist).

Zeitraum												
von ... Uhr	0	1	2	3	4	5	6	7	8	9	10	11
bis ... Uhr	1	2	3 einschl.	4	5	6	7	8	9 einschl.	10	11	12
Anzahl der Ztp. m. rechtw. Zeigerstellg.	2	2	2	1	2	2	2	2	2	1	2	2

L 1.34 Die genannten siebenstelligen Zahlen müssen in ihrer Zifferndarstellung jede der gegebenen Ziffern genau einmal enthalten. Im Fall a) hat man für die Besetzung der ersten Stelle genau 7 Möglichkeiten. Bei jeder von ihnen verbleiben für die Besetzung der zweiten Stelle genau 6 Möglichkeiten. Daher gibt es insgesamt für die Besetzung der ersten beiden Stellen 7 · 6 Möglichkeiten. Fährt man analog so fort, dann erhält man schließlich für die Besetzung aller sieben Stellen insgesamt

$$7 \cdot 6 \cdot 5 \cdot 4 \cdot 3 \cdot 2 \cdot 1 = 5040$$

Möglichkeiten.
Im Fall b) hat man für die Besetzung der ersten Stellen genau 6 Möglichkeiten. Die weiteren Überlegungen verlaufen genau wie im Fall a). Daher erhält man hier insgesamt

$$6 \cdot 6 \cdot 5 \cdot 4 \cdot 3 \cdot 2 \cdot 1 = 4320$$

Möglichkeiten.
Die gesuchten Anzahlen sind also a) 5040, b) 4320.
Hinweis: Auch eine stärkere Nutzung von — als bekannter Sachverhalt zi-

tierten — kombinatorischen Aussagen (etwa über Permutationenanzahlen) ist zur Wertung als vollständiger Lösungsweg zulässig.

L 1.35 **a)** Für

$$n = 1, 2, 3 \tag{1}$$

gilt die genannte Aussage.
Wenn sie für eine natürliche Zahl

$$n = 4 + k \qquad \text{mit } k \geqq 0$$

gilt, so folgt: In der n-ten Stelle nach dem Komma hat s die Ziffer 6. Diese Ziffer kommt aber in p bzw. q nur dann an der $(4 + k)$-ten Stelle vor, wenn k durch 4 bzw. 3 teilbar ist. Also ist k durch die Zahlen 4 und 3 und folglich durch deren k.g.V., nämlich durch 12, teilbar. Somit können [außer den Zahlen (1)] nur die Zahlen

$$n = 4 + 12g \quad (g = 0, 1, 2, 3, \ldots) \tag{2}$$

die zu betrachtende Eigenschaft haben.
Sie haben diese Eigenschaft; denn da $12g$ durch 4, 3 und 2 teilbar ist, steht an der $(4 + 12g)$-ten Stelle in p, q und r wie in s die Ziffer 6.
Also erfüllen genau die Zahlen (1), (2) die in Aufgabe a) geforderte Bedingung.

b) Für $m = 1, 2, 3$ ist die genannte Aussage falsch. An der vierten Stelle beginnt bei allen Dezimalbrüchen p, q, r, s eine Periode mit der Ziffer 6. Nach dem in a) Gezeigten wiederholt sich dies nach jeweils 12 weiteren Stellen. Daher genügt es, die zwölf Zahlen

$$m = 4, 5, 6, 7, 8, 9, 10, 11, 12, 13, 14, 15 \tag{3}$$

zu überprüfen.
Was dabei für einen der Werte (3) (über die zu untersuchende Eigenschaft) festgestellt wurde, gilt dann auch für alle diejenigen Werte m, die aus dem betreffenden Wert durch Addition beliebiger ganzzahliger Vielfacher von 12 hervorgehen. (In Bild L 1.35 ist das Vorkommen gleicher Ziffern durch Einrahmen gekennzeichnet.)
Es ergibt sich, daß unter den Zahlen (3) genau $m = 5$ die zu betrachtende Eigenschaft hat.
Folglich sind genau die Zahlen

$$m = 5 + 12h \quad (h = 0, 1, 2, 3, \ldots)$$

die in Aufgabe b) gesuchten.

	m	4	5	6	7	8	9	10	11	12	13	14	15
m-te Stelle in	p	6	3	4	5	6	3	4	5	6	3	4	5
	q	6	4	5	6	4	5	6	4	5	6	4	5
	r	6	5	6	5	6	5	6	5	6	5	6	5
	s	6	6	6	6	6	6	6	6	6	6	6	6

Bild L 1.35

L 1.36 Jede Minute hat 60 Sekunden, wegen $15 \cdot 60 = 900$ hat der Stempel also genau 900 Zahlen zu drucken, das sind die natürlichen Zahlen von 0 bis 899.

Beim Drucken der Zahlen von 0 bis 9 kommt die Ziffer 1 *genau 1mal* vor.

Setzt man vor jede dieser Zahlen (also an die Zehnerstelle) jede der neun Ziffern 1, 2, 3, 4, 5, 6, 7, 8, 9, so erhält man alle natürlichen Zahlen von 10 bis 99, jede genau einmal. Somit kommt in diesen Zahlen die Ziffer 1 an der Einerstelle insgesamt *genau 9mal* vor. Ferner gibt es unter diesen Zahlen genau zehn mit der Zehnerziffer 1 (nämlich die Zahlen 10, 11, 12, 13, 14, 15, 16, 17, 18, 19). Somit kommt in den Zahlen von 10 bis 99 die Ziffer 1 an der Zehnerstelle insgesamt *genau 10mal* vor.

Setzt man vor jede der Zahlen von 0 bis 99 (nachdem die Zahlen von 0 bis 9 durch Vorschalten einer Zehnerziffer 0 zweistellig geschrieben wurden, also 00, 01, 02, ... , 09) an die Hunderterstelle jede der acht Ziffern 1, 2, 3, 4, 5, 6, 7, 8, so erhält man alle natürlichen Zahlen von 100 bis 899, jede genau einmal.

Daher kommt in diesen Zahlen die Ziffer 1 an der Einer- und an der Zehnerstelle insgesamt achtmal so oft vor wie das bisher ermittelte Vorkommen $(1 + 9 + 10 = 20)$, d. h. *genau 160mal*.

Ferner gibt es unter diesen Zahlen genau 100 mit der Hunderterziffer 1 (nämlich die Zahlen 100, 101, ... , 199).

Somit kommt in den Zahlen von 100 bis 899 die Ziffer 1 an der Hunderterstelle insgesamt *genau 100mal* vor.

Damit sind alle zu erfassenden Ziffern 1 berücksichtigt; ihre Anzahl beträgt

$$1 + 9 + 10 + 160 + 100 = 280 \, .$$

L 1.37 Eine Zahl ist genau dann durch 9, 12 und 14 teilbar, wenn sie durch das kleinste gemeinsame Vielfache (k.g.V.) dieser Zahlen teilbar ist.

Wegen der Primzahlzerlegungen

$$9 = 3^2 \, , \qquad 12 = 2^2 \cdot 3 \, , \qquad 14 = 2 \cdot 7$$

ist dieses k.g.V. die Zahl $2^2 \cdot 3^2 \cdot 7 = 252$.

Also ist eine natürliche Zahl z genau dann durch 9, 12 und 14 teilbar, wenn es zu ihr eine natürliche Zahl n gibt mit

$$z = 252 \cdot n \, .$$

Alle gesuchten Zahlen z erhält man daher aus denjenigen n, für die gilt:

$$1000 \leqq 252n \leqq 1700 \, .$$

Nun stellt man fest:

Für $n = 3$ gilt $252n = 252 \cdot 3 = 756 < 1000$;
für $n = 7$ gilt $252n = 252 \cdot 7 = 1764 > 1700$.

Für diese n erhält man also keine Zahlen z, die die genannte Ungleichung erfüllen.

Für $n = 4$ wird $z = 252 \cdot 4 \doteq 1008$;
für $n = 5$ wird $z = 252 \cdot 5 = 1260$;
für $n = 6$ wird $z = 252 \cdot 6 \doteq 1512$.

Diese drei Zahlen erfüllen also die Bedingung $1000 \leqq z \leqq 1700$.

Daher sind genau die Zahlen 1008, 1260 und 1512 die gesuchten Zahlen.

2.　Gleichungen

L 2.1　Die richtige Ergänzung lautet

$$\begin{array}{r} 66 \cdot 111 \\ \hline 66 \\ 66 \\ 66 \\ \hline 7326 \end{array}$$

(Da der erste Faktor mindestens 60 beträgt und alle Ziffern des zweiten Faktors ungleich Null sind, muß dieser 111 lauten. Daraus und aus der 6 an der letzten Stelle des Endergebnisses folgt für den ersten Faktor 66.)

L 2.2　Die richtige Ergänzung lautet:

$$\begin{array}{r} 415 \cdot 382 \\ \hline 1245 \\ 3320 \\ 830 \\ \hline 158530 \end{array}$$

Wegen der 5 in der zweiten Zeile muß der erste Faktor auf 5 enden, wegen der 8 in der vierten Zeile muß der zweite Faktor auf 2 enden. Damit endet die Zahl in der vierten Zeile und auch die in der fünften Zeile auf 0. Die Zahl in der dritten Zeile kann nur auf 0 oder auf 5 enden. Daher kann die Zahl in der vierten Zeile nur 830 oder 880 lauten. Wegen des Übertrags von 1 an der zweiten Stelle dieser Zahl kann dort nur eine ungerade Zahl stehen, da alle Vielfachen von 2 gerade sind. Also steht in der vierten Zeile die Zahl 830. Daraus folgt für den ersten Faktor, daß dieser 415 lautet. Damit erhält man in der zweiten Zeile die Zahl 1245. Schließlich ergibt nur $8 \cdot 415$ eine Zahl, die mit 3 beginnt und auf 0 endet, nämlich die Zahl 3320. Somit ist die Aufgabe eindeutig gelöst.

L 2.3　Wenn es eine solche Eintragung gibt, so ist nach der ersten Zeile B das Quadrat von A ($\neq B$), also $B = 4$ oder $B = 9$. Ferner ist E das Produkt zweier einstelliger Zahlen C, D, also nicht 0 und nicht 1, da E von C und von D verschieden ist. Folglich ist auch keine der Zahlen C, D gleich 0 bzw. gleich 1. Wegen $2 \cdot 3 = 6$ ist E mindestens gleich 6. Da E ferner nach der dritten Spalte kleiner als B ist, scheidet $B = 4$ aus, und es folgt $B = 9$ und damit $A = 3$. Da nun $G \, (\neq 3)$ somit das Dreifache von $D \, (\neq 3)$, aber größer als 0 und kleiner als 10 ist, verbleibt nur die Möglichkeit $D = 2$ und $G = 6$. Nach der dritten Zeile ist F größer als 6, also wegen $F \neq B$ entweder $F = 7$ oder $F = 8$. Nach der zweiten Zeile ist E gerade, nach der dritten Zeile ist H ungerade, nach der dritten Zeile also auch F ungerade. Folglich ist $F = 7$ und somit $H = 1$, $E = 8$ sowie $C = 4$.

Daher kann nur die folgende Eintragung alle Bedingungen erfüllen:

$$
\begin{array}{r}
3 \ \cdot \ 3 = 9 \\
+ \ \ \cdot \ \ - \\
4 \ \cdot \ 2 = 8 \\
\hline
7 - 6 = 1
\end{array}
$$

Sie erfüllt die Bedingungen; denn für A, B, C, D, E, F, G, H sind die Ziffern 3, 9, 4, 2, 8, 7, 6, 1 in dieser Reihenfolge eingetragen, und diese Ziffern sind sämtlich verschieden, wie es verlangt war.

Schließlich sind auch alle angegebenen Rechenaufgaben durch Eintragung dieser Ziffern richtig gelöst.

L 2.4 Offensichtlich gilt $p = 1$ und $g = 0$. Da in der zweiten und in der dritten Zeile je eine vierstellige Zahl steht, gilt $d \neq 1$ und $c \neq 1$. Das Produkt $b \cdot d$ endet ebenso wie das Produkt $b \cdot c$ auf 1.

Es sind nun genau die folgenden drei Fälle möglich.

1. Fall: Es sei $b = 9$, $c = d = 9$. Daraus folgt $b \cdot d = 81$. Wegen $g = 0$ muß das Produkt $a \cdot d$, also $a \cdot 9$, auf 2 enden (denn $2 + 8 = 10$). Das ist aber genau für $a = 8$ der Fall.

Der erste Faktor heißt somit 189, der zweite 99.

Tatsächlich führt die Rechnung $189 \cdot 99$ zu einem Tafelbild, das der Aufgabenstellung entspricht.

2. Fall: Es sei $b = 7$, $c = d = 3$. Da der erste Faktor kleiner als 200 ist, ist sein Dreifaches kleiner als 600, also eine dreistellige Zahl, was im Widerspruch zur zweiten Zeile steht.

Dieser Fall führt somit zu keiner Lösung.

3. Fall: Es sei $b = 3$, $c = d = 7$. Daraus folgt $b \cdot d = 21$. Das Produkt $a \cdot d$, also $a \cdot 7$, muß dann wegen $2 + 8 = 10$ auf 8 enden. Das ist genau für $a = 4$ der Fall. Als erster Faktor ergibt sich damit 143, der zweite lautet 77.

Tatsächlich führt die Rechnung $143 \cdot 77$ zu einem Tafelbild, das der Aufgabenstellung entspricht.

Somit hat das Multiplikationsschema genau zwei, und zwar die beiden folgenden Realisierungen:

$$
\begin{array}{ll}
\underline{189 \cdot 99} & \underline{143 \cdot 77} \\
1701 & 1001 \\
\underline{\ \ 1701\ \ } & \underline{\ \ 1001\ \ } \\
18711 & 11011
\end{array}
$$

Gerd hatte also recht, Bernd dagegen nicht.

L 2.5   Die fünf im Kryptogramm enthaltenen Aufgaben lauten:

(1) $a \cdot a = b$ (2) $c \cdot a = d$

(3) $e \cdot a = a$ (4) $a - c = e$

(5) $b - d = a$

Wenn es fünf sämtlich untereinander verschiedene Ziffern a, b, c, d, e gibt, so daß nach ihrem Einsetzen die fünf Aufgaben richtig gelöst sind, dann folgt $a \neq 0$; denn für $a = 0$ wäre wegen (1) auch $b = 0$.
Aus (3) folgt hiernach $e = 1$. Ferner folgt $c \neq 0$; denn für $c = 0$ wäre wegen (2) auch $d = 0$.
Hiernach und wegen $c \neq e$ ist $c \geq 2$, nach (4) also $a = c + e \geq 3$. Andererseits gilt nach (1), und weil b einstellig ist, $a \cdot a \leq 9$, also $a \leq 3$. Folglich muß $a = 3$ sein, nach (4) somit $c = a - e = 2$. Aus (1) und (2) erhält man nun $b = 9$, $d = 6$. Daher kann nur die Eintragung

$$
\begin{array}{l}
3 \cdot 3 = 9 \\
\overline{} \quad \overline{} \\
2 \cdot 3 = 6 \\
\hline
1 \cdot 3 = 3
\end{array}
$$

den Bedingungen der Aufgabe entsprechen.
Sie genügt diesen Bedingungen tatsächlich; denn die für a, b, c, d, e eingesetzten Ziffern 3, 9, 2, 6, 1 sind untereinander verschieden, und alle im Kryptogramm enthaltenen Aufgaben sind mit diesen Ziffern richtig gelöst.
Also hat genau die angegebene Eintragung die geforderten Eigenschaften.

L 2.6   Angenommen, die Aufgabe hätte eine Lösung.
Wäre $I + S < 10$, dann würde $N = 0$ und damit $E + N < 10$ folgen, woraus $R = 0$, im Widerspruch zu $N \neq R$, folgen würde.
Wäre $I + S = 10$, dann würde $R = 0$ und damit $E + N + 1 = E$ folgen, woraus sich $N = -1$ ergeben würde, im Widerspruch zur Aufgabenstellung.

Wäre $I + S > 10$, dann folgte daraus $N = 9$ und damit $E + N > 10$, woraus sich wiederum $R = 9$ ergeben würde, was wegen $E + N \leq 17$ nicht möglich ist.
Somit führt die Annahme, die Aufgabe hätte eine Lösung, in jedem Fall auf einen Widerspruch. Diese Annahme muß daher falsch sein.
Das besagt: Für die gestellte Aufgabe gibt es keine Lösung.

L 2.7   Angenommen, es gibt eine Lösung der Aufgabe. Dann muß das erste Sternchen durch 1 ersetzt werden; denn anderenfalls entstünde als Produkt eine vierstellige Zahl. Ferner ist das zweite Sternchen durch 0 oder durch 1 zu ersetzen; denn sonst entstünde ebenfalls (da bereits $12 \cdot 90 = 1080$ vierstellig ist) eine vierstellige Zahl.
Wird für das zweite Sternchen 0 eingesetzt, dann kann für das dritte Sternchen jede der Ziffern 0 bis 9 eingesetzt werden. Wird dagegen für das zweite Sternchen 1 eingesetzt, so muß das dritte Sternchen durch 0 ersetzt werden; denn sonst entstünde ein Produkt, das mindestens gleich $11 \cdot 91 = 1001$, also vierstellig, wäre.
Die somit verbliebenen Möglichkeiten für die ersten drei Sternchen führen in der Tat zu je genau einer Lösung, nämlich zu

$10 \cdot 90 = 900\,,\quad 10 \cdot 91 = 910\,,\quad 10 \cdot 92 = 920\,,\quad 10 \cdot 93 = 930\,,$
$10 \cdot 94 = 940\,,\quad 10 \cdot 95 = 950\,,\quad 10 \cdot 96 = 960\,,\quad 10 \cdot 97 = 970\,,$
$10 \cdot 98 = 980\,,\quad 10 \cdot 99 = 990\,,\quad 11 \cdot 90 = 990\,.$

Es gibt somit genau die angegebenen elf Lösungen der Aufgabe.

L 2.8 **a)** Bild L 2.8 zeigt ein Beispiel dafür, wie die geforderte Eintragung lauten kann.

b) Angenommen, es liege eine richtige Eintragung vor und es seien a, b, c, d, e, f, g, h, k, m, n, p die in dieser Reihenfolge in den Feldern A, B, C, D, E, F, G, H, K, M, N, P stehenden Zahlen. Ferner sei

$$s_1 = a + b + c + d\,, \qquad s_2 = d + e + f + g\,,$$
$$s_3 = g + h + k + m\,, \qquad s_4 = m + n + p + a\,.$$

Dann gilt laut Aufgabe $s_1 = s_2 = s_3 = s_4 = 22$.
Daraus folgt $s_1 + s_2 + s_3 + s_4 = 88$.
Die Summe der natürlichen Zahlen 1 bis 12 beträgt 78. Sie ist also um 10 kleiner als die Summe $s_1 + s_2 + s_3 + s_4$. Nun werden aber die in den Eckfeldern A, D, G, M stehenden Zahlen bei der Bildung der vier Summen s_1, s_2, s_3, s_4 je zweimal berücksichtigt. Daher muß die Summe dieser Zahlen 10 betragen. Wegen $1 + 2 + 3 + 4 = 10$ läßt sich das dadurch erreichen, daß man für a, g, d, m die Zahlen 1, 2, 3, 4 einträgt.
Wären nun a, g, d, m nicht die Zahlen 1, 2, 3, 4, so wäre mindestens eine von ihnen größer als 4, und die anderen wären nicht kleiner als 1, 2, bzw. 3, also wäre in diesem Falle die Summe $a + g + d + m > 10$.
Daher müssen bei jeder richtigen Eintragung der genannten Art in den Eckfeldern die Zahlen 1, 2, 3, 4 und keine anderen stehen.

Bild L 2.8

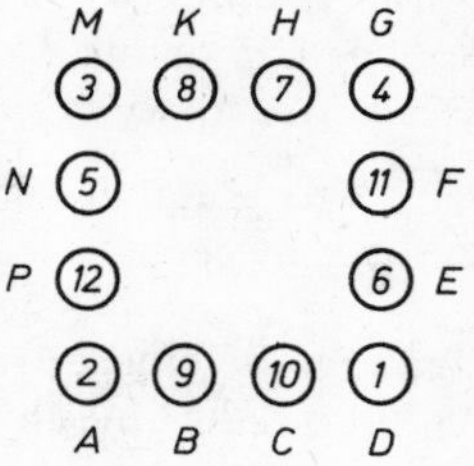

Bild L 2.9

						Diff.
	2	5	8	11	14	3
	4	8	12	16	20	4
	6	11	16	21	26	5
	8	14	20	26	32	6
	10	17	24	31	38	7
Diff.	2	3	4	5	6	

L 2.9 Bild L 2.9 zeigt die Lösung der Aufgabe. Zur Lösung wurde kein erläuternder Text verlangt.
In der dritten Zeile beträgt wegen $16 - 11 = 5$ die charakteristische Differenz dieser Zeile 5. Damit läßt sie sich ergänzen zu: 6, 11, 16, 21, 26.
In der zweiten Spalte stehen unmittelbar untereinander die Zahlen 8 und 11. Daher beträgt die charakteristische Differenz dieser Spalte 3. Die Spalte läßt sich damit ergänzen zu: 5, 8, 11, 14, 17.
Danach stehen in der ersten Zeile unmittelbar nebeneinander die Zahlen 2 und 5 mit der (für die erste Zeile charakteristischen) Differenz 3. Folglich lautet die ergänzte erste Zeile: 2, 5, 8, 11, 14.
In der ersten Spalte stehen nun an erster und dritter Stelle die Zahlen 2 und 6. Die zwischen diesen Zahlen stehende Zahl ist noch zu ergänzen. Ihre Dif-

ferenz zu 2 muß gleich ihrer Differenz zu 6 sein, d. h., diese Differenz muß halb so groß sein wie die Differenz zwischen 2 und 6. Daher ist 2 die charakteristische Differenz für diese Spalte, und die ergänzte Spalte lautet: 2, 4, 6, 8, 10.

Nun lassen sich die noch fehlenden Zeilen leicht ergänzen, da in ihnen jeweils die erste und die zweite Zahl und damit die charakteristische Differenz der jeweiligen Zeile bekannt sind. Die Ergänzung führt auf Bild L 2.9. Folglich kann nur diese Eintragung den Bedingungen der Aufgabe genügen. Da eine Überprüfung der dritten, vierten und fünften Spalte auch dort die geforderte Eigenschaft bestätigt, erfüllt in der Tat die Tabelle in Bild L 2.9 als einzige alle Anforderungen der Aufgabe.

L 2.10 Angenommen, es gibt ein derartiges geordnetes Tripel $[p_1; p_2; p_3]$ von Primzahlen. Aus der Eindeutigkeit der Zerlegung von 165 in Primfaktoren, $165 = 3 \cdot 5 \cdot 11$, folgt, daß die Primzahl p_1 nur eine der Zahlen 3, 5, 11 sein kann.

Es sei $p_1 = 3$, dann ist $p_2 + p_3 = 55$. $\qquad$ (2)

Die Summe zweier natürlicher Zahlen ist nur dann ungerade, wenn ein Summand gerade, der andere aber ungerade ist. Deshalb, wegen $p_2 > p_3$ und weil 2 die einzige gerade Primzahl ist, kann höchstens $p_2 = 53$, $p_3 = 2$ die Lösung von (2) sein. Da diese beiden Zahlen Primzahlen sind und (2) erfüllen, ist das Tripel $[3; 53; 2]$ eine Lösung.

Es sei $p_1 = 5$, dann ist $p_2 + p_3 = 33$. $\qquad$ (3)

Analog wie oben ist in diesem Falle höchstens $p_2 = 31$, $p_3 = 2$ Lösung von (3). Da 31 und 2 Primzahlen sind und (3) erfüllen, ist das Tripel $[5; 31; 2]$ ebenfalls eine Lösung.

Es sei schließlich $p_1 = 11$, dann ist $p_2 + p_3 = 15$. $\qquad$ (4)

Analog wie oben ist höchstens $p_2 = 13$, $p_3 = 2$ Lösung von (4). Da 13 und 2 Primzahlen sind und (4) erfüllen, erfüllt auch das Tripel $[11; 13; 2]$ die Gleichung (1).

Da nunmehr alle möglichen Fälle betrachtet sind, sind genau die drei Tripel

$$[3; 53; 2] , \quad [5; 31; 2] , \quad [11; 13; 2]$$

Lösung von (1).

L 2.11 *1. Lösungsweg*

Angenommen, es gibt ein Paar $[m; n]$ der verlangten Art. Dann muß m wegen (1) und (2) eine dreistellige und n aus dem gleichen Grunde eine zweistellige natürliche Zahl sein. Die letzte Ziffer der Ziffernfolge von n und damit die mittlere Ziffer der Ziffernfolge von m muß wegen (1) die Ziffer 8 sein. Wegen $8 + 8 = 16$ folgt daraus für die erste Ziffer von n und damit auch für die erste Ziffer von m, daß es die Ziffer 8 ist. Also kann höchstens das Paar $[880; 88]$ die Bedingungen der Aufgabe erfüllen. Tatsächlich ist $880 + 88 = 968$, wie es verlangt war. Die einzige Lösung lautet mithin $[880; 88]$.

2. Lösungsweg

Die Bedingungen der Aufgabe besagen: $m + n = 968$, $m = 10n$. Angenommen, dies werde von Zahlen m und n erfüllt. Dann folgt $10n + n = 968$, also $11n = 968$, also $n = 968 : 11 = 88$ und damit $m = 10 \cdot 88 = 880$. Also kann nur das Paar $[880; 88]$ die Bedingungen der Aufgabe erfüllen. Wie im 1. Lösungsweg bestätigt man, daß es die verlangten Eigenschaften hat.

L 2.12   *1. Lösungsweg*

Man kann die zu ermittelnde(n) Zahl(en) dadurch erhalten, daß man, ausgehend vom Resultat 7, mit den angegebenen Zahlen jeweils die entgegengesetzte Rechenoperation durchführt:

Man *addiert* also zu der Ausgangszahl 7 zunächst 15 und erhält 22. Diese Zahl 22 *dividiert* man nun durch 11 und erhält 2. Jetzt wird die Zahl 2 mit 100 *multipliziert*, wodurch man 200 erhält. Schließlich wird noch 107 von der soeben erhaltenen Zahl 200 *subtrahiert*. Das ergibt die Zahl 93, und diese Zahl ist die in der Aufgabe erwähnte „gewählte Zahl", wie eine Probe bestätigt.

Da die vorgenommenen Rechenoperationen durchweg eindeutige Resultate liefern, ist 93 zugleich die einzige Zahl, die den Bedingungen der Aufgabe entspricht.

2. Lösungsweg

Eine natürliche Zahl a erfüllt genau dann die Bedingungen der Aufgabe, wenn sie der Gleichung

$$\frac{a + 107}{100} \cdot 11 - 15 = 7$$

genügt. Dieser Gleichung genügt genau die Zahl

$$a = \frac{7 + 15}{11} \cdot 100 - 107 = 93 \, .$$

L 2.13   Nach 12 h erreicht die Schnecke eine Höhe von 5 m. Während der folgenden 24 h verliert sie von dieser Höhe zunächst 4 m und fügt dann wieder 5 m hinzu, so daß sich die insgesamt erreichte Höhe am Ende dieser Zeit erstmalig um genau 1 m vergrößert hat. Dasselbe gilt für jeweils folgende 24 h. Fügt man daher zu 12 h noch 5mal 24 h hinzu, so wurde von der Schnecke nach dieser Zeit erstmalig eine Höhe erreicht, die aus 5 m durch fünfmaliges Vergrößern um je 1 m entsteht. Diese Höhe ist daher 10 m, die genannte Anzahl von Stunden also die gesuchte, sie beträgt mithin $(12 + 5 \cdot 24)$ h $= 132$ h.

L 2.14   Angenommen, $[x; y]$ sei ein Paar natürlicher Zahlen, das die Gleichung

$$2x + 3y = 27$$

erfüllt. Dann folgt $3y = 27 - 2x$, also ist insbesondere x ein ganzzahliges Vielfaches von 3.
Weiter folgt

$$y = 9 - \frac{2}{3} x \, .$$

Da y eine natürliche Zahl ist, gilt $\frac{2}{3} x \leqq 9$, also $x \leqq \frac{27}{2}$.

Mithin kommen nur die folgenden Werte für x in Frage:

$$x = 0 \, , \quad x = 3 \, , \quad x = 6 \, , \quad x = 9 \, , \quad x = 12 \, .$$

Nach (1) ergibt sich hierzu jeweils in dieser Reihenfolge:

$$y = 9 \, , \quad y = 7 \, , \quad y = 5 \, , \quad y = 3 \, , \quad y = 1 \, .$$

Daher haben höchstens die Zahlenpaare [0; 9], [3; 7], [6; 5], [9; 3] und [12; 1] die verlangten Eigenschaften. Sie haben diese Eigenschaften tatsächlich; denn sie bestehen aus natürlichen Zahlen, und es gilt

$$2 \cdot 0 + 3 \cdot 9 = 27, \qquad 2 \cdot 3 + 3 \cdot 7 = 27,$$
$$2 \cdot 6 + 3 \cdot 5 = 27, \qquad 2 \cdot 9 + 3 \cdot 3 = 27,$$
$$2 \cdot 12 + 3 \cdot 1 = 27.$$

Mit den angegebenen fünf Zahlenpaaren sind deshalb alle Lösungen ermittelt.

L 2.15 Wenn eine Zahl z die genannten Bedingungen erfüllt, so gilt:
Die Einerziffer von z ist nach (1) nicht 0 und nach (2) so beschaffen, daß aus ihr nach Addition von 4 ein Ergebnis kleiner oder gleich 9 entsteht.
Daher ist die Einerziffer eine der Ziffern 1, 2, 3, 4, 5, und für z verbleiben nach (2) höchstens die Möglichkeiten 51, 62, 73, 84, 95. Durch Vertauschen der Ziffern entstehen der Reihe nach die Zahlen 15, 26, 37, 48, 59, und das Dreifache dieser Zahlen ist in dieser Reihenfolge 45, 78, 111, 144, 177.
Daher können wegen (3) höchstens die Zahlen 51 und 62 alle Bedingungen der Aufgabe erfüllen.
Wie die bereits durchgeführten Rechnungen zeigen, erfüllen diese beiden Zahlen tatsächlich die Bedingungen (1), (2), (3). Sie sind mithin die einzigen.

L 2.16 Wenn x eine Zahl ist, die die Bedingungen der Aufgabe erfüllt, dann gilt

$$\frac{17 - x}{19 + x} = \frac{7}{11}.$$

Da der Bruch $\dfrac{7}{11}$ durch keine natürliche Zahl gekürzt werden kann, muß der Bruch $\dfrac{17 - x}{19 + x}$ durch Erweitern aus dem Bruch $\dfrac{7}{11}$ hervorgehen. Also muß die Zahl $19 + x$ ein ganzzahliges Vielfaches der Zahl 11 sein. Das kleinste derartige Vielfache von 11, das größer als 19 (oder gleich 19) ist, ist 22. Also muß x mindestens 3 betragen. Wäre $x > 3$, so wäre in dem Bruch $\dfrac{17 - x}{19 + x}$ der Zähler kleiner als 14 und der Nenner größer als 22, der Bruch folglich kleiner als $\dfrac{14}{22} = \dfrac{7}{11}$.
Daher kann höchstens die Zahl $x = 3$ die verlangte Eigenschaft haben. Sie hat diese Eigenschaft tatsächlich, denn subtrahiert man 3 vom Zähler 17 und addiert gleichzeitig 3 zum Nenner 19, so entsteht der Bruch $\dfrac{14}{22} = \dfrac{7}{11}$.
Also erfüllt genau die Zahl $x = 3$ die Bedingungen der Aufgabe.

L 2.17 Sämtliche Geldbeträge, die ganzzahlige Vielfache von 3 sind, lassen sich unter alleiniger Verwendung von Drei-Lei-Scheinen zusammenstellen. Für alle übrigen Geldbeträge gibt es stets genau ein ganzzahliges Vielfaches von 3, das entweder um 1 größer oder um 1 kleiner als der geforderte Betrag ist. Dies läßt sich in der oben angegebenen Weise zusammenstellen.

Ist nun der geforderte Geldbetrag (>7 Lei) um 1 größer, dann ersetzt man 3 Drei-Lei-Scheine durch 2 Fünf-Lei-Scheine. Das ist möglich, da der um 1 kleinere durch 3 teilbare Betrag mindestens 9 sein muß.

Ist der geforderte Betrag um 1 kleiner, so ersetzt man 2 Drei-Lei-Scheine durch 1 Fünf-Lei-Schein, was ebenfalls möglich ist, da der um 1 größere durch 3 teilbare Betrag wieder mindestens 9 sein muß.

Es lassen sich daher tatsächlich alle in der Aufgabe verlangten Geldbeträge unter alleiniger Verwendung von Drei- und Fünf-Lei-Scheinen zusammenstellen.

L 2.18 Es sei x eine beliebige rationale Zahl, für die $0 \leqq x \leqq 1$ gilt. Dann gilt $x + |x - 1| = x + 1 - x = 1$, also ist die gegebene Gleichung erfüllt. Daher erfüllen alle rationalen Zahlen x, für die $0 \leqq x \leqq 1$ gilt, diese Gleichung.

Angenommen nun, es gäbe eine rationale Zahl $x > 1$, die die Gleichung $x + |x - 1| = 1$ erfüllt. Dann wäre $1 = x + |x - 1| = x > 1$. Also gibt es keine rationale Zahl $x > 1$, die die gegebene Gleichung erfüllt.

Folglich erfüllen genau alle diejenigen nichtnegativen rationalen Zahlen x, für die $0 \leqq x \leqq 1$ gilt, die gegebene Gleichung.

L 2.19 **a)** Die von Fritz statt z^2 berechnete Zahl war
$(z - 5)(z + 5) = z^2 - 25$. Sein Weg ist also falsch.

b) Der absolute Fehler beträgt dabei in *jedem* Falle: $|z^2 - z^2 + 25| = 25$. Er ist also von der Zahl z unabhängig.

L 2.20 Angenommen, es gibt ein Quadrupel $[z_1; z_2; z_3; z_4]$ zweistelliger natürlicher Zahlen, das die Bedingungen (1) bis (5) der Aufgabe erfüllt. Bezeichnet man die Ziffern von z_1 mit a und b, die von z_2 mit c und d, dann gilt wegen (1), (2) und (3):

$$(10a + b)(10c + d) = (a + 10b)(c + 10d)$$

also

$$99ac = 99bd,$$

woraus sich

$$ac = bd$$

ergibt.

Aus der Zweistelligkeit von z_1, z_2, z_3, z_4 folgt $1 \leqq a, b, c, d \leqq 9$, und wegen (4) sowie wegen (5) erhält man die folgenden zehn Zahlenquadrupel, für die (1) gilt:

$[12; 63; 21; 36]$,	$[14; 82; 41; 28]$,
$[12; 84; 21; 48]$,	$[23; 64; 32; 46]$,
$[24; 63; 42; 36]$,	$[23; 96; 32; 69]$,
$[13; 62; 31; 26]$,	$[34; 86; 43; 68]$,
$[26; 93; 62; 39]$,	$[36; 84; 63; 48]$.

Umgekehrt erkennt man, daß offenbar jedes dieser Quadrupel den gestellten Bedingungen genügt.

Daher sind genau die zehn angegebenen Quadrupel Lösungen der Aufgabe.

L 2.21 Angenommen, zu einer positiven rationalen Zahl a gibt es eine natürliche Zahl x, für die

$$\frac{25}{2} x - a = \frac{5}{8} x + 142 \tag{1}$$

gilt. Dann gilt auch $100x - 8a = 5x + 1136$ bzw. $95x = 1136 + 8a$, also

$$x = \frac{1136 + 8a}{95}. \tag{2}$$

Daher gibt es zu einer positiven rationalen Zahl a nur dann eine natürliche Zahl x mit der Eigenschaft (1), wenn $1136 + 8a$ eine ganze, durch 95 teilbare Zahl ist.

Da 1136 bei Division durch 95 den Rest 91 läßt, erhält man die kleinste gesuchte Zahl a für $8a = 4$, sie lautet also $a = \frac{1}{2}$.

Nach (2) ergibt sich für sie $x = 12$, also eine natürliche Zahl, wie es verlangt war.

Umgekehrt erfüllt $x = 12$ zusammen mit $a = \frac{1}{2}$ auch (1), wie man durch Einsetzen bestätigt. Also gibt es ein kleinstes a mit den geforderten Eigenschaften, nämlich $a = \frac{1}{2}$, und x nimmt hierfür den Wert 12 an.

L 2.22 Nach den Angaben des Textes ist H das Doppelte von P, ferner A das Fünffache von P und daher L das Achtfache von P.
Da A die Anfangsziffer einer fünfstelligen Zahl ist, ist $A \neq 0$, also auch $P \neq 0$.
Da L eine einstellige Zahl, also kleiner als 10 ist, folgt somit $P = 1$; denn wäre P größer als 1, also mindestens 2, so wäre L mindestens 16, was nicht möglich ist.
Aus $P = 1$ erhält man $H = 2$, $A = 5$, $L = 8$.
Die gesuchte Leserzahl der Zeitschrift „alpha" beträgt demnach 58 125.

L 2.23 Wegen (1) und (2) ist die vierfache Alterssumme beider Kinder gleich 124, die Kinder sind deshalb zusammen 31 Jahre, die Eltern zusammen 93 Jahre alt.
Da die Lebensjahre der vier Personen in ganzen Jahren angegeben wurden und da 31 eine ungerade Zahl ist, so ist von den Altersangaben der Kinder die eine gerade, die andere ungerade. Daher ist die Differenz der Lebensalter der beiden Kinder eine ungerade Zahl.
Würde diese Differenz 3 oder mehr Jahre betragen, so wäre sie bei den Eltern 27 oder mehr Jahre. Dann wäre das eine Kind 17 Jahre oder älter, das andere Kind 14 Jahre oder jünger, die Mutter 33 Jahre oder jünger und der Vater 60 Jahre oder älter.
Wegen $2 \cdot 17 = 34 > 33$ und wegen (3) entfällt diese Möglichkeit. Folglich beträgt die Altersdifferenz bei den Kindern 1 Jahr, bei den Eltern also 9 Jahre. Mithin ist der Vater 51 Jahre, die Mutter 42 Jahre, das älteste Kind 16 Jahre und das andere Kind 15 Jahre alt.

L 2.24 Aus (3) folgt, daß die Summe aus der Anzahl der Schachspieler und der Anzahl der Judosportler 4 beträgt. Von allen möglichen Zerlegungen der Zahl 4 in zwei natürliche Zahlen als Summanden erfüllt nur diejenige die Bedingung (5), nach der die Anzahl der Schachspieler 3 und die der Judosportler 1 beträgt.

Daraus folgt nach (4), daß genau 6 Schüler Mitglied der Sektion Tischtennis sind.

Nach (1) betreiben mindestens 19 Schüler Leichtathletik und nach (2) mindestens 7 Schüler Schwimmen. Da für diese beiden Sportarten nur noch genau 26 Schüler in Betracht kommen, sind 19 und 7 die einzig möglichen Anzahlen hierfür.

Von den 36 Schülern betreiben mithin genau 19 Leichtathletik, genau 7 Schwimmen, genau 6 Tischtennis, genau 3 Schach, und genau 1 Schüler betreibt Judo.

L 2.25 **a)** Die Anzahl der Schüler, die Kastanien gesammelt haben, sei mit x bezeichnet. Wegen (1) gilt dann $(x + 12):x = 175:100$, woraus man $75x = 1200$ und schließlich $x = 16$ erhält.

Also haben genau 16 Schüler dieser Klasse am Kastaniensammeln teilgenommen.

b) Wegen (2) gilt für die Anzahl a der Schüler dieser Klasse,

$$\left(\frac{75}{100}\, a\right) : x = 3 : 2, \qquad \text{also } a:x = 2:1.$$

Daraus erhält man $a = 2x = 32$.
Folglich hat die Klasse genau 32 Schüler.

L 2.26 Peter muß im Gemüseladen mindestens 4,11 Mark gezahlt haben. Hätte er 4,12 Mark oder mehr entrichtet, so hätte er im Schreibwarengeschäft 4,13 Mark oder mehr, beim Bäcker 8,26 Mark oder mehr, beim Konsum 16,52 Mark oder mehr, insgesamt also 33,03 Mark oder mehr bezahlt. In diesem Falle hätte er aber höchstens 1,97 Mark wiederbringen können.

Daher hat er *im Gemüseladen genau 4,11 Mark* gezahlt. Im Schreibwarengeschäft mußte er folglich mindestens 4,12 Mark gezahlt haben. Er kann aber auch nicht 4,14 Mark oder mehr gezahlt haben, denn sonst hätte er beim Bäcker 8,26 Mark oder mehr und beim Konsum 16,52 Mark oder mehr, insgesamt also 33,03 Mark oder mehr gezahlt, was, wie oben gezeigt, zu einem Widerspruch führt.

Folglich hat er *im Schreibwarengeschäft genau 4,12 Mark* gezahlt.

Beim Bäcker mußte er dann laut Aufgabe mindestens 8,25 Mark gezahlt haben. Er kann aber auch nicht 8,27 Mark oder mehr gezahlt haben; denn in diesem Falle hätte er beim Konsum 16,51 Mark oder mehr, insgesamt also 33,01 Mark oder mehr zu zahlen gehabt, im Widerspruch dazu, daß er genau 33 Mark gezahlt hatte.

Folglich hat er *beim Bäcker genau 8,25 Mark* gezahlt.

Wegen 4,11 Mark + 4,12 Mark + 8,25 Mark = 16,48 Mark und da Peter genau 2 Mark zurückbrachte, hat er *beim Konsum genau 16,52 Mark* gezahlt.

L 2.27 **a)** Wegen $2{,}3125 = \dfrac{23\,125}{10\,000} = \dfrac{37}{16}$ und da 37 zu 16 teilerfremd ist, muß die Anzahl der Teilnehmer durch 16 teilbar sein. Die einzige natürliche Zahl, die ganzzahliges Vielfaches von 16 ist und zwischen 20 und 40 liegt, ist die Zahl 32.

Folglich waren genau 32 Schüler an dieser Klassenarbeit beteiligt.

b) Die Summe aller Zensuren ergibt 74, da $\dfrac{37}{16} \cdot 32 = 74$ ist. Die Anzahl der „Zweien" kann nicht größer als die Hälfte der Anzahl aller Schüler sein, die an dieser Klassenarbeit teilgenommen haben. Sie kann daher laut Aufgabe nur 13 oder 15 betragen haben.

Falls 15 „Zweien" und damit laut Aufgabe auch 15 „Dreien" geschrieben worden wären, erhielte man als Summe dieser Zensuren die Zahl 75, im Widerspruch zur oben ermittelten Summe 74. Es wurden daher genau 13 „Zweien" und genau 13 „Dreien" geschrieben. Folglich erhielten die restlichen 6 Schüler entweder die Note 1 oder die Note 4.

Da das arithmetische Mittel aller Zensuren kleiner als 2,5 ist, muß die Anzahl der „Einsen" größer gewesen sein als die der „Vieren". Damit verbleiben genau die folgenden Möglichkeiten.

Anzahl der Noten	1	2	3	4
	6	13	13	0
	5	13	13	1
	4	13	13	2

Davon ergibt nur die 2. Zeile das angegebene arithmetische Mittel. Also erhielten genau 5 Schüler bei dieser Arbeit die Note „1".

L 2.28 Aus den 5 Kisten wurden $5 \cdot 60$ Äpfel = 300 Äpfel herausgenommen. Diese Menge entspricht dem Inhalt von 3 Kisten, da nur soviel Äpfel übrig blieben, wie vorher in zwei Kisten waren.

Folglich befanden sich in jeder Kiste anfangs genau 100 Äpfel. Insgesamt waren daher anfangs genau 500 Äpfel vorhanden.

L 2.29 Mit je 3 Schritten kommt Hans 50 cm vorwärts. Daher ist er nach genau $2 \cdot 3 \cdot 29$ Schritten = 174 Schritten genau 29 m vom Startpunkt entfernt. Da er nach zwei weiteren Schritten die zweite Fahnenstange erreicht und dann nach Voraussetzung mit der Übung aufhört, legt er die Übungsstrecke mit genau 176 Schritten zurück.

L 2.30 Die 6 Arbeiter würden laut Aufgabe täglich 30 m³ Erde ausheben; denn es ist $6 \cdot 5\,\text{m}^3 = 30\,\text{m}^3$.

Daher würden sie nach genau drei Arbeitstagen 90 m³ Erde ausgehoben haben.

L 2.31 *1. Lösungsweg*
Bezeichnet man die Anzahl der Äpfel mit a, die der Pflaumen mit p, so muß a mindestens 4 sein, und man kann für die Werte

$$a = 4, 5, \ldots, 12, 13$$

folgende Tabelle aufstellen.

a	$p = 3a$	$a - 4$	$p - 4$	$a + p\,(= 4a)$
4	12	0	8	16
5	15	1	11	20
6	18	2	14	24
7	21	3	17	28
8	24	4	20	32
9	27	5	23	36
10	30	6	26	40
11	33	7	29	44
12	36	8	32	48
13	39	9	35	52

Größere Werte von a als $a = 13$ kommen erst recht nicht mehr in Frage, da für sie $a + p > 50$ wird.
Genau für $a = 12$ gilt $p - 4 = 32 = 4(a - 4) = 4 \cdot 8$.
Annerose hatte demnach 12 Äpfel und 36 Pflaumen aus dem Garten geholt.

2. Lösungsweg
Es gilt:

$$p = 3a \tag{1}$$

sowie

$$p - 4 = 4(a - 4), \tag{2}$$

also

$$3a - 4 = 4a - 16.$$

Daraus erhält man $a = 12$; $p = 36$.
Also hatte Annerose 12 Äpfel und 36 Pflaumen aus dem Garten mitgebracht.

L 2.32 Bezeichnet man die Anzahl der teilnehmenden Kinder mit x, dann betrug die Anzahl der teilnehmenden Jugendlichen $2x$. Ihre Summe $3x$ war laut Aufgabe gleich der Hälfte der Anzahl der teilnehmenden Erwachsenen; diese betrug also $6x$. Insgesamt waren mithin

$$x + 2x + 6x = 9x$$

Personen beteiligt.
Diese $9x$ Personen sind laut Aufgabe 81 Personen, woraus man $9x = 81$, also $x = 9$ erhält. An dem Waldlauf nahmen somit

9 Kinder, 18 Jugendliche und 54 Erwachsene

teil.
Bezeichnet man die Anzahl der teilnehmenden Frauen mit y, so betrug die Anzahl der teilnehmenden Männer $2y$ und folglich die Anzahl der teilnehmenden Erwachsenen $3y$.

Daher gilt $3y = 54$, also $y = 18$. Somit nahmen

18 Frauen und 36 Männer

teil.

L 2.33 Bezeichnet man die Anzahl der Vögel, die am Ende auf dem ersten Baum sitzen, mit x, dann sitzen auf dem zweiten Baum $2x$ Vögel, auf dem dritten $4x$ Vögel. Das sind zusammen $7x$ Vögel.

Wegen $56 : 7 = 8$ müssen mithin zuletzt auf dem ersten Baum 8 Vögel, auf dem zweiten Baum 16 Vögel und auf dem dritten Baum 32 Vögel sitzen.

Auf dem ersten Baum saßen daher am Anfang 7 Vögel mehr als 8 Vögel, das sind 15 Vögel. Auf dem zweiten Baum saßen zu Anfang noch nicht die später vom ersten Baum zugeflogenen 7 Vögel, dafür aber die dann zum dritten Baum geflogenen 5 Vögel.

Also saßen auf dem zweiten Baum zu Anfang 2 Vögel weniger als 16 Vögel, das sind 14 Vögel.

Auf dem dritten Baum saßen am Anfang 5 Vögel weniger als 32 Vögel, das sind 27 Vögel.

L 2.34 Die Längen der vier Rolltreppen seien mit a, b, c, d bezeichnet, und es gelte $a \geqq b \geqq c \geqq d$. Die Gesamtlänge der Rolltreppen sei g. Dann gilt

$$b + c = 136 \text{ m} \quad \text{und} \quad b = c + 8 \text{ m} .$$

Daraus folgt:

$$b = 72 \text{ m} \quad \text{und} \quad c = 64 \text{ m} .$$

Weiterhin gilt laut Aufgabenstellung

$$a + d = \frac{3}{10} g + \frac{3}{14} g = \frac{36}{70} g$$

und folglich

$$136 \text{ m} = b + c = g - (a + d) = \frac{74}{70} g .$$

Daraus folgt $\frac{g}{70} = 4$ und daher $\frac{3}{10} g = 84$ und $\frac{3}{14} g = 60$.

Wegen $84 > 72 > 64 > 60$ folgt mithin:
Die gesuchten Längen der Rolltreppen betragen

$$a = 84 \text{ m} , \quad b = 72 \text{ m} , \quad c = 64 \text{ m} \quad \text{und} \quad d = 60 \text{ m} .$$

L 2.35 Wegen $1050 - 75 = 975$ und $975 : 3 = 325$ kostet die billigste Ausführung des genannten Artikels 3,25 Mark.

Wegen $1050 + 75 = 1125$ und $1125 : 3 = 375$ kostet die teuerste Ausführung dieses Artikels 3,75 Mark.

Wegen $1050 - 325 - 375 = 350$ kostet daher die dritte Sorte desselben Artikels 3,50 Mark.

L 2.36 Der erste Radfahrer war um 8 Uhr genau 2 h gefahren und hatte dabei eine Strecke von 28 km zurückgelegt. Von diesem Zeitpunkt an legte der zweite Radfahrer in jeder Stunde genau 7 km mehr zurück als der erste.

Da sie sich genau am Mittelpunkt der Strecke von A nach B trafen, geschah das wegen $28:7 = 4$ genau 4 h nach Abfahrt des zweiten Radfahrers, also um 12 Uhr.

Bis zu diesem Zeitpunkt hatte wegen $6 \cdot 14 = 84$ bzw. $4 \cdot 21 = 84$ jeder von beiden genau 84 km zurückgelegt.

Die Länge der Strecke von A nach B beträgt wegen $2 \cdot 84 = 168$ mithin genau 168 km.

L 2.37 Wegen $1200 - 800 = 400$ legte das erste Auto 400 km mehr zurück als das zweite. Für diese 400 km verbrauchte es laut Aufgabe 36 l Kraftstoff.

Beide Autos legten zusammen 1200 km + 800 km = 2000 km zurück. Das sind fünfmal soviel wie 400 km. Folglich verbrauchten sie wegen $5 \cdot 36 = 180$ für diese Strecke insgesamt 180 l Kraftstoff.

L 2.38 Der Schall legt in jeder Sekunde (in der Luft) weniger als 340 m zurück; wegen $340:2 = 170$ benötigt er daher für 2 m mehr als $\dfrac{1}{170}$ s. Das Licht legt in jeder Sekunde mehr als 290 000 km zurück; wegen $290\,000:1000 = 290$ benötigt es daher für 1000 km weniger als $\dfrac{1}{290}$ s. Daher hört der Rundfunkhörer in unserem Beispiel den Redner etwas früher als der im Saal sitzende Zuhörer.

Hinweis: Allein durch Näherungswerte (etwa ≈ 330 m bzw. $\approx 300\,000$ km) ohne Beachtung der Fehlergrenzen ist eine korrekte Begründung des Ergebnisses nicht möglich.

L 2.39 Laut Aufgabe besitzt Rainer Spargeld. Dessen Betrag in Mark sei mit x bezeichnet. Dann gilt

$$\frac{x}{3} + \frac{x}{5} = \frac{x}{2} + 7.$$

Nach Multiplikation mit 30 folgt hieraus

$$10x + 6x = 15x + 210,$$

woraus man

$$x = 210$$

erhält.

Mithin hatte Rainer insgesamt 210 Mark gespart.

L 2.40 Angenommen, die Längen a, b, c haben die geforderten Eigenschaften. Dann gilt

$$a + b + c = 168\,\text{m},$$

ferner gilt

$$b = 3a$$

sowie

$$c = 4a.$$

Daraus folgt

$$a + 3a + 4a = 168 \text{ m, also}$$
$$8a = 168 \text{ m, woraus man}$$
$$a = 21 \text{ m und danach weiter}$$
$$b = 63 \text{ m sowie}$$
$$c = 84 \text{ m erhält.}$$

Folglich können nur diese Längen die gestellten Bedingungen erfüllen. Wegen 63 m = 3 · 21 m, 84 m = 4 · 21 m und 21 m + 63 m + 84 m = 168 m haben sie die geforderten Eigenschaften tatsächlich, sind also die in der Aufgabe gesuchten Längen.

L 2.41 Am ersten Tag legte die Expedition $\frac{1}{3}$ und am dritten Tag $\frac{1}{4}$ der Gesamtstrecke zurück. Damit wurde wegen $\frac{1}{3} + \frac{1}{4} = \frac{7}{12}$ an diesen beiden Tagen $\frac{7}{12}$ der gesamten Strecke bewältigt. Die restlichen 150 km sind demnach genau $\frac{5}{12}$ der Gesamtstrecke

Wegen 150 : 5 = 30 sind folglich 30 km genau $\frac{1}{12}$ der Gesamtstrecke, diese beträgt mithin 12 · 30 km = 360 km.

L 2.42 a) Das Gewicht einer jeden Kugel der Sorte *A* ist gleich dem Doppelten des Gewichts einer jeden Kugel der Sorte *B*. Eine jede Kugel der Sorte *B* hat das Dreifache des Gewichts einer jeden Kugel der Sorte *C*, folglich hat jede Kugel der Sorte *A* das gleiche Gewicht wie 6 Kugeln der Sorte *C*.
Jede Kugel der Sorte *C* hat das Fünffache des Gewichts einer jeden Kugel der Sorte *D*. Daher ist das Gewicht von 6 Kugeln der Sorte *C* gleich dem Gewicht von 30 Kugeln der Sorte *D*.
Daraus ergibt sich, daß Uli genau 30 Kugeln der Sorte *D* in die noch leere Waagschale legen muß, damit sie einer Kugel der Sorte *A* in der anderen Waagschale das Gleichgewicht halten.

b) Das Gewicht von 5 Kugeln der Sorte *D* ist gleich dem Gewicht einer jeden Kugel der Sorte *C*. Daher haben 20 Kugeln der Sorte *D* das gleiche Gewicht wie 4 Kugeln der Sorte *C*. Das Gewicht von 20 Kugeln der Sorte *D* und 5 Kugeln der Sorte *C* ist mithin gleich dem Gewicht von 9 Kugeln der Sorte *C*.
Da drei Kugeln der Sorte *C* soviel wiegen wie eine jede Kugel der Sorte *B*, wiegen 9 Kugeln der Sorte *C* soviel wie 3 Kugeln der Sorte *B*.
Uli muß also 3 Kugeln der Sorte *B* in die noch leere Waagschale legen, wenn sie 20 Kugeln der Sorte *D* und 5 Kugeln der Sorte *C* in der anderen Waagschale das Gleichgewicht halten sollen.

L 2.43   **a)**   Mit 4 Schritten legt der Vater genau 320 cm zurück;
denn 4 · 80 cm = 320 cm.
Da der Sohn für die gleiche Strecke 5 Schritte braucht, beträgt wegen
320 : 5 = 64 seine durchschnittliche Schrittlänge 64 cm.

b)   Genau dann, wenn der Vater ein (positives ganzzahliges) Vielfaches
von 4 als Schrittzahl beendet hat, hat der Sohn gleichzeitig mit dem
Vater eine ganzzahlige Schrittzahl beendet, treten also Vater und Sohn
gleichzeitig auf. Dies geschieht genau dann bei beiden mit dem linken
Fuß, wenn sie eine gerade Anzahl von Schritten beendet haben. Bei
dem Vater ist dies für jedes ganzzahlige Vielfache von 4 der Fall, bei
dem Sohn genau für alle geradzahligen Vielfachen von 5. Das kleinste
(positive) geradzahlige Vielfache von 5 ist aber das Zweifache. Daher
treten Vater und Sohn erstmalig nach dem 8. Schritt des Vaters (und
damit nach dem 10. Schritt des Sohnes) gleichzeitig mit dem linken
Fuß auf.

L 2.44   Es kann o. B. d. A. vorausgesetzt werden, daß der Fußgänger im selben
Augenblick entgegen der Fahrtrichtung des Zuges die Brücke verläßt, in dem
die Lok auf die Brücke fährt. Wenn der Fußgänger nach 9 s genau 9 m zurückgelegt hat, fährt der letzte Wagen des Zuges an ihm vorbei. Bis zum Verlassen
der Brücke benötigt dieser Wagen wegen 27 − 9 = 18 noch 18 s. In dieser
Zeit legt er wegen 225 + 9 = 234 genau 234 m zurück. Folglich betrug wegen

$234 : 18 = 13$ die Durchschnittsgeschwindigkeit des Zuges dabei $13 \dfrac{m}{s}$, das

sind wegen $13 \cdot \dfrac{3600}{1000} = 46{,}8$ genau $46{,}8 \dfrac{km}{h}$.

Da der Zug zur Brückenüberfahrt genau 27 s benötigte, legte die Lok wegen
13 · 27 = 351 in dieser Zeit 351 m zurück. Diese Strecke setzt sich aus den
225 m Länge der Brücke und der Länge des Zuges zusammen.
Wegen 351 − 225 = 126 hatte der Zug mithin eine Länge von 126 m.

L 2.45   Ist am 1. Januar das jüngste Kind x Jahre alt, so ist das zweite $2x$ Jahre, das
älteste $4x$ Jahre, die Mutter $14x$ Jahre, der Vater $15x$ Jahre und der Großvater
$(64 + 4x)$ Jahre alt.
Es gilt nun laut Aufgabe

$$x + 2x + 4x + 14x + 15x = 4x + 64 .$$

Daraus folgt

$$32x = 64 ,$$

also

$$x = 2 .$$

Das jüngste Kind war am 1. Janur 1975 somit 2 Jahre alt, das zweite 4 Jahre,
das älteste 8 Jahre, die Mutter 28 Jahre, der Vater 30 Jahre und der Großvater 72 Jahre.

L 2.46   Die Armbanduhr ging in 24 h genau 6 min nach, d. h., sie ging in jeder Stunde
den 24. Teil von 6 min, das sind 15 s, nach.

Da von Sonnabend 12 Uhr bis Montag 8 Uhr genau 44 h vergangen waren, ging die Uhr wegen 44 · 15 = 660 mithin 660 s, das sind 11 min, nach. Sie zeigte also 7.49 Uhr an, als es genau 8 Uhr war.

L 2.47 Wegen 6 + 13 = 19 und 19 — 2 = 17 erhielten die Geschwister im November zusammen 17 Mark, wegen 6 + 13 + 17 = 36 mithin insgesamt 36 Mark. Wegen 36:3 = 12 betrug ihre Solidaritätsspende 12 Mark. Den gleichen Betrag legten sie in ihre Ferienkasse. Wegen 36 — 12 — 12 = 12 verbleiben 12 Mark, davon erhielt jeder für sich die Hälfte, also jeder 6 Mark.

L 2.48 *1. Lösungsweg*
Die folgende Tabelle enthält alle Zusammenstellungen von 12 Geldscheinen, von denen jeder ein 10-Mark-Schein oder ein 20-Mark-Schein ist. Anschließend wird für jede dieser Zusammenstellungen der Gesamtwert ermittelt.

Anzahl d. Scheine zu je		Wert d. Scheine (in Mark) zu je		Gesamtwert (in Mark)
10 Mark	20 Mark	10 Mark	20 Mark	
0	12	0	240	240
1	11	10	220	230
2	10	20	200	220
3	9	30	180	210
4	8	40	160	200
5	7	50	140	190
6	6	60	120	180
7	5	70	100	170
8	4	80	80	160
9	3	90	60	150
10	2	100	40	140
11	1	110	20	130
12	0	120	0	120

Daraus ist ersichtlich, daß genau für die Anzahlen 7 und 5 der 10-Mark-Scheine bzw. 20-Mark-Scheine der Gesamtwert 170 Mark entsteht.

2. Lösungsweg
War x die Anzahl der 20-Mark-Scheine, so war $(12 - x)$ die Anzahl der 10-Mark-Scheine. Der in Mark ausgedrückte Wert der 20-Mark-Scheine betrug dann $20x$, der der 10-Mark-Scheine $(120 - 10x)$. Daher gilt:

$$20x + 120 - 10x = 170$$
$$10x + 120 = 170$$
$$10x = 50$$
$$x = 5$$

Also war 5 die Anzahl der 20-Mark-Scheine, und wegen 12 — 5 = 7 war 7 die Anzahl der 10-Mark-Scheine.

L 2.49 Die Zeit von 10.05 Uhr bis 11.20 Uhr beträgt 1 h 15 min = 75 min. Wegen 2100 — 600 = 1500 hat das Flugzeug in dieser Zeit 1500 km zurückgelegt.

Wegen $75:15 = 5$ benötigt es für je 100 km also 5 min, wegen $6 \cdot 5 = 30$ für die noch zurückzulegenden 600 km mithin 30 min. Daher trifft es 30 min nach 11.20 Uhr, d. h. um 11.50 Uhr, in B ein.

L 2.50 Wegen $22 \cdot 6 \cdot 1{,}5 = 22 \cdot 3 \cdot 3 = 198$ enthält das bis zur Höhe von 1,50 m gefüllte Becken 198 m^3 Wasser. 1 m^3 sind 1000 l, also enthält das Becken 198 000 l. Wegen $198\,000:900 = 220$ ist es somit nach genau 220 min bis zur angegebenen Höhe gefüllt.

L 2.51 War der frühere Kaufpreis des ersten Hundes x Mark, so erhielt Herr Schäfer beim Verkauf dieses Hundes $\dfrac{120}{100} x$ Mark $= \dfrac{6}{5} x$ Mark. Daher gilt

$$\frac{6}{5} x = 180, \text{ also } x = 150.$$

War der frühere Kaufpreis des zweiten Hundes y Mark, so erhielt Herr Schäfer beim Verkauf dieses Hundes $\dfrac{80}{100} y$ Mark $= \dfrac{4}{5} y$ Mark. Daher gilt

$$\frac{4}{5} y = 180, \quad \text{also} \quad y = 225.$$

Somit hatte der gesamte frühere Kaufpreis 150 Mark + 225 Mark = 375 Mark betragen. Da Herr Schäfer die Hunde für insgesamt 360 Mark weiterverkaufte, erlitt er insgesamt einen Verlust von 15 Mark.

L 2.52 Die Abfahrtzeiten lauten
für den ersten Bus:
12.00; 12.45; 13.30; 14.15; 15.00; ... ,
für den zweiten Bus:
12.00; 12.30; 13.00; 13.30; 14.00; 14.30; 15.00 ... ,
für den dritten Bus:
12.00; 12.36; 13.12; 13.48; 14.24; 15.00; ... ,
für den vierten Bus:
12.00; 13.00; 14.00; 15.00; ...

Daraus ist zu sehen: Die vier Busse fahren erstmalig um 15.00 Uhr wieder gleichzeitig vom Busbahnhof ab.
Bis dahin hat
der erste Bus   4 Fahrten,
der zweite Bus   6 Fahrten,
der dritte Bus   5 Fahrten,
der vierte Bus   3 Fahrten
durchgeführt.

Hinweis: Die Aufgabe kann auch unter Anwendung des Begriffes k. g. V. (kleinstes gemeinsames Vielfaches) gelöst werden. Die Anzahl der Minuten zwischen 12.00 Uhr und dem gesuchten Zeitpunkt muß das k. g. V. der Zahlen 45, 30, 36 und 60, d. h. die Zahl 180, sein. Folglich fahren die vier Busse erstmalig nach 180 min, also um 15.00 Uhr, gleichzeitig vom Bahnhof ab.

L 2.53 Angenommen, vier natürliche Zahlen erfüllen die gestellten Bedingungen. Die erste Zahl sei mit a bezeichnet.

Die zweite Zahl lautet dann $2a - 1$,
die dritte Zahl $\qquad 2(2a - 1) - 1 = 4a - 2 - 1 = 4a - 3$,
die vierte Zahl $\qquad 2(4a - 3) - 1 = 8a - 6 - 1 = 8a - 7$.

Daher beträgt die Summe der vier Zahlen

$$a + 2a - 1 + 4a - 3 + 8a - 7 = 15a - 11 \, .$$

Laut Aufgabe soll diese Summe 79 betragen, also gilt $15a - 11 = 69$ und mithin $15a = 90$, woraus man $a = 6$ erhält.

Folglich lauten die vier Zahlen in dieser Reihenfolge 6, 11, 21, 41.
Daher können nur diese Zahlen die Bedingungen der Aufgabe erfüllen.
Sie erfüllen sie tatsächlich; denn es gilt:

$$2 \cdot 6 - 1 = 11 \, , \qquad 2 \cdot 11 - 1 = 21 \, ,$$
$$2 \cdot 21 - 1 = 41 \, , \qquad 6 + 11 + 21 + 41 = 79 \, .$$

Hinweis: Die Aufgabe kann auch durch systematisches Probieren gelöst werden (etwa $4 + 7 + 13 + 25 = 49$; $5 + 9 + 17 + 33 = 64$; $6 + 11 + 21 + 41 = 79$; $7 + 13 + 25 + 49 = 94$). Dabei muß bewiesen werden, daß es keine weiteren Lösungen gibt, indem man z. B. bemerkt, daß bei Vergrößerung der Anfangszahl sich alle Summanden und damit die Summe vergrößern.

L 2.54 **a)** Für die Sorte A beträgt wegen $900 : 3 = 300$ der Lagerbestand 300 Pakete. Für die Sorte B beträgt wegen $900 - 300 = 600$ und $600 : 4 = 150$ der Bestand 150 Pakete. Wegen $600 - 150 = 450$ und $450 : 2 = 225$ beträgt für jede der Sorten C und D der Bestand 225 Pakete.

b) Wegen $250 \cdot 900 = 225000$ und $225000 \, g = 225 \, kg$ sind insgesamt 225 kg Waschpulver in den Paketen enthalten.

L 2.55 Der Gesamtpreis aller sechs Geschenke beträgt 119 Mark. Da genau fünf Geschenke gekauft wurden, blieb genau eines zurück. War es das zu

15 Mark, 16 Mark, 18 Mark, 19 Mark, 20 Mark bzw. 31 Mark.

so hatten beide Käufer zusammen

104 Mark, 103 Mark, 101 Mark, 100 Mark, 99 Mark bzw. 88 Mark

zu zahlen.

Zahlte der erste Käufer x Mark, so zahlte der zweite $2x$ Mark. Die von beiden gezahlte Summe, $3x$ Mark, muß folglich durch 3 teilbar sein. Das trifft nur für den Betrag von 99 Mark zu. Also wurde das Geschenk zu 20 Mark nicht gekauft. Ferner ist $3x = 99$; der erste Käufer zahlte daher 33 Mark.

Hätte er als eines seiner beiden Geschenke das zu 16 Mark, 19 Mark oder 31 Mark gekauft, so müßte das andere 17 Mark, 14 Mark bzw. 2 Mark gekostet haben; diese Preise kamen aber nicht vor. Also hat der erste Käufer die Geschenke zu 15 Mark und 18 Mark gekauft, der zweite Käufer folglich die Geschenke zu 16 Mark, 19 Mark und 31 Mark.

L 2.56 Wenn eine natürliche Zahl z die Bedingungen (1) bis (4) erfüllt und a ihre Hunderterziffer ist, so folgt: Wegen (1) gilt $a \neq 0$, wegen (3) ist $2a < 10$, also $a < 5$. Die folgende Tabelle enthält für die verbleibenden Möglichkeiten $a = 1, 2, 3, 4$ die nach (2) und (3) sich ergebenden Zehner- bzw. Einerziffern und damit z.

Hunderter-ziffer a	Zehner-ziffer	Einer-ziffer	z
1	2	2	122
2	3	4	234
3	4	6	346
4	5	8	458

Von diesen scheidet die Zahl $z = 234$ aus, da sie das Doppelte von 117 ist und dies wegen $117 = 3 \cdot 39$ keine Primzahl ist.

Also können höchstens die Zahlen 122, 346 und 458 die Bedingungen (1) bis (4) erfüllen.

Sie sind sämtlich dreistellig, erfüllen daher (1). Ferner zeigt die Tabelle, daß sie auch sämtlich (2) und (3) erfüllen. Schließlich erfüllen sie auch (4), da sie jeweils das Doppelte von 61, 173 bzw. 229 sind und diese Zahlen Primzahlen sind.

L 2.57
a) Der Kraftfahrer benötigte wegen $20 + 30 + 12 + 4 = 66$ bis zur Abfahrt von der Bahnschranke genau 66 min. Da diese Zeit laut Aufgabe ebenso lang war wie die Fahrzeit von der Bahnschranke bis nach B, war er ab 11.06 Uhr noch einmal 66 min bis B unterwegs, traf daher dort um 12.12 Uhr ein.

b) Für die ersten 40 km betrug die reine Fahrzeit wegen $66 - 30 - 4 = 32$ genau 32 min, das sind $\frac{8}{15}$ h. Wegen $40 : \frac{8}{15} = 75$ betrug seine Durchschnittsgeschwindigkeit mithin $75 \frac{\text{km}}{\text{h}}$.

c) Da der Kraftfahrer den Rest des Weges mit der gleichen Durchschnittsgeschwindigkeit zurücklegte und dafür 66 min, also $\frac{11}{10}$ h, benötigte, legte er dabei wegen $75 \cdot \frac{11}{10} = 82,5$ noch weitere 82,5 km zurück.

Mithin hatte er von A nach B insgesamt $40 \text{ km} + 82,5 \text{ km} = 122,5 \text{ km}$ zurückgelegt.

L 2.58 Aus (1), (4), (5) und (7) folgt wegen $11 - 1 - 4 - 2 = 4$, daß genau 4 Schüler genau in Mathematik die Zensur 2 haben.

Aus (2), (4), (6) und (7) folgt wegen $19 - 1 - 7 - 2 = 9$, daß genau 9 Schüler genau in Russisch die Zensur 2 haben.

Aus (3), (4), (5) und (6) folgt, daß wegen $23 - 1 - 4 - 7 = 11$ genau 11 Schüler genau in Deutsch die Zensur 2 haben.

Wegen $4 + 9 + 11 = 24$ haben somit genau 24 Schüler dieser Gruppe in genau einem der genannten Fächer die Zensur 2.

Da wegen (5), (6) und (7) genau 13 Schüler in genau zwei der Fächer eine 2

haben und da wegen (4) noch ein weiterer Schüler hinzukommt, haben wegen
$24 + 13 + 1 = 38$ mithin genau 38 Schüler in wenigstens einem der Fächer
die Zensur 2.

Folglich hat genau ein Schüler dieser Gruppe in keinem der genannten Fächer
die Zensur 2.

L 2.59   *1. Lösungsweg*

Bezeichnet man die Anzahl der Zweimarkstücke, die Cathrin vor dem Einkauf
besaß, mit x, so hatte sie zur gleichen Zeit $(18 - x)$ Fünfzigpfennigstücke.
Der Geldbetrag, den sie vor dem Einkauf besaß, betrug somit

$$(2x + (18 - x) \cdot 0{,}5) \text{ Mark} = (1{,}5x + 9) \text{ Mark} .$$

Da sie davon genau die Hälfte ausgab, hatte sie nach dem Einkauf noch
$(0{,}75x + 4{,}5)$ Mark.

Laut Aufgabe setzte sich dieser Betrag aus $(18 - x)$ Zweimarkstücken und
x Fünfzigpfennigstücken zusammen. Daher gilt

$$0{,}75x + 4{,}5 = 2(18 - x) + 0{,}5x = 36 - 1{,}5x, \text{ woraus man}$$
$$2{,}25x = 31{,}5, \text{ also}$$
$$x = 14 \quad \text{erhält .}$$

Folglich hatte Cathrin vor dem Einkauf genau 14 Zweimarkstücke und genau
4 Fünfzigpfennigstücke, das sind zusammen 30 Mark, bei sich. Nach dem
Einkauf besaß sie genau 4 Zweimarkstücke und genau 14 Fünfzigpfennigstücke, das sind zusammen 15 Mark.

2. Lösungsweg

Hatte Cathrin nach dem Einkauf noch genau p Mark, so hatte sie vorher
genau $2p$ Mark. Würde man ebensoviele Geldstücke (jeweils der gleichen
Werte), wie sie vorher hatte, und dazu noch ebensoviele, wie sie nachher hatte,
nebeneinanderlegen, so wären das einerseits genau 18 Zweimarkstücke und
18 Fünfzigpfennigstücke, also $(36 + 9)$ Mark $= 45$ Mark; andererseits wären
es $(2p + p)$ Mark $= 3p$ Mark. Daher gilt $3p = 45$, also $p = 15$. Folglich
hatte Cathrin nach dem Einkauf noch genau 15 Mark.

L 2.60   Die Differenz zwischen der Summe der Werte der ersten beiden Münzen und
dem Wert der dritten Münze beträgt genau 7 Mark. Deshalb ist der Wert der
dritten Münze größer als 7 Mark, also 10 Mark oder 20 Mark.

Wäre die dritte Münze eine Münze zu 20 Mark gewesen, dann müßte die
Summe der Werte der beiden anderen Münzen genau 13 Mark betragen haben,
das ist mit den angegebenen Münzwerten jedoch nicht möglich. Also war die
dritte Münze eine Münze zu 10 Mark, und die Summe der Werte der beiden
anderen Münzen betrug genau 3 Mark. Das ist bei den angegebenen Münz-
sorten nur möglich, wenn Klaus eine 2-Mark-Münze und eine 1-Mark-Münze
bei sich hatte.

Klaus hatte daher bei diesem Einkauf eine 10-Mark-Münze, eine 2-Mark-
Münze und eine 1-Mark-Münze bei sich.

L 2.61   Angenommen, es gäbe eine rationale Zahl x (mit $x \neq 2$), die Lösung der
gegebenen Gleichung wäre. Dann folgte aus der gegebenen Gleichung

$$3x + x - 2 + 4 = 2x - 4 + 3x + 3 + 1, \text{ also}$$
$$4x + 2 \qquad\quad = 5x, \qquad\qquad\qquad \text{woraus man}$$
$$x = 2$$

erhielte, im Widerspruch zur Voraussetzung.

Folglich gibt es keine rationale Zahl x, die die gegebene Gleichung erfüllt.

L 2.62   Wegen $5 \cdot 0{,}8$ km $= 4{,}0$ km betrug die Strecke vom Ortsausgang bis zum Rastplatz 4 km. Wegen $0{,}8$ km $+ 4{,}0$ km $+ 14$ km $= 18{,}8$ km legte die Schülergruppe vom Start bis zum Mittagsrastplatz genau 18,8 km zurück. Wegen $18{,}8$ km $- 2{,}5$ km $= 16{,}3$ km hatte sie danach laut Aufgabe noch genau 16,3 km bis zu ihrem Fahrtziel zurückzulegen.

Wegen $18{,}8$ km $+ 16{,}3$ km $= 35{,}1$ km betrug somit die Gesamtlänge der Strecke vom Start bis zum Fahrtziel genau 35,1 km.

L 2.63   *1. Lösungsweg*

Anita und Peter zahlten für die 7 Flaschen Brause wegen $7 \cdot 15 = 105$ insgesamt 105 Pf mehr, als sie für 7 Flaschen Selterswasser hätten zahlen müssen. Für diese 105 Pf hätten sie wegen $10 - 7 = 3$ genau 3 Flaschen Selterswasser kaufen können. Wegen $105 : 3 = 35$ hatten sie für jede Flasche Selterswasser mithin einschließlich Flaschenpfand 35 Pf zu zahlen. Da das Flaschenpfand 15 Pf betrug, kostete jede Flasche Selterswasser also 20 Pf. Folglich kostete jede Flasche Brause ohne Flaschenpfand 35 Pf.

Wegen $10 \cdot 35 = 7 \cdot 50 = 350$ hatten Anita und Peter genau 3 Mark und 50 Pf bei sich.

2. Lösungsweg

Wenn die Flasche Selters einschließlich Pfand x Pf kostete, so kostete die Flasche Brause einschließlich Pfand $(x + 15)$ Pf. Das Geld, das Anita und Peter bei sich hatten, betrug somit einerseits $10x$ Pf, andererseits $7(x + 15)$ Pf. Daraus folgt

$$10x = 7(x + 15), \text{ also } 10x = 7x + 7 \cdot 15, \ 3x = 7 \cdot 15, \ x = 7 \cdot 5 = 35.$$

Somit kostete die Flasche Selters einschließlich Pfand 35 Pf, ohne Pfand mithin 20 Pf; die Flasche Brause kostete ohne Pfand 35 Pf. Die beiden Schüler hatten daher $10 \cdot 35$ Pf, d. h. 3,50 Mark, mitgenommen.

3.   Ungleichungen

L 3.1   Aus (1) folgt $x < z$, aus (3) folgt $x < w$, aus (5) folgt $w < y$. Diese drei Ungleichungen lassen sich, wie in dem Aufgabentext erklärt wurde, als fortlaufende Ungleichung schreiben, wobei (2) berücksichtigt wird:

(7) $x < z < w < y$.

Daher kann diese Ungleichung (7) Lösung der Aufgabe sein. Umgekehrt folgen aus (7) nicht nur (1), (3), (5), sondern auch die übrigen Ungleichungen (2), (4), (6), so daß die Ungleichung (7) in der Tat den Forderungen der Aufgabe genügt. (Die Schreibweise $y > w > z > x$ ist gleichwertig mit (7).)

L 3.2   **a)**   Die Zahlen 0 und 2 gehören nicht zur Lösungsmenge; denn es gilt $5 \cdot 0 < 5 \cdot 2 < 19$.
Die Zahlen 4, 6 und 8 gehören zur Lösungsmenge; denn es gilt $19 < 5 \cdot 4 < 5 \cdot 6 < 5 \cdot 8 < 42$.
Die Zahl 10 gehört nicht zur Lösungsmenge; denn es gilt $5 \cdot 10 > 42$.
Zur Lösungsmenge gehört auch keine Zahl, die größer als 10 ist; denn das Produkt einer solchen Zahl mit 5 ist stets größer als $5 \cdot 10$ und daher erst recht größer als 42.
Mithin lautet die Lösungsmenge $\{4, 6, 8\}$.

b)   Die Zahlen 0 und 2 gehören nicht zur Lösungsmenge; denn es gilt $(3 \cdot 0 + 3) < (3 \cdot 2 + 3) < 11$.
Die Zahlen 4 und 6 gehören zur Lösungsmenge; denn es gilt $11 < (3 \cdot 4 + 3) < (3 \cdot 6 + 3) < 22$.
Die Zahl 8 gehört nicht zur Lösungsmenge; denn es gilt $(3 \cdot 8 + 3) > 22$.
Zur Lösungsmenge gehört auch keine Zahl größer als 8; denn das um 3 vermehrte Produkt einer solchen Zahl mit 3 ist stets größer als $(3 \cdot 8 + 3)$ und damit erst recht größer als 22.
Mithin lautet die Lösungsmenge $\{4, 6\}$.

c)   Die Zahl 0 gehört nicht zur Lösungsmenge, da $g > 0$ sein soll.
Die Zahlen 2, 4, 6 und 8 gehören zur Lösungsmenge; denn es gilt $3 = (3 \cdot 2 - 3) < (3 \cdot 4 - 3) < (3 \cdot 6 - 3) < 23$.
Die Zahl 10 gehört nicht zur Lösungsmenge; denn es gilt $(3 \cdot 10 - 3) > 23$.

111

Zur Lösungsmenge gehört auch keine Zahl größer als 10, denn das um 3 verminderte Produkt einer solchen Zahl mit 3 ist stets größer als $(3 \cdot 10 - 3)$ und damit erst recht größer als 23.

Daher lautet die Lösungsmenge $\{2, 4, 6, 8\}$.

L 3.3 Wegen (1) gilt $b + d > b + c$, daher und wegen (3) mithin $a + d < b + d$, woraus man

$$a < b \tag{4}$$

erhält.

Durch Subtraktion gewinnt man aus (2) und (3) $d - b < b - d$, also $2d < 2b$ und damit

$$d < b. \tag{5}$$

Aus (2) folgt $b - d = c - a$, woraus sich wegen (5) die Aussage

$$c > a \tag{6}$$

ergibt.

Wegen (1), (4), (5) und (6) lautet die gesuchte Reihenfolge

$$b > d > c > a.$$

L 3.4 Bezeichnet man die (in cm gemessene) Größe jedes der Schüler mit dem Anfangsbuchstaben seines Vornamens, so lassen sich die Aussagen (1) bis (6) folgendermaßen schreiben:

(1) $I = M - 2$ (2) $E = G$
(3) $H > \text{Min}\,\{E, R, M, I, J, G\}$
      (H ist größer als der Kleinste von E, R, M, I, J, G)
(4) $H < J < I$ (5) $H \leqq M$
(6a) $M = G + 2$ (6b) $M > J$
Aus (1) und (4) folgt   (7) $H < J < I < M$.
Aus (1) und (6a) folgt   (8) $I = G$.
Aus (2) und (8) folgt   (9) $E = G = I$.
Aus (9) und (7) folgt   (10) $H < J < E = G = I < M$.
Aus (3) und (10) folgt   (11) $R < H$.
Daher lauten die Antworten:

a) Eva, Gerd und Ingrid sind gleichgroß. Außer ihnen gibt es keine zwei Schüler, die gleichgroß sind.

b) Monika, Eva, Gerd, Ingrid, Jürgen, Hans, Renate

Hinweis: Da die Aussagen (5) und (6b) aus den Aussagen (1) und (4) folgen, sind sie zur Lösung der Aufgabe entbehrlich.

L 3.5 Bezeichnet man die Ringzahl der Schützen mit den Anfangsbuchstaben der entsprechenden Vornamen, so erhält man aus den Angaben der Aufgabe:

(1) $J > G$ (2) $E + R = J + G$ (3) $E + J < R + G$

Aus (2) und (3) ergibt sich durch Addition

$$2E + J + R < 2G + J + R \, ,$$

woraus $E < G$ folgt. Hieraus und aus (2) folgt

$$R - J = G - E > 0$$

und daraus $J < R$. Daher gilt unter Berücksichtigung von (1)

$$R > J > G > E \, .$$

Die gesuchte Reihenfolge lautet also: Regina, Joachim, Gerd, Elke.

L 3.6   Die Aussagen (1), (2) und (3) lassen sich folgendermaßen schreiben:
(1) $d > c$,   (2) $a + b = c + d$,   (3) $a + d < b + c$.
Aus (2) und (3) folgt   (4) $b > d$.
Aus (2) und (4) folgt   (5) $c > a$.
Daher gilt wegen (1), (4) und (5):

$$b > d > c > a \, .$$

L 3.7   Bezeichnet man die Sprunghöhen der Schüler mit den Anfangsbuchstaben ihrer Vornamen, dann lassen sich die Angaben der Aufgabe so schreiben:

(1) $D > A > F$ (2) $E > F$
(3) $A = C$ sowie $C > E$
(4) $A > B, C > B, D > B, E > B, F > B$

Faßt man diese Angaben zusammen, so erhält man die gesuchte Reihenfolge: Detlef, Anton und Christian (gleiche Sprunghöhe), Ernst, Frank, Bernd.

L 3.8   Die Fahrer aus Belgien, der DDR, Polen und der Sowjetunion seien der Reihe nach mit $B, D_1, D_2, ..., P_1, P_2, S_1, S_2, ...$ bezeichnet. Nach (5) waren mindestens zwei sowjetische Fahrer in der Spitzengruppe. Nach (2) fuhr mindestens einer der Fahrer aus der DDR weder am Anfang noch am Ende, wegen (6) waren also mindestens drei Fahrer aus der DDR in der Spitzengruppe.
Wegen (1) können auch nicht mehr als 2 sowjetische Fahrer und nicht mehr als 3 Fahrer aus der DDR in dieser Spitzengruppe gewesen sein, also waren diese Anzahlen die genauen Anzahlen dieser Fahrer.
Sind nun X, Y Bezeichnungen von Fahrern, so bedeute $X < Y$, daß X vor Y fuhr. Laut Aufgabe gilt mithin:

(2) $D_1 < D_2 < B$ (3) $S_1 < P_1 < P_2$ (4) $B < S_2$

Da genau ein Belgier in der Spitzengruppe fuhr, folgt aus (2) und (4)

(7) $D_1 < D_2 < B < S_2 \, .$

Da genau zwei sowjetische Fahrer in der Spitzengruppe und nach (5) unmittelbar hintereinander fuhren, folgt daraus sowie aus (3) und (7)

(8) $D_1 < D_2 < B < S_1 < S_2 < P_1 < P_2 \, .$

Aus (8) und (6) folgt dann schließlich

(9) $D_1 < D_2 < B < S_1 < S_2 < P_1 < P_2 < D_3 \, .$

Damit sind bereits acht Fahrer erfaßt, also ist (9) die einzige Möglichkeit für die gesuchte Reihenfolge.

L 3.9

1. Lösungsweg
Nach Voraussetzung gilt $a - 2 > 0$ und $b - 2 > 0$, also
$(a - 2)(b - 2) = ab - 2(a + b) + 4 > 0$ und mithin

$$ab > 2(a + b) - 4 .$$

Aus $a > 2$ und $b > 2$ folgt ferner, daß $a + b > 4$ ist, woraus $2(a + b) - 4 > (a + b)$ und damit erst recht $ab > (a + b)$ folgt.

2. Lösungsweg
Man setzt $a = 2 + m$, $b = 2 + n$, wobei m, n positive rationale Zahlen seien. Dann gilt:

$$a + b = 2 + m + 2 + n = 4 + m + n$$

sowie

$$ab = (2 + m)(2 + n) = 4 + 2(m + n) + mn ,$$

also

$$ab = 4 + m + n + m + n + mn = a + b + (m + n + mn) ,$$

woraus wegen $m + n > 0$ und $mn > 0$ schließlich $ab > a + b$ folgt.

3. Lösungsweg

Wegen $a > 2$, $b > 2$ gilt $\dfrac{1}{a} + \dfrac{1}{b} < \dfrac{1}{2} + \dfrac{1}{2} = 1$, also $\dfrac{a + b}{ab} < 1$

und folglich wegen $ab > 0$ auch $a + b < ab$.

L 3.10

1. Lösungsweg
a) I. Wenn ein Paar $[a; b]$ natürlicher Zahlen die Bedingungen (1), (2), (3) erfüllt, so ist a wegen (1) eine der Zahlen 0, 1, 2, 3.
Wäre $a = 0$, so folgte aus (2) der Widerspruch $b < 0$ gegen die Eigenschaft von b, natürliche Zahl zu sein. Also ist $a \neq 0$.
Wäre $a = 1$, so folgte aus (2) zunächst $b = 0$ und damit $a + b = 1$ im Widerspruch zu (3). Also ist $a \neq 1$.
Für $a = 2$ folgt aus (2), (3) einerseits $b < 2$, andererseits $b > 0$, also $b = 1$.
Für $a = 3$ folgt aus (2) die Ungleichung $b < 3$.
Daher können nur die Paare $[2; 1]$, $[3; 0]$, $[3; 1]$, $[3; 2]$ natürlicher Zahlen die Bedingungen erfüllen.
II. Für alle diese Paare ist in der Tat $a < 4$; ferner hat $a - b$ für sie die Werte 1, 3, 2, 1, die sämtlich größer als 0 sind; schließlich hat $a + b$ die Werte 3, 3, 4, 5, die sämtlich größer als 2 sind.
Also sind die oben angegebenen vier Paare sämtliche Paare, die die Bedingungen der Aufgabe erfüllen.
b) Gäbe es ein Paar $[a; b]$ ganzer Zahlen mit (1), (2), (3) und $a < 0$, so folgte aus (2) auch $b < 0$ und damit $a + b < 0$ im Widerspruch zu (3). Also gibt es kein derartiges Paar.

Gäbe es ein Paar $[a; b]$ ganzer Zahlen mit (1), (2), (3) und $b < 0$, so folgte $b \leqq -1$, aus (1) aber $a \leqq 3$ und damit $a + b \leqq 2$ im Widerspruch zu (3). Also gibt es auch kein derartiges Paar. Damit ist der geforderte Beweis erbracht.

2. Lösungsweg

I. Wenn ein Paar $[a; b]$ *ganzer* Zahlen die Bedingungen (1), (2), (3) erfüllt, so folgt aus (2) und (3) durch Addition $2a > 2$ und hieraus

$$a > 1 . \tag{4}$$

Aus (3) und (2) folgt ferner

$$2 - a < b < a . \tag{5}$$

Wegen (1), (4) kann a nur eine der Zahlen 2, 3 sein.
Ist $a = 2$, so folgt aus (5), daß $0 < b < 2$, also $b = 1$ ist. Ist $a = 3$, so folgt aus (5), daß $-1 < b < 3$, also b eine der Zahlen 0, 1, 2, ist. Daher kann ein Paar ganzer Zahlen $[a; b]$ nur dann (1), (2), (3) erfüllen, wenn es eines der Paare $[2; 1]$, $[3; 0]$, $[3; 1]$, $[3; 2]$ ist.
Bereits mit dieser Aussage ist der *Aufgabenteil b)* gelöst, da die angegebenen Paare keine negativen Zahlen enthalten.

II. Wie a) II im 1. Lösungsweg

L 3.11   Ein Bruch ist genau dann negativ, wenn entweder sein Zähler positiv und sein Nenner negativ oder wenn sein Zähler negativ und sein Nenner positiv ist.
Angenommen, es gäbe eine rationale Zahl a mit $3a - 2 > 0$ und $a + 1 < 0$.
Dann folgte aus $3a - 2 > 0$ einerseits $a > \dfrac{2}{3}$ und aus $a + 1 < 0$ andererseits $a < -1$. Da es keine rationale Zahl gibt, die gleichzeitig größer als $\dfrac{2}{3}$ und kleiner als -1 ist, war unsere Annahme falsch. Daher ist die gegebene Ungleichung genau für diejenigen Zahlen a erfüllt, für die $3a - 2 < 0$ und $a + 1 > 0$ gilt.
Nun ist $3a - 2 < 0$ gleichbedeutend mit $a < \dfrac{2}{3}$ und $a + 1 > 0$ mit $a > -1$.

Diese beiden Bedingungen werden genau von allen rationalen Zahlen a erfüllt, für die

$$-1 < a < \frac{2}{3}$$

gilt.
Folglich sind alle rationalen Zahlen a mit $-1 < a < \dfrac{2}{3}$ und nur diese Lösungen der gegebenen Ungleichung.

4.   Logisch-kombinatorische Aufgaben

L 4.1   Da Roberts Aussage falsch war, hatte weder Rudolf noch Emil recht. Das bedeutet aber, daß vom Standpunkt der beiden Wanderer aus die Entfernung bis Neustadt weder größer noch kleiner als 5 km war. Daher betrug sie genau 5 km.

L 4.2   Nach den Erklärungen des Ortskundigen würden alle drei Richtungsschilder auf den richtigen Weg weisen, wenn die beiden falschen Schilder miteinander ausgetauscht würden, da genau zwei der drei Schilder falsch und folglich genau eines richtig beschriftet waren. Weil der Wanderer aus Altdorf kam,

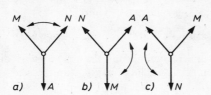

konnte er leicht feststellen, ob das Richtungsschild, das nach Altdorf wies, richtig oder falsch beschriftet war. Wenn es richtig beschriftet war (↗ Bild L 4.2a)), mußten die beiden anderen falsch sein, und er ging den Weg, auf den das Schild „Mittendorf" wies. Wenn es aber falsch beschriftet war (↗ Bilder L 4.2b), c)), konnte er sich dieses Schild mit dem Richtungsschild „Altdorf" vertauscht

Bild L 4.2

denken, und nach dieser Vertauschung wiesen alle drei Schilder — auch das nach „Neudorf" — in die richtige Richtung.

L 4.3   Angenommen, die Aussage „Frank erhielt einen zweiten Preis" wäre wahr. Dann müßten die beiden anderen Aussagen falsch sein. Das würde aber bedeuten, daß Klaus ebenfalls einen zweiten Preis erhielt, im Widerspruch zur Aufgabe. Also ist die oben betrachtete Aussage falsch.
Angenommen, die Aussage „Klaus erhielt keinen zweiten Preis" wäre wahr. Dann müßten die beiden anderen Aussagen falsch sein. Das würde jedoch bedeuten, daß keiner der drei Schüler einen zweiten Preis erhielt, im Widerspruch zur Aufgabe. Also ist auch diese Aussage falsch.
Mithin kann nur die Aussage „Silvia erhielt keinen ersten Preis" wahr sein. Da damit die beiden anderen Aussagen falsch sind, erhielt Klaus einen zweiten Preis. Ferner kann von den drei Schülern nur Frank einen ersten Preis und mithin Silvia einen dritten Preis errungen haben. Nur bei dieser Preisvertei-

lung ist genau eine von Rainers Aussagen wahr, und die anderen beiden sind falsch.

L 4.4   Da (2) falsch ist, belegte Elke weder den vorletzten noch einen besseren Platz, sie wurde also Fünfte. Da (1) falsch ist, kam Christa unmittelbar vor Elke ins Ziel und wurde daher Vierte. Da (4) falsch ist, belegte Franziska den dritten Platz. Folglich verblieben der erste bzw. zweite Platz für Doris bzw. Gitta. Da (3) falsch ist, lief Doris nicht schneller als Gitta. Da ihre Zeit ferner nicht dieselbe war wie die Gittas, belegte sie mithin den zweiten Platz und Gitta den ersten.
Die tatsächliche Reihenfolge des Einlaufs lautete daher:
Gitta, Doris, Franziska, Christa, Elke.

L 4.5   *Aussage (1) ist wahr*, weil höchstens 30% aller Teilnehmer beide Abzeichen erworben haben konnten und 30% weniger als die Hälfte von 70% sind.
Bei *Aussage (2)* kann allein mit den vorliegenden Angaben *nicht entschieden* werden, ob sie wahr oder falsch ist. Sie ist genau dann wahr, wenn jeder Teilnehmer genau eines dieser Abzeichen erworben hat.
Aussage (3) ist falsch, weil höchstens 30% aller Teilnehmer beide Abzeichen erworben haben konnten, also mindetens 40% aller Teilnehmer nur das Sportabzeichen erhielten.
Aussage (4) ist wahr, weil es bereits vor, also erst recht nach einer Erhöhung der Anzahl der Sportabzeichenträger von diesen mehr gab als Träger des Touristenabzeichens.

L 4.6   Angenommen, Christoph hätte den Fingerhut, dann wäre Birgits Aussage falsch, im Widerspruch zu den Spielregeln. Deshalb hat Christoph den Fingerhut nicht.
Angenommen, Birgit hätte den Fingerhut, dann wäre Anjas Aussage falsch, im Widerspruch zu den Spielregeln. Daher hat Birgit den Fingerhut auch nicht.
Folglich kann höchstens Anja den Fingerhut haben. Tatsächlich ist in diesem Fall Anjas Aussage falsch, und die Aussagen von Birgit und Christoph sind wahr.
Also steht eindeutig fest, daß Anja den Fingerhut an sich genommen hatte.

L 4.7   Das Alter eines jeden Schülers sei mit dem Anfangsbuchstaben seines Vornamens bezeichnet.
Angenommen, (5) wäre wahr. Dann folgte erstens, daß (1) und (4) nicht beide gleichzeitig wahr sein könnten; zweitens folgte auch, daß (7) und (3) nicht beide gleichzeitig wahr sein könnten. Also gäbe es unter den Aussagen (1) bis (7) mehr als eine falsche, im Widerspruch zur Aufgabe. Damit ist die Annahme, (5) wäre wahr, widerlegt.
Folglich ist (5) die gesuchte falsche Aussage, und (1), (2), (3), (4), (6), (7) sind wahr. Nun folgt aus (2), daß $B < C$ gilt, aus (7) folgt $C < D$, aus (6) folgt $D < E$ und aus (1) folgt $E < A$. Die verlangte Reihenfolge der Schüler lautet mithin:
Berta, Christine, Dieter, Elvira, Anton.

L 4.8 Angenommen, die Aussagen (1), (2), (3), (4), (5), (6) wären sämtlich wahr, dann hätte wegen (3) und (4) jedes Ehepaar wenigstens ein Mädchen. Wegen (1), (4), (5) und (6) müßte folglich die Anzahl der Jungen kleiner sein als die Anzahl der Ehepaare und damit erst recht kleiner als die Anzahl der Mädchen, im Widerspruch zu (2). Brigitte hatte also mit ihrem Einwand recht.

L 4.9 Jedes der drei Gehäuse wird mit einem der vier verschiedenen Zifferblätter ausgestattet. Wegen $3 \cdot 4 = 12$ sind das 12 verschiedene Möglichkeiten für die Ausführung von Uhren. Nun kann jede dieser 12 Ausführungen mit je einer der beiden verschiedenen Zeigerausführungen versehen werden. Wegen $12 \cdot 2 = 24$ sind das insgesamt 24 verschiedene Möglichkeiten für die Ausführungen von Uhren. Da es keine weiteren Möglichkeiten gibt, beträgt somit die Anzahl aller voneinander verschiedenen Ausführungen von Uhren unter den gegebenen Umständen 24.

L 4.10 (*Vorbemerkung:* Im folgenden wird zur Erhöhung der Deutlichkeit die nachfolgende Bezeichnungsweise verwendet, die in Schülerlösungen natürlich nicht gefordert wird:
(1) Kommen in einer Ziffernfolge nur die Ziffern 0, ..., 9 selbst vor, aber keine Variable, die solche Ziffern vertreten, so bezeichnet wie üblich die (*ohne* weitere Kennzeichen) geschriebene Ziffernfolge zugleich auch die durch sie dekadisch dargestellte Zahl.
(2) Kommen dagegen in einer Ziffernfolge auch Variable vor, die Ziffern vertreten, so bezeichne — zur Vermeidung von Verwechslungen mit der Produktbildung — der *Querstrich* den Übergang von der Ziffernfolge zu der durch sie dekadisch dargestellten Zahl. Diese Bezeichnungsweise wird aus Gründen der Konsequenz auch bei einziffrigen Zahlen beibehalten.
Ferner wird diese Bezeichnungsweise auch für den Fall zugelassen, daß eine am Anfang stehende Variable die Ziffer 0 vertritt.)
Bezeichnet man die beiden fehlenden Ziffern der gesuchten Zahl mit x bzw. y, so können Zahlen der angegebenen Art nur die folgenden Formen haben:

a) $\overline{xy1970}$ mit $1 \leq x \leq 9$ und $0 \leq y \leq 9$,

b) $\overline{x1970y}$ mit $1 \leq x \leq 9$ und $0 \leq y \leq 9$,

c) $\overline{1970xy}$ mit $0 \leq x \leq 9$ und $0 \leq y \leq 9$.

Alle diese Zahlen sind voneinander verschieden, denn gehören zwei von ihnen zu derselben mit a), b) oder c) bezeichneten Gruppe, so ist diejenige von ihnen die kleinere, in der auch die aus $\bar{x}$ und $\bar{y}$ gebildete zweistellige Zahl $\overline{xy}$ die kleinere ist. Gehören sie dagegen zu verschiedenen Gruppen, so unterscheiden sie sich (z. B.) in ihrer dritten Ziffer.
In Gruppe a) und b) gibt es nun jeweils genau so viele Zahlen der geforderten Art, wie es Zahlen $\overline{xy}$ mit $10 \leq \overline{xy} \leq 99$ gibt, das sind je genau 90 Zahlen, in Gruppe c) so viele, wie es Zahlen $\overline{xy}$ mit $0 \leq \overline{xy} \leq 99$ gibt, das sind genau 100 Zahlen. Somit beträgt die gesuchte Anzahl $2 \cdot 90 + 100 = 280$.
Nach dem Vorherigen ist ferner jeweils die kleinste bzw. die größte Zahl
in Gruppe a) 101970 bzw. 991970,
in Gruppe b) 119700 bzw. 919709,
in Gruppe c) 197000 bzw. 197099.
Folglich ist die insgesamt kleinste der beschriebenen Zahlen die Zahl 101970 und die insgesamt größte die Zahl 991970.

L 4.11 Ordnet man z. B. die möglichen Würfe und die dazugehörigen Summen der jeweiligen beiden Augenzahlen in Form nachstehender Tabelle an, so stellt man fest, daß in der Tat die Summe 7 am häufigsten auftritt.

Augenzahl des schwarzen Würfels	weißen Würfels					
	1	2	3	4	5	6
1	2	3	4	5	6	7
2	3	4	5	6	7	8
3	4	5	6	7	8	9
4	5	6	7	8	9	10
5	6	7	8	9	10	11
6	7	8	9	10	11	12

L 4.12 Wegen $1 = 1$; $2 = 2$; $1 + 2 = 3$; $1 + 1 + 2 = 4$; $5 = 5$; $1 + 5 = 6$; $2 + 5 = 7$; $1 + 2 + 5 = 8$; $1 + 1 + 2 + 5 = 9$ lassen sich alle vorgeschriebenen Wägungen im Bereich von 1 g bis 9 g mit zwei 1 g-Stücken, einem 2 g-Stück und einem 5 g-Stück ausführen. Das ist in diesem Bereich mit den zulässigen Sorten auch zugleich die Zusammenstellung mit der geringsten Gesamtmasse; denn da von jeder Sorte mindestens ein Stück vorhanden sein soll, muß wegen $1 + 2 + 5 = 8$ die Gesamtmasse der Wägestücke größer als 8 g, also mindestens gleich 9 g sein.

Analog erhält man, daß für die weiteren Maßbereiche zwei 10 g-Stücke, ein 20 g-Stück, ein 50 g-Stück, zwei 100 g-Stücke, ein 200 g-Stück, ein 500 g-Stück und ein 1 kg-Stück diejenige Zusammenstellung von Wägestücken ist, mit der alle verlangten Wägungen durchführbar sind und bei der gleichzeitig die Gesamtmasse aller Wägestücke möglichst klein ist.

L 4.13 a) Für $n = 7$ erhält man

$7 = 1 + 6$,
$7 = 2 + 5$,
$7 = 3 + 4$, also insgesamt 3 Darstellungen.

b) Für $n = 10$ erhält man

$10 = 1 + 9$,
$10 = 2 + 8$,
$10 = 3 + 7$,
$10 = 4 + 6$, also insgesamt 4 Darstellungen.

c) Ist n ungerade, so treten in sämtlichen genannten Darstellungen genau die Zahlen $1, \ldots, n - 1$ als Summanden auf, und zwar jede genau einmal. Da hierbei in jeder Darstellung genau zwei dieser Summanden vorkommen, ist die Anzahl aller Darstellungen folglich $\dfrac{n - 1}{2}$.

Ist n gerade, so treten dagegen nur die Zahlen $1, \ldots, n-1$ mit Ausnahme der Zahl $\frac{n}{2}$ auf. Diese Ausnahme rührt daher, daß in einer Darstellung von n mit einem Summanden $\frac{n}{2}$ der zweite Summand ebenfalls $\frac{n}{2}$ lauten müßte, also nicht vom ersten verschieden wäre.

Daher beträgt in diesem Falle die gesuchte Anzahl von Darstellungen

$$\frac{n-2}{2} = \frac{n}{2} - 1 \,.$$

L 4.14 Die größte Anzahl von Kugeln, die Ulrike unter der Bedingung herausnehmen kann, daß sich unter ihnen keine 9 von gleicher Farbe befinden, beträgt 34, nämlich 8 rote, 8 blaue, 8 schwarze, 8 weiße und die beiden grünen. Nimmt sie zu diesen 34 Kugeln nun noch eine weitere heraus, dann kann diese Kugel nur eine der vier Farben rot, blau, schwarz oder weiß haben. In jedem Falle erhält Ulrike also 9 Kugeln von gleicher Farbe. Die kleinste Anzahl von Kugeln, bei denen sie das mit Sicherheit erreicht, beträgt daher 35.

L 4.15 *Cornelias* Meinung ist *falsch*; denn greift man 12 Kugeln heraus, können jeweils 4 von roter, blauer bzw. gelber Farbe sein.

Brigits Meinung ist *wahr*; denn wenn unter beliebigen 12 von 13 Kugeln keine 5 von gleicher Farbe sind, müssen jeweils 4 von roter, blauer bzw. gelber Farbe sein. Dann hat aber die 13. Kugel ebenfalls eine dieser drei Farben. Von dieser Farbe existieren mithin unter den 13 Kugeln dann 5.

Ankes Meinung ist ebenfalls *wahr*; denn wenn schon 13 Kugeln genügen, um mit Sicherheit zu erreichen, daß sich unter ihnen 5 von gleicher Farbe befinden, so erst recht 15 Kugeln.

L 4.16 Es genügt, alle möglichen voneinander verschiedenen Verteilungen der Kugeln auf einen der Kästen (z. B. A) zu betrachten, da dadurch die Verteilung der restlichen Kugeln auf den Kasten B eindeutig bestimmt ist.

Der Kasten A kann höchstens 1 schwarze, höchstens 2 weiße und höchstens 3 rote Kugeln enthalten. Alle möglichen voneinander verschiedenen Verteilungen gibt daher das folgende Schema an. Dabei bedeuten: r $\triangleq$ rote Kugel, s $\triangleq$ schwarze Kugel, w $\triangleq$ weiße Kugel.

	A	B
1.	r r r	r s w w
2.	r r s	r r w w
3.	r r w	r r s w
4.	r s w	r r r w
5.	r w w	r r r s
6.	s w w	r r r r

Nach der Aufgabenstellung müssen an dem Koffer, an dem die erste Probe durchgeführt wurde, genau so viel Proben vorgenommen werden, bis zu ihm der passende Schlüssel ermittelt ist. Das ist frühestens nach einer Probe, spätestens nach 9 Proben der Fall; denn wenn 9 Schlüssel nicht passen, muß der zehnte passen.

Ist der passende Schlüssel für den ersten Koffer gefunden, dann verfährt man mit den restlichen 9 Koffern und 9 Schlüsseln entsprechend, d. h., man führt an dem nächsten Koffer die entsprechenden Proben durch, das sind mindestens eine Probe und höchstens 8 Proben. Indem man so fortfährt, erhält man:

a) Wegen $1 + 1 + 1 + 1 + 1 + 1 + 1 + 1 + 1 = 9$ kann frühestens nach 9 Proben zu jedem Koffer der passende Schlüssel gefunden sein.

b) Wegen $9 + 8 + 7 + 6 + 5 + 4 + 3 + 2 + 1 = 45$ ist spätestens nach 45 Proben zu jedem Koffer der passende Schlüssel gefunden.

Die Wörter „Junge Welt" lassen sich in der angegebenen Art auf insgesamt 56 verschiedene Weisen lesen. Ein Weg zur Ermittlung dieser Anzahl ist folgender:

Man schreibt an jeden Buchstaben des gegebenen Schemas die Anzahl der Wege, die von ihm in Pfeilrichtung zum Endbuchstaben „T" führen. Dabei

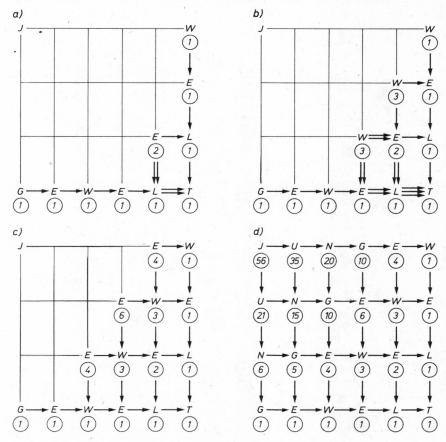

Bild L 4.18

erhält man für alle Buchstaben in der letzten Zeile und für alle Buchstaben in der letzten Spalte die Zahl 1. Nun ergänzt man allmählich von Buchstaben zu Buchstaben, wie es die Bilder L 4.18 a) bis c) zeigen.

Dabei erkennt man, daß die Anzahl der Wege von irgendeinem Buchstaben zum Endbuchstaben „T" gleich der Summe der (vorher ermittelten) Wegeanzahlen des unmittelbar rechts neben und des unmittelbar unter ihm stehenden Buchstabens ist. So erhält man schließlich das in Bild L 4.18 d) wiedergegebene Schema.

Anmerkung: Wer über Kenntnisse auf dem Gebiet der Kombinatorik verfügt, erkennt, daß es sich bei diesem Problem um einen Spezialfall von Permutationen mit Wiederholungen handelt:

$$\left(\overline{P_8} = \frac{8!}{5! \cdot 3!} = 56 \right).$$

L 4.19 In der 3. und 4. Spalte liegt im Uhrzeigersinn die verlangte Buchstabenfolge L, F, G, A vor. Damit L und F sowie A und G jeweils übereinander liegen, beginnt man, indem man $\frac{A}{L}$ unter $\frac{G}{F}$ faltet. Um zu erreichen, daß G und F aufeinanderliegen, faltet man O N G (wobei A mitgeführt wird) auf W G F (worunter L liegt).

Nun liegen $\frac{O}{W}$ daneben $\frac{N}{G}$ sowie daneben $\begin{matrix}A\\G\\F\\L\end{matrix}$ jeweils in dieser Reihenfolge untereinander. Die letztgenannten vier Buchstaben legt man um auf N (worunter G liegt), um L F G A N G zu erhalten.

Schließlich faltet man O (wobei W mitgeführt wird) auf L (worunter F G A N G liegt) und erhält dadurch das Papier so gefaltet, daß die Buchstaben in der Reihenfolge W, O, L, F, G, A, N, G übereinanderliegen.

L 4.20 Die unterste Schicht besteht aus 9 Reihen, von denen die erste genau 1 Büchse und jede weitere genau eine Büchse mehr als die unmittelbar vorhergehende hat. Die neunte Reihe enthält demnach genau 9 Büchsen. Folglich ist die Zahl aller Büchsen dieser Schicht gleich der Summe der natürlichen Zahlen von 1 bis 9, also gleich 45.

Die unmittelbar darüberstehende Schicht enthält genau eine Reihe weniger, nämlich die mit 9 Büchsen, mithin also genau 36 Büchsen. Entsprechendes gilt auch für alle übrigen Schichten. Somit erhält man:

Erste Schicht:	45	
zweite Schicht:	36	= 45 — 9
dritte Schicht:	28	= 36 — 8
vierte Schicht:	21	= 28 — 7
fünfte Schicht:	15	= 21 — 6
sechste Schicht:	10	= 15 — 5
siebente Schicht:	6	= 10 — 4
achte Schicht:	3	= 6 — 3
neunte Schicht:	1	= 3 — 2
Insgesamt:	165	

Für den Bau der „Pyramide" wurden insgesamt 165 Konservenbüchsen verwendet.

L 4.21 Da die Seitenlängen der quadratischen Fläche 100 cm und die Länge jedes Streichholzes 5 cm betragen, lassen sich mit Hilfe der Streichhölzer genau 21 waagerechte Reihen zu je 20 Streichhölzern und genau 21 senkrechte Reihen zu je 20 Streichhölzern bilden. Dadurch ist die Fläche in der geforderten Weise in (insgesamt 400) gleichgroße Quadratflächen aufgeteilt worden. Wegen $2 \cdot 21 \cdot 20 = 840$ reichen mithin 840 Streichhölzer dafür aus.

L 4.22 Bezeichnet man die gesuchte Zahl der Teilnehmer mit n, dann erhält man alle Möglichkeiten, zwei Spieler zu einer Partie zusammenzustellen, indem man jeden der n Teilnehmer mit jedem der $(n-1)$ anderen Teilnehmer als zweiten Partner zusammenstellt. Dabei wird aber jede mögliche Zusammenstellung genau zweimal erhalten, indem nämlich jeder der beteiligten Partner einmal als erster und einmal als zweiter Partner aufgestellt wird. Die Anzahl $n(n-1)$ der hiernach gebildeten Möglichkeiten (wobei jede zweimal erhalten wurde) ist also bereits die Anzahl aller ausgetragenen Partien (da jeder Teilnehmer gegen jeden Teilnehmer genau zwei Partien spielte). Laut Aufgabe wurden nun insgesamt 72 Partien gespielt.
Wegen $72 = 2 \cdot 2 \cdot 2 \cdot 3 \cdot 3$ hat 72 genau die folgenden Zerlegungen in zwei natürliche Zahlen als Faktoren (wobei die Reihenfolge der Faktoren nicht berücksichtigt wird):

$$72 = 72 \cdot 1 = 36 \cdot 2 = 24 \cdot 3 = 18 \cdot 4 = 12 \cdot 6 = 9 \cdot 8 \,.$$

Unter diesen hat genau die Zerlegung $72 = 9 \cdot 8$ die Eigenschaft, daß der erste Faktor um 1 größer ist als der zweite. Also gilt genau dann $72 = n(n-1)$, wenn $n = 9$ ist.
Die gesuchte Anzahl der Teilnehmer beträgt daher 9.

L 4.23 Da es genau 3 Möglichkeiten gibt, aus den 3 Spielern ein Paar von gegeneinander Spielenden auszuwählen, so ist nach (1) die Anzahl aller Spiele das Dreifache derjenigen Partienanzahl, die jeweils ein solches Paar gegeneinander austrug.

Das Doppelte dieser Partienanzahl und somit $\frac{2}{3}$ aller Spiele des Turniers betrug daher die Anzahl derjenigen Spiele, an denen jeweils einer der Spieler überhaupt teilnahm. Daraus folgt:
(6) Jeder der drei Spieler nahm an genau $\frac{2}{3}$ aller Spiele teil.

Wegen (3) und (6) gewann infolgedessen Andreas genau $\frac{2}{3} \cdot \frac{2}{3} = \frac{4}{9}$ aller Spiele und wegen (4) und (6) Birgit genau $\frac{3}{4} \cdot \frac{2}{3} = \frac{1}{2}$ aller Spiele.

Somit gewannen Andreas und Birgit wegen $\frac{4}{9} + \frac{1}{2} = \frac{17}{18}$ insgesamt genau $\frac{17}{18}$ aller Spiele.

Daher und weil wegen (2) jedes Spiel von genau einem Spieler gewonnen sein mußte, gewann Claudia genau $\frac{1}{18}$ aller Spiele.

Da dies andererseits nach (5) genau ein Spiel war, wurden folglich genau 18 Spiele bei diesem Turnier ausgetragen.

L 4.24 a) Da in diesem Haus genau 16 Mietsparteien wohnen, und zwar in jeder Etage und im Erdgeschoß jeweils genau 2, hat das Haus genau 7 Stockwerke.

b) Bezeichnet man die Mietsparteien mit dem Anfangsbuchstaben ihres Namens, dann lassen sich die Angaben der Aufgabe in den folgenden Schemata zusammenfassen:

(1) B (2) F, G
.   .
A M
.   .
.   .
R O, P
C N

Dabei bedeuten die Punkte, daß über die Mietsparteien dieser Etagen nichts bekannt ist.

Da in jeder Etage genau zwei Mietsparteien wohnen, kann B nicht in der gleichen Etage wie F, G wohnen. Da das Haus genau 7 Stockwerke hat, kann wegen (1) und (2) B nur entweder unmittelbar über oder unmittelbar unter F, G wohnen.

Würde B unmittelbar über F, G wohnen, dann müßte C in derselben Etage wie O, P wohnen, was laut Aufgabe nicht der Fall ist. Also erhält man genau die folgende Verteilung der Wohnungen:

7. Stock: $F, \quad G$
6. Stock: $B, \quad .$
5. Stock: $M, \quad .$
4. Stock: $A, \quad .$
3. Stock: $., \quad .$
2. Stock: $O, \quad P$
1. Stock: $R, \quad N$
Erdgeschoß: $C, \quad .$

Daraus folgt, daß Familie Albrecht im 4. Stock wohnt.

L 4.25 Bernd saß neben Anja und Cathrin. Da laut Aufgabe keiner der Jungen neben seiner Schwester saß, kann er nur Evas Bruder sein. Dirk saß zwischen Cathrin und Eva, kann also aus dem gleichen Grunde nur Anjas Bruder sein. Die Zwillinge Frank und Gerold schließlich können aus dem gleichen Grunde weder Anjas noch Evas Brüder sein. Sie sind mithin Cathrins Brüder.

L 4.26 Wir bezeichnen die Namen der Lehrer abkürzend mit S, U bzw. K, die der Fächer mit d, r, g, m, p bzw. b. Dabei bedeute $S = d$, daß Herr Schulze das Fach Deutsch unterrichtet; $S \neq b$ bedeute, daß Herr Schulze nicht im Fach Biologie unterrichtet usw.

Aus (1) und (2) folgt $S \neq b$ und $S \neq p$; aus dem ersten Teil von (3) folgt analog $S \neq r$ und $S \neq m$. Wegen (1) muß daher

$$S = d \quad \text{und} \quad S = g$$

gelten. Ebenfalls wegen (1) gilt $K \neq d$ und $K \neq g$, und da aus dem zweiten Teil von (3) die Beziehungen $K \neq b$ und $K \neq r$ folgen, gilt wegen (1) mithin

$$K = m \quad \text{und} \quad K = p.$$

Ebenfalls wegen (1) folgt schließlich

$$U = r \quad \text{und} \quad U = b.$$

Damit ist gezeigt, daß auf Grund der Angaben nur folgende Verteilung möglich ist:
Herr Schulze unterrichtet Deutsch und Geschichte,
Herr Ufer unterrichtet Russisch und Biologie,
Herr Krause unterrichtet Mathematik und Physik.
(In der folgenden Tabelle bedeute „(2)-nein" im Feld S/b, daß Herr Schulze wegen (2) nicht in Biologie unterrichtet; usw.)

	d	r	g	m	p	b
S	ja	(3a)-nein	ja	(3a)-nein	(2)-nein	(2)-nein
U	(1)-nein	ja	(1)-nein	(1)-nein	(1)-nein	ja
K	(1)-nein	(3b)-nein	(1)-nein	ja	ja	(3b)-nein

L 4.27   Wir fertigen eine Tabelle an, in der alle Zeiten, in denen eine Teilnahme des betreffenden Kollegen am Lehrgang nicht erfolgen kann, durch ein Kreuz ($\times$) gekennzeichnet werden. Die Kenn-Nr. bezeichnet an erster Stelle die Woche, an zweiter Stelle die Wochenhälfte. Die Namen der Arbeiter werden nur mit den Anfangsbuchstaben angegeben. Die in Klammern gesetzten Kleinbuchstaben zeigen, in welcher Reihenfolge die Teilnahmezeiten ermittelt wurden, eine Begründung findet sich jeweils im Text unter dem entsprechenden Buchstaben.
Die Spalte D ergibt sich aus (3) und (8). Da Lehmann nur in der ersten Hälfte einer jeden Woche teilnehmen kann, kann D zu diesem Zeitpunkt nicht eingesetzt werden.

Kenn-Nr.	Zeit vom	A	B	D	F	G	H	K	L	Teilnehmer
1.1.	1. bis 3. 11.		×	×	(e)	×	×			Funke
1.2.	4. bis 6. 11.		(d)				×		×	Bauer
2.1	8. bis 10. 11.	(h)	×	×		×	×	×		Arnold
2.2	11. bis 13. 11.		×				(c)	×	×	Hansen
3.1	15. bis 17. 11	×	×	×	×	×	×	×	(a)	Lehmann
3.2	18. bis 20. 11.	×	(b)	×				×	×	Donath
4.1	22. bis 24. 11.		×	×	×	×	×	(f)		Krause
4.2	25. bis 27. 11.	×		×	(g)	×		×	×	Große

Begründungen:

(a) Aus Zeile 3.1. ergibt sich, daß L nur vom 15. bis 17. 11. eingesetzt werden kann. In Spalte L sind somit alle leeren Felder mit einem Kreuz zu versehen.

(b) Wegen (3) muß danach D vom 8. bis 20. 11. abgeordnet werden. Also wird in alle leeren Felder der Zeile 3.2 und ebenso der Spalte D nunmehr ein Kreuz eingetragen.

Indem man analog fortfährt, ergibt sich:

(c) H nimmt vom 11. bis 13. 11. teil, und für F entfällt wegen (6) der 8. bis 10. 11.

(d) B nimmt vom 4. bis 6. 11.,

(e) F vom 1. bis 3. 11.,

(f) K vom 22. bis 24. 11.,

(g) G vom 25. bis 27. 11.,

(h) A vom 8. bis 10. 11. 1976 teil.

Es ist also möglich, und zwar auf genau eine Weise, in der vorgesehenen Zeit jeweils einen Arbeiter zum Lehrgang zu delegieren. Die Reihenfolge ergibt sich aus der Tabelle.

Hinweis: Die bloße Angabe einer Tabelle ohne begründenden Text reicht nicht zu einer vollen Punktbewertung aus, da gezeigt werden muß, daß dies die einzige Möglichkeit ist.

L 4.28 Eine mögliche Lösung ist in Bild L 4.28 dargestellt.

1	2	3	4	5
4	5	1	2	3
2	3	4	5	1
5	1	2	3	4
3	4	5	1	2

Bild L 4.28

L 4.29 Zum Beweis wird ein Verfahren angegeben, das nach drei Wägungen sicher zum Ziel führt:

Wir bezeichnen die Kugeln mit $K_1, \ldots, K_5$. Bei der ersten Wägung lege man je eine Kugel, etwa K_1 und K_2, auf eine Waagschale, bei der zweiten Wägung nehme man zwei weitere, bisher nicht gewogene Kugeln, etwa K_3 und K_4. Dann können die ersten beiden Wägungen nur folgende Resultate haben (in der Übersicht bedeutet Gl. = Gleichgewicht und n. Gl. = nicht Gleichgewicht):

Fall	1. Wägung	2. Wägung
(a)	Gl.	Gl.
(b)	Gl.	n. Gl.
(c)	n. Gl.	Gl.
(d)	n. Gl.	n. Gl.

Im Fall (a) vergleicht man in der 3. Wägung eine Kugel der 1. Wägung, etwa K_1 mit K_5.

Herrscht Gleichgewicht, so sind K_3 und K_4 die gesuchten Kugeln, andernfalls sind es K_1 und K_2.

Die Fälle (b) und (c) lassen sich durch Umnumerierung aufeinander zurückführen. Es genügt daher, einen dieser Fälle zu betrachten, o.B.d.A. den Fall (b).

Man vergleiche in diesem Falle in der 3. Wägung eine der beiden Kugeln K_1 oder K_2 mit einer der Kugeln K_3 oder K_4. Es werde z. B. K_1 mit K_3 verglichen. Herrscht Gleichgewicht, so sind K_4 und K_5 die gesuchten Kugeln, herrscht kein Gleichgewicht, so sind es K_3 und K_5. Im Fall (d) vergleiche man schließlich eine der gewogenen Kugeln, etwa K_1, mit K_5. Es sei o.B.d.A. die Kugel K_1 leichter als K_2. Ebenso sei o.B.d.A. K_3 leichter als K_4. Herrscht nun beim Vergleich von K_1 mit K_5 Gleichgewicht, so sind K_2 und K_4 die gesuchten Kugeln; herrscht kein Gleichgewicht, so sind es K_1 und K_3. In jedem Falle (und andere Fälle gibt es nicht) hat man die beiden gesuchten Kugeln mit drei Wägungen ermittelt.

L 4.30 Wir bezeichnen im folgenden die Karten durch die auf ihnen stehenden Ziffern. Es gibt insgesamt 20 Möglichkeiten, aus 6 Karten 3 verschiedene auszuwählen, nämlich:

1, 2, 3	1, 2, 4	1, 2, 5	1, 2, 6
	1, 3, 4	1, 3, 5	1, 3, 6
		1, 4, 5	1, 4, 6
			1, 5, 6
	2, 3, 4	2, 3, 5	2, 3, 6
		2, 4, 5	2, 4, 6
			2, 5, 6
		3, 4, 5	3, 4, 6
			3, 5, 6
			4, 5, 6

Hat ein Spieler die Karten 5 und 6, dann erhält er stets (mindestens) 2 Stiche. Das gilt auch, wenn er die Karten 3, 4, 5 besitzt. Ferner gewinnt er stets, wenn er die Karten 4 und 6, aber nicht 5 hat; denn hierzu braucht er z. B. nur zuerst die dritte Karte, die er außer 4 und 6 noch hat, aufzulegen. Auf diese Weise kann er stets erzwingen, daß entweder diese Karte oder seine 4 einen Stich gewinnt; ein weiterer Stich ist ihm durch die 6 sicher. Schließlich gewinnen auch stets die Karten 2, 3, 6, da die 1 des Gegenspielers stets gestochen werden kann. Es muß nur so gespielt werden, daß das nicht mit der 6 geschieht, d. h., der Besitzer der 6 darf diese, wenn er auszuspielen beginnt, nicht als erste Karte ausspielen.

Verlieren muß auf jeden Fall daher der Spieler, der eine der folgenden Kartenzusammenstellungen hat:

1, 2, 3	1, 2, 4	1, 2, 5	1, 2, 6	1, 3, 4
1, 3, 5	1, 4, 5	2, 3, 4	2, 3, 5	

Hat ein Spieler aber die Karten 1, 3, 6 bzw. 2, 4, 5, dann verliert er, wenn er zuerst ausspielen muß. Im ersten Fall sticht nämlich der Gegenspieler stets die 1, und zwar (wenn sie als erste Karte eines Stiches ausgespielt wird) mit der 2, während er mit einer der Karten 4 bzw. 5 die 3 stechen kann. Im zweiten Fall darf der Gegenspieler nur (mit der 3) stechen, falls der Anspielende die 2 anspielt; andernfalls gibt er den ersten Stich durch Zugeben der 1 ab und kann dann bei dem erneuten Anspiel stets mit der Karte stechen, die die ausgespielte Karte gerade noch sticht. Dadurch erhält er aber auch noch den letzten Stich. Der zuerst Anspielende hat also nur genau 9 (von 20) Möglichkeiten, eine für ihn günstige Kartenzusammenstellung zu erhalten. Daher ist es nicht günstig für Gerd, wenn er stets zuerst ausspielt.

L 4.31 Wegen (1) ist Herr *Meyer* weder der Physiklehrer noch der Mathematiklehrer, also muß er der *Deutschlehrer* sein. Wegen (2) heißt er *Kurt* mit Vornamen, und wegen (3) wohnt er in *Suhl*.

Wegen (1) und (2) ist Herr *Peters* der *Physiklehrer* und hat nicht den Vornamen Kurt. Wegen (3) heißt er auch nicht Karl; also heißt er *Otmar* mit Vornamen. In Suhl kann er nicht wohnen; denn dies trifft ja für Herrn Meyer zu. In Leipzig kann er auch nicht wohnen; denn dies trifft wegen (1) für den Mathematiklehrer zu. Also wohnt er in *Schwerin*.

Folglich verbleibt für Herrn *Siewert* nur die Möglichkeit, daß er *Mathematiklehrer* ist, in *Leipzig* wohnt und mit Vornamen *Karl* heißt.

L 4.32 *1. Lösungsweg*

Angenommen, es gibt eine solche Zuordnung, für die die gemachten Angaben zutreffen.

Dann ist Gerd wegen (3) und (4) weder der Schüler der Klasse 6b noch der Schüler der Klasse 6a noch der der Klasse 5b. Also besucht *Gerd* die Klasse *5a* und liest wegen (2) [oder wegen (3)] die Zeitschrift „*alpha*" regelmäßig.

Folglich gehört Ingo nicht der Klasse 5a an, nach (4) auch nicht den Klassen 6a bzw. 5b. Somit besucht *Ingo* die Klasse *6b* und liest wegen (3) die Zeitschrift „*Frösi*" regelmäßig.

Hans gehört demnach weder der Klasse 5a noch der Klasse 6b an. Da er nach (2) regelmäßig die Zeitschrift „*alpha*" liest, ist er wegen (1) auch nicht der Schüler der Klasse 5b. Also besucht Hans die Klasse *6a*.

Für *Fred* verbleibt somit nur noch die Klasse *5b*. Hiernach und nach (1) liest er regelmäßig die Zeitschrift „*Frösi*".

Damit ist gezeigt: Wenn es eine Zuordnung gibt, für die die gemachten Angaben zutreffen, dann kann es nur die folgende Zuordnung sein.

Vorname	Klasse	Zeitschrift
Gerd	5 a	„alpha"
Fred	5 b	„Frösi"
Hans	6 a	„alpha"
Ingo	6 b	„Frösi"

Man überzeugt sich leicht, daß für diese Zuordnung die gemachten Angaben tatsächlich zutreffen.

Damit ist gezeigt, daß genau diese Zuordnung mit den gemachten Angaben übereinstimmt.

2. Lösungsweg

Angenommen, es gibt eine solche Zuordnung, die die gestellten Bedingungen (1) bis (4) erfüllt.

Da jeder Schüler genau eine der beiden Zeitschriften regelmäßig liest, folgt aus (1) und (3) die Feststellung:

(5)   Die beiden Schüler aus den Klassen 5b bzw. 6b lesen regelmäßig die Zeitschrift „Frösi"; Gerd liest regelmäßig die Zeitschrift „alpha".

Wegen (2) lesen mindestens zwei Schüler regelmäßig die Zeitschrift „alpha". Wegen (5) können dies nur die Schüler aus den Klassen 5a bzw. 6a sein, und wegen (2) folgt hieraus:

(6)   Hans geht in die Klasse 6a und liest regelmäßig die Zeitschrift „alpha".

Aus (3) und (5) folgt dann:

(7)   Fred geht in die Klasse 5b und liest regelmäßig die Zeitschrift „Frösi".

Da Gerd wegen (3) nicht in die Klasse 6b geht, muß er wegen (6) und (7) in die Klasse 5a gehen, woraus dann wegen (5) folgt:

(8)   Gerd geht in die Klasse 5a und liest regelmäßig die Zeitschrift „alpha".

Als letzte Möglichkeit verbleibt danach für Ingo:

(9)   Ingo geht in die Klasse 6b und liest regelmäßig die Zeitschrift „Frösi".

Damit ist gezeigt, wenn es eine Zuordnung gibt, die die Bedingungen (1) bis (4) erfüllt, dann kann es nur die in (6) bis (9) angegebene Zuordnung sein. Man überzeugt sich leicht, daß diese Zuordnung tatsächlich die gegebenen Bedingungen (1) bis (4) erfüllt.

Folglich ist die genannte Zuordnung die einzige, die alle gestellten Bedingungen erfüllt.

Hinweis zur Korrektur: Beim 2. Lösungsweg erkennt man, daß zur Gewinnung der Lösung (Eindeutigkeitsnachweis) die Angabe (4) nicht benötigt wird. Würde man in der Aufgabe die Angabe (4) durch eine Angabe ersetzen, die den Angaben (1), (2), (3) widerspricht (etwa durch

(4')   Der Schüler der Klasse 6a, der Schüler der Klasse 5b und außer diesen beiden noch Hans wurden von Ingo zum Geburtstag eingeladen),

dann würde man beim 2. Lösungsweg erst bei der Probe merken, daß diese (andere) Aufgabe gar keine Lösung hat.

Dadurch wird deutlich, daß die Probe hier nicht entbehrlich ist.

L 4.33   Die genannten Teilnehmer verstehen nach (2), da sie Ungarisch verstehen, auch die französische Sprache. Daher und weil sie Russisch verstehen, gehören sie zu den in (1) genannten Teilnehmern; sie verstehen also Englisch. Aus (2) folgt ferner, daß sie auch Deutsch verstehen.

Also brauchen diese Teilnehmer für keine der fünf Vortragssprachen einen Dolmetscher.

5. Geometrie in der Ebene

L 5.1 In dem Sehnenviereck $ABCD$ sei $\measuredangle\,DAB = \alpha$ und $\measuredangle BCD = \gamma$. Ferner seien $\measuredangle\,ABM = \beta_1$, $\measuredangle\,MBC = \beta_2$, $\measuredangle\,CDM = \delta_1$, $\measuredangle\,MDA = \delta_2$.
Es genügt, den Beweis für ein Paar gegenüberliegender Winkel zu führen, o. B. d. A. für $\measuredangle\,DAB$ und $\measuredangle\,BCD$.
Wir unterscheiden dabei drei Fälle.

Fall 1
Der Punkt M liegt im Innern des Sehnenvierecks (Bild L 5.1a)):
In den Dreiecken ABM, BCM, CDM und DAM sind die von M ausgehenden Seiten Radien des Kreises k. Diese Dreiecke sind daher gleichschenklig mit der Spitze M. Daraus folgt:

$$\beta_1 + \delta_2 = \alpha \tag{1}$$

und

$$\beta_2 + \delta_1 = \gamma \tag{2}$$

Weiterhin gilt:

$$\alpha + \beta_1 + \beta_2 + \gamma + \delta_1 + \delta_2 = 360°, \tag{3}$$

da die Winkelsumme im Viereck 360° beträgt.
Aus (1), (2) und (3) folgt

$$\alpha + \gamma + \alpha + \gamma = 360°, \quad \text{also} \quad \alpha + \gamma = 180°, \quad \text{w. z. b. w.}$$

Fall 2
Der Punkt M liegt auf dem Rande des Sehnenvierecks (Bild L 5.1b)):

Bild L 5.1

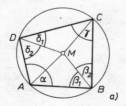

a)

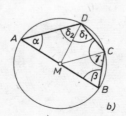

b)

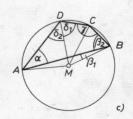

c)

In diesem Fall ist entweder $\beta_1 = 0°$ oder $\beta_2 = 0°$ oder $\delta_1 = 0°$ oder $\delta_2 = 0°$. Der Beweis verläuft analog wie in Fall 1.

Fall 3
Der Punkt M liegt außerhalb des Sehnenvierecks (Bild L 5.1c)):
In diesem Fall ist entweder β_1 durch $-\beta_1$ oder β_2 durch $-\beta_2$ oder δ_1 durch $-\delta_1$ oder δ_2 durch $-\delta_2$ zu ersetzen. Der Beweis verläuft analog wie in Fall 1. Damit ist der verlangte Beweis in jedem Fall geführt.

L 5.2   Der Winkel $\measuredangle\ AMD$ ist Außenwinkel des Dreiecks ACM. Folglich gilt:

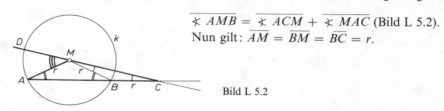

$\measuredangle\ AMB = \measuredangle\ ACM + \measuredangle\ MAC$ (Bild L 5.2).
Nun gilt: $\overline{AM} = \overline{BM} = \overline{BC} = r$.

Bild L 5.2

Folglich sind die Dreiecke ABM und BCM gleichschenklig. Daher gilt:

$$\measuredangle\ MAC = \measuredangle\ MAB = \measuredangle\ ABM \tag{1}$$

und

$$\measuredangle\ CMB = \measuredangle\ BCM = \measuredangle\ ACM. \tag{2}$$

Der Winkel $\measuredangle\ ABM$ ist Außenwinkel des Dreiecks BCM und wegen (2) daher doppelt so groß wie der Winkel $\measuredangle\ ACM$.
Folglich ist wegen (1) auch $\measuredangle\ MAC$ doppelt so groß wie $\measuredangle\ ACM$ und mithin $\measuredangle\ AMD$ dreimal so groß wie $\measuredangle\ ACM$, w. z. b. w.

L 5.3   Der gesuchte Flächeninhalt F ist gleich der Summe der Inhalte der Halbkreisflächen über AB, FG, AM und MB, vermindert um die Summe der Inhalte der Halbkreisflächen über EH, EF und GH.
Wegen $\overline{AB} = 6$ cm, $\overline{FG} = 2$ cm, $\overline{AM} = \overline{MB} = 3$ cm, $\overline{EH} = 4$ cm, $\overline{EF} = \overline{GH} = 1$ cm gilt daher:

$$F = \frac{\pi}{8}(36 + 4 + 9 + 9 - 16 - 1 - 1)\ \text{cm}^2 = 5\pi\ \text{cm}^2.$$

Der Inhalt der schraffierten Fläche beträgt 5π cm², das sind angenähert 15,71 cm².

L 5.4   Es sei P_1 ein beliebiger Punkt auf b_1, P_2 ein beliebiger Punkt auf b_2. Die Längen der Lote von P_1 bzw. P_2 auf die durch A und B verlaufende Gerade g seien h_1 bzw. h_2 (Bild L 5.4). Der Flächeninhalt F des Vierecks AP_1BP_2 ist gleich der Summe der Flächeninhalte der Dreiecke AP_1B und BP_2A, folglich gilt:

$$F = \frac{a \cdot h_1}{2} + \frac{a \cdot h_2}{2} = \frac{a}{2}(h_1 + h_2). \tag{1}$$

F ist also genau dann am größten, wenn $h_1 + h_2$ am größten ist.

a) Die Mittelsenkrechte s zu AB schneide b_1 in C, AB in D, b_2 in E. Dann gilt stets

$$h_1 \leqq \overline{CD} \quad \text{und} \quad h_2 \leqq \overline{DE}, \quad \text{also} \quad h_1 + h_2 \leqq 2r.$$

Mit $P_1 = C$ und $P_2 = E$ existieren zwei Punkte auf k, für die $h_1 + h_2 = \overline{CD} + \overline{DE} = 2r$ gilt. Für diese Punkte hat folglich der Flächeninhalt seinen größtmöglichen Wert.

b) Dieser größtmögliche Flächeninhalt beträgt nach (1)

$$F = \frac{a}{2} \cdot 2r = ar.$$

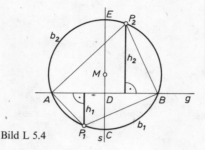
Bild L 5.4

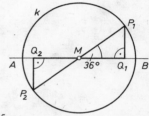
Bild L 5.5

L 5.5 Sind Q_1 bzw. Q_2 die Fußpunkte der von entsprechend der Aufgabenstellung gewählten Punkten P_1 bzw. P_2 auf AB gefällten Lote, so haben die Dreiecke ABP_1 und ABP_2 genau dann gleichen Flächeninhalt, wenn

$$\overline{P_1Q_1} = \overline{P_2Q_2} \tag{1}$$

gilt. Wegen des Kongruenzsatzes (ssw) gilt (1) genau dann, wenn die Dreiecke MQ_1P_1 und MQ_2P_2 zueinander kongruent sind.
Das ist genau dann der Fall, wenn $Q_1 = Q_2$ gilt oder Q_1 auf AB symmetrisch zu Q_2 bezüglich M liegt (Bild L 5.5).
$Q_1 = Q_2$ gilt genau dann, wenn für die Kreisbögen $\widehat{AP_1} = \widehat{AP_2}$ gilt. Nach Voraussetzung entfällt dieser Fall, also gilt (1) genau dann, wenn

$$\sphericalangle\, AMP_1 + \sphericalangle\, P_1MB = 180° = 4 \cdot \sphericalangle\, AMP_2 + \sphericalangle\, AMP_2 = 5 \cdot \sphericalangle\, AMP_2,$$

also genau dann, wenn $\sphericalangle\, AMP_2 = 36°$ beträgt.

Durchläuft P_1 den Bogen $\widehat{AB}$, so durchläuft P_2 alle Winkel der Größe α mit $0 < \alpha < 45°$, und zwar jeden Winkel genau einmal. Daher gibt es genau einen Zeitpunkt mit der geforderten Eigenschaft, nämlich denjenigen, an dem der Winkel $\sphericalangle\, AMP_2$ die Größe $36°$ hat (Bild L 5.5).

L 5.6 Werden die in der Aufgabe genannten Durchmesser mit AC und BD sowie die erwähnten Schnittpunkte mit E, F, G, H wie in Bild L 5.6 bezeichnet, dann gilt:

$$\overline{AM} = \overline{MC} = \overline{BM} = \overline{MD}.$$

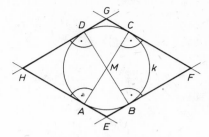

Bild L 5.6

Folglich sind die Dreiecke MBF und MCF sowie MAH und MDH nach (ssw (rechter Winkel)) kongruent. Daraus folgt

$$\overline{BF} = \overline{CF},$$

$$\measuredangle BMF = \measuredangle CMF = \frac{1}{2}\,\measuredangle BMC,$$

weil B und C auf verschiedenen Seiten der Geraden durch M und F liegen, und entsprechend

$$\overline{DH} = \overline{AH}, \qquad \measuredangle DMH = \measuredangle AMH = \frac{1}{2}\,\measuredangle DMA.$$

Da nun nach dem Satz über Scheitelwinkel $\measuredangle BMC = \measuredangle DMA$ gilt, folgt

$$\measuredangle BMF = \measuredangle DMH.$$

Daher sind nach (sww) die Dreiecke MBF und MDH kongruent, also ist

$$\overline{BF} = \overline{CF} = \overline{DH} = \overline{AH}. \tag{1}$$

Entsprechend erhält man $\overline{BE} = \overline{AE} = \overline{DG} = \overline{CG}$. \hfill (2)

Aus (1) und (2) folgt:

$$\overline{EH} = \overline{EF} = \overline{GF} = \overline{GH},$$

mithin ist $EFGH$ ein Rhombus.

Im Viereck $AMDH$ sind die Winkel bei A und D rechte Winkel. Daher ergänzen sich $\measuredangle AMD$ und $\measuredangle AHD$ zu 180°. Laut Voraussetzung ist $\measuredangle AMD$ kein rechter Winkel. Folglich ist auch $\measuredangle AHD$ kein rechter Winkel und $EFGH$ mithin kein Quadrat.

Hinweis: Die Tatsache, daß M auf der Geraden durch H und F liegt, darf nicht ohne Beweis verwendet werden.

L 5.7 Bezeichnet man den Mittelpunkt des Inkreises mit M, dann sind die Dreiecke CFM und CME nach (ssw (rechter Winkel)) kongruent.

Folglich gilt $\overline{CF} = \overline{CE}$ und daher nach dem Drachensatz

$$CM \perp EF \tag{1}$$

und wegen (1) und $ME \perp EC$ auch

$$\measuredangle MEF = \measuredangle MFE = \measuredangle MCE. \tag{2}$$

Entsprechend erhält man

$$\measuredangle MED = \measuredangle MDE = \measuredangle MBE \tag{3}$$

und

$$\measuredangle MDF = \measuredangle MFD = \measuredangle MAF. \tag{4}$$

Die Größe des Winkels $\measuredangle MCE$ ist $\dfrac{\gamma}{2}$, die des Winkels $\measuredangle MBE$ ist $\dfrac{\beta}{2}$ und die des Winkels $\measuredangle MAF$ ist $\dfrac{\alpha}{2}$, da CM bzw. BM bzw. AM die Winkelhalbierenden des Dreiecks ABC sind.

Bezeichnet man die Größe

    des Winkels $\measuredangle\ DEF$ mit δ,
    die des Winkels $\measuredangle\ EFD$ mit ε,
    die des Winkels $\measuredangle\ FDE$ mit η,

dann gilt

wegen (2) und (3) $\delta = \dfrac{\gamma + \beta}{2}$,

wegen (2) und (4) $\varepsilon = \dfrac{\gamma + \alpha}{2}$,

wegen (3) und (4) $\eta = \dfrac{\alpha + \beta}{2}$.

L 5.8   Es genügt, den Beweis für einen der Innenwinkel des Dreiecks DEF, o. B. d. A. für den Winkel $\measuredangle\ EFD$, zu führen:

Jeder der Punkte E, F, D liegt nach der Umkehrung des Satzes von THALES auf zweien der drei Kreise, die je eine der Seiten des Dreiecks ABC als Durchmesser haben (Bild L 5.8). Sie sind innere Punkte der Strecken BC, AC bzw. AB, da das Dreieck ABC spitzwinklig ist. Der Strahl FB verläuft folglich im Innern des Winkels $\measuredangle\ EFD$. Nun gilt

$$\overline{\measuredangle\ AEB} = \overline{\measuredangle\ BDC} = 90°; \qquad \overline{\measuredangle\ ABE} = \overline{\measuredangle\ DBC}$$

und mithin wegen des Satzes über die Winkelsumme im Dreieck, angewandt auf die Dreiecke AEB und BCD,

$$\overline{\measuredangle\ BAE} = \overline{\measuredangle\ BCD}. \qquad\qquad (1)$$

Nach dem Peripheriewinkelsatz gilt:

$$\overline{\measuredangle BAE} = \overline{\measuredangle BFE} \ (\text{Bogen } \widehat{BE})$$

sowie

$$\overline{\measuredangle BCD} = \overline{\measuredangle BFD} \ (\text{Bogen } \widehat{BD})$$

Hieraus sowie aus (1) folgt

$$\overline{\measuredangle\ BFE} = \overline{\measuredangle\ BFD},$$

d. h., BF halbiert $\measuredangle\ EFD$, w. z. b. w.

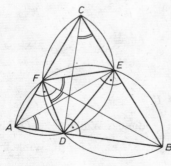

Bild L 5.8

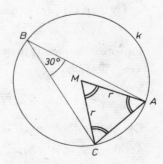

Bild L 5.9

L 5.9 Es sei M der Mittelpunkt und r der Radius von k (Bild L 5.9). Der Winkel $\measuredangle\,AMC$ hat nach dem Satz über Zentri- und Peripheriewinkel die Größe 60°. Hieraus, und da das Dreieck AMC wegen $\overline{AM} = \overline{MC} = r$ gleichschenklig ist, folgt nach dem Satz über die Summe der Innenwinkel im Dreieck: $\overline{\measuredangle\,MCA} = \measuredangle\,\overline{MAC} = 60°$, d. h., das Dreieck AMC ist gleichseitig, und es ist $\overline{AC} = \overline{CM} = \overline{MA} = r$, w. z. b. w.

L 5.10 Im Dreieck ABC schneide die Halbierende eines Innenwinkels, o. B. d. A. die des Winkels $\measuredangle\,ACB$, die Gegenseite AB im Punkt D.

(Weil eine Aussage über Streckenverhältnisse bewiesen werden soll, ist es naheliegend, das Dreieck ABC durch eine Parallele zu einer Strahlensatzfigur zu ergänzen.)

Man ziehe zur Winkelhalbierenden CD die Parallele durch B. Sie schneide den Strahl aus A und C im Punkt E (Bild L 5.10). Ein solcher Schnittpunkt existiert, da der Winkel $\measuredangle\,ACD$ kleiner als 90° ist. Dann gilt nach dem Strahlensatz:

$$\overline{DA} : \overline{DB} = \overline{CA} : \overline{CE} \,. \tag{1}$$

Außerdem ist

$$\begin{array}{ll} \overline{\measuredangle\,ACD} = \overline{\measuredangle\,CEB} & \text{als Stufenwinkel} \\ \overline{\measuredangle\,DCB} = \overline{\measuredangle\,CBE} & \text{als Wechselwinkel} \end{array}\left.\vphantom{\begin{array}{l}a\\b\end{array}}\right\}\ \text{an geschnittenen Parallelen,}$$

und weil $\overline{\measuredangle\,ACD} = \overline{\measuredangle\,DCB}$ vorausgesetzt war, folgt $\measuredangle\,CEB = \measuredangle\,CBE$. Also ist das Dreieck CEB gleichschenklig mit $\overline{CE} = \overline{CB}$. Setzt man dies in (1) ein, so erhält man

$$\overline{DA} : \overline{DB} = \overline{CA} : \overline{CB} \,, \quad \text{w. z. b. w.}$$

L 5.11 Bezeichnet man den Flächeninhalt des Dreiecks ABC mit F_1, die Flächeninhalte der im Innern des Dreiecks ABC gelegenen Kreisausschnitte mit F_2 und F_3, dann gilt für den gesuchten Flächeninhalt:

$$F = F_1 - (F_2 + F_3) \,.$$

Bezeichnet M den Mittelpunkt von AB, so ist MC eine Höhe im Dreieck ABC, ihre Länge beträgt $\frac{7}{2}$ cm. Daher gilt:

$$F_1 = \frac{1}{2} \cdot 7 \cdot \frac{7}{2}\ \mathrm{cm}^2 = \frac{49}{4}\ \mathrm{cm}^2 \,.$$

Die beiden Kreisausschnitte mit den Flächeninhalten F_2 und F_3 lassen sich zu einem Viertelkreis zusammenfügen. Daher gilt:

$$F_2 + F_3 = \frac{1}{4} \cdot \frac{49}{4}\ \pi\ \mathrm{cm}^2 \,.$$

Mithin gilt für den gesuchten Flächeninhalt F:

$$F = \frac{49}{4}\left(1 - \frac{\pi}{4}\right)\ \mathrm{cm}^2 \,,$$

das sind angenähert 2,63 cm².

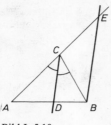

Bild L 5.10

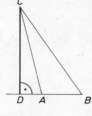

Bild L 5.12

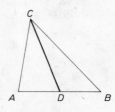

Bild L 5.13

L 5.12   Es genügt zu beweisen, daß in jedem Dreieck wenigstens ein Höhenfußpunkt zwischen den beiden Eckpunkten einer Dreiecksseite liegt. Das trifft für den Fußpunkt der vom Scheitelpunkt eines größten Dreieckswinkels auf die gegenüberliegende Seite gefällten Höhe zu.

Beweis: Ein größter Winkel des Dreiecks ABC liege o. B. d. A. bei C. Der Fußpunkt des von diesem Punkt auf die Gerade durch A und B gefällten Lotes sei D.

Würde D nicht zwischen A und B, sondern auf der Geraden durch A und B außerhalb der Seite AB (Bild L 5.12) oder in A oder in B liegen, so wäre der Winkel $\sphericalangle\ BAC$ (bzw. $\sphericalangle\ ABC$) als Außenwinkel im Dreieck DCA (bzw. DBC) oder als rechter Winkel $\sphericalangle\ BDC$ (bzw. $\sphericalangle\ ADC$) nicht spitz. Laut Voraussetzung ist aber keiner dieser Winkel größer als der Winkel $\sphericalangle\ ACB$, also kann auch keiner dieser Winkel 90° groß oder größer sein.

Das ist ein Widerspruch, folglich muß D zwischen A und B liegen, w. z. b. w.

L 5.13   O. B. d. A. werde in einem beliebig gewählten Dreieck ABC die Seitenhalbierende CD der Seite AB betrachtet (Bild L 5.13). Es ist zu beweisen:

$$\overline{DC} < \frac{1}{2}\,(\overline{AB} + \overline{BC} + \overline{AC})\,.$$

Nach der Dreiecksungleichung gilt
im Dreieck ADC: $\overline{DC} < \overline{AD} + \overline{AC}$,
im Dreieck DBC: $\overline{DC} < \overline{DB} + \overline{BC}$.
Durch Addition erhält man aus diesen beiden Ungleichungen

$$2\overline{DC} < \overline{AD} + \overline{AC} + \overline{DB} + \overline{BC} \text{ und, da } \overline{AD} + \overline{DB} = \overline{AB} \text{ ist,}$$
$$2\overline{DC} < \overline{AB} + \overline{AC} + \overline{BC} \qquad \text{bzw.}$$
$$\overline{DC} < \frac{1}{2}\,(\overline{AB} + \overline{AC} + \overline{BC})\,, \quad \text{w. z. b. w.}$$

L 5.14   Wenn die Länge c der Basis und die Länge a eines Schenkels eines gleichschenkligen Dreiecks die Bedingungen der Aufgabe erfüllen, so ist entweder $c = \frac{5}{2}\,a$ oder $a = \frac{5}{2}\,c$. Wäre $c = \frac{5}{2}\,a$, so wäre $a + a < \frac{5}{2}\,a = c$, im Widerspruch zur Dreiecksungleichung. Also ist $c \neq \frac{5}{2}\,a$.

Aus $a = \frac{5}{2}\,c$ folgt $\frac{5}{2}\,c + \frac{5}{2}\,c + c = 24$ cm, also $6c = 24$ cm, woraus man $c = 4$ cm und $a = 10$ cm erhält.

136

Daher können nur $a = 10\,\text{cm}$ und $c = 4\,\text{cm}$ die Bedingungen der Aufgabe erfüllen. Sie genügen ihnen tatsächlich, da sie die Dreiecksungleichungen

$$10\,\text{cm} < 10\,\text{cm} + 4\,\text{cm} \quad \text{und} \quad 4\,\text{cm} < 10\,\text{cm} + 10\,\text{cm}$$

sowie die übrigen Bedingungen

$$10\,\text{cm} + 10\,\text{cm} + 4\,\text{cm} = 24\,\text{cm} \quad \text{und} \quad 10\,\text{cm} = \left(2\,\frac{1}{2}\right) \cdot 4\,\text{cm} \text{ erfüllen.}$$

L 5.15 Die zur Seite AB gehörige Höhe CE des Dreiecks ABC habe die Länge h_c, die Seite AB die Länge c. Dann beträgt der Flächeninhalt F des Dreiecks ABC

$$F = \frac{1}{2}\, c \cdot h_c\,.$$

Da die geforderten Dreiecke die Seite AB mit dem Dreieck ABC gemeinsam haben, haben sie genau dann einen halb so großen Flächeninhalt, wenn die Länge der zu AB gehörigen Höhe bei diesen Dreiecken $\frac{h_c}{2}$ beträgt.

Das ist offensichtlich für alle Dreiecke ABD der Fall, bei denen der Punkt D auf einer der beiden zu AB im Abstand $\frac{h_c}{2}$ gezogenen Parallelen liegt, und nur für diese. In jedem anderen Fall ist nämlich der Abstand des Punktes D von der Geraden durch A und B größer oder kleiner als $\frac{h_c}{2}$.

Die gesuchte Menge ist also die Menge aller Punkte der beiden im Abstand $\frac{h_c}{2}$ zu AB gezogenen Parallelen.

L 5.16 **a)** Laut Aufgabe hat jedes der möglichen Rechtecke einen Flächeninhalt von $36\,\text{cm}^2$. Da ein solches Rechteck in Quadrate von 1 cm Seitenlänge zerlegbar sein soll, müssen seine Seitenlängen ganzzahlige Vielfache der Seitenlänge eines solchen Quadrats sein, wobei das Produkt aus Länge und Breite eines derartigen Rechtecks $36\,\text{cm}^2$ betragen muß.
Da $36 = 1 \cdot 36 = 2 \cdot 18 = 3 \cdot 12 = 4 \cdot 9 = 6 \cdot 6$ bis auf die Reihenfolge der Faktoren sämtliche Zerlegungen von 36 in ein Produkt von zwei natürlichen Zahlen als Faktoren sind, gibt es genau fünf verschiedene Rechtecke, die die Bedingungen der Aufgabe erfüllen:

	Länge	Breite	Umfang
1. Rechteck	1 cm	36 cm	$(1+36+1+36)\,\text{cm} = 74\,\text{cm}$
2. Rechteck	2 cm	18 cm	40 cm
3. Rechteck	3 cm	12 cm	30 cm
4. Rechteck	4 cm	9 cm	26 cm
5. Rechteck	6 cm	6 cm	24 cm

b) Den kleinsten Umfang unter diesen Figuren hat das Rechteck, dessen Länge gleich seiner Breite ist, also das Quadrat mit 6 cm Seitenlänge und einem Umfang von 24 cm.

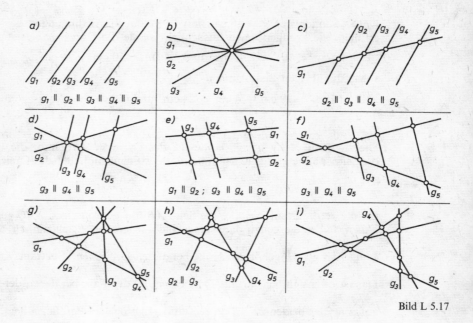

Bild L 5.17

L 5.17   Bild L 5.17
Anmerkung: Es gibt in den Fällen c) bis h) jeweils verschiedene Lösungen, die als gleichwertig gelten.

L 5.18   Der Minutenzeiger einer Uhr überstreicht in jeder Minute einen Winkel von genau 6°, denn 360°:60 = 6°, und der Stundenzeiger in jeder Stunde einen Winkel von genau 30°, denn 360°:12 = 30°. In jeder Minute überstreicht der Stundenzeiger also einen Winkel von $\frac{1°}{2}$. Zu jeder vollen Stunde steht der Minutenzeiger genau auf 12. Von 16.00 Uhr bis 16.40 Uhr hat er von dieser Stellung aus also einen Winkel von 240° überstrichen, denn 40 · 6° = 240°. Der Stundenzeiger steht 12 Uhr genau auf der 12. Bis 16.00 Uhr hat er von dieser Stellung aus also einen Winkel von 120° überstrichen, denn 4 · 30° = 120°, und in den folgenden 40 Minuten einen Winkel von 20°, denn 40 · $\frac{1°}{2}$ = 20°. Bis 16.40 Uhr hat der Stundenzeiger von der Stellung auf der 12 aus insgesamt einen Winkel von 140° überstrichen. Der kleinere der beiden Winkel, den die beiden Zeiger 16.40 Uhr miteinander bilden, beträgt daher 240°—140° = 100°. (Der andere beträgt mithin 260°.)

L 5.19   Da es keine rechtwinkligen und auch keine stumpfwinkligen Dreiecke gibt, die gleichseitig sind, werden höchstens 7 Fächer benötigt. Sie werden auch tatsächlich benötigt; denn es gibt sowohl unter den gleichschenkligen als auch unter den ungleichschenkligen Dreiecken solche, die spitzwinklig, solche, die rechtwinklig, und auch solche, die stumpfwinklig sind.

L 5.20 **a)** Zur Wahl eines ersten Endpunktes einer der Verbindungsstrecken hat man genau 50 verschiedene Möglichkeiten. In jeder von diesen hat man dann genau 49 Möglichkeiten, einen der übrigen Endpunkte als zweiten Endpunkt zu wählen. Durch diese insgesamt $50 \cdot 49 = 2450$ Wahlmöglichkeiten erhält man alle gesuchten Verbindungsstrecken, und zwar (da nach Voraussetzung keine dieser Strecken außer den Endpunkten einen anderen der gegebenen Punkte enthält) jede Strecke genau zweimal (da jeder der Endpunkte einmal als erster und einmal als zweiter Endpunkt auftritt). Daher ist $2450 : 2 = 1225$ die Anzahl aller gesuchten Verbindungsstrecken.

b) Von diesen 1225 Verbindungsstrecken bilden in einem konvexen 50-Eck genau 50 die Seiten der Figur, die übrigen sind die gesuchten Diagonalen. Ihre Anzahl beträgt daher $1225 - 50 = 1175$.

L 5.21 Der in Bild A 5.21 schraffiert gezeichnete Streifenzug besteht laut Konstruktion aus 15 gleichgroßen Quadraten. Jedes dieser Quadrate hat eine Seitenlänge von $12 \, \text{cm} : 6 = 2 \, \text{cm}$. Da der Umfang des Streifens die Länge von 32 Quadratseiten hat, wie man durch Nachzählen feststellt, beträgt er also $32 \cdot 2 \, \text{cm} = 64 \, \text{cm}$. Jedes der Quadrate, aus denen sich der Streifenzug zusammensetzt, hat einen Flächeninhalt von $2 \cdot 2 \, \text{cm}^2 = 4 \, \text{cm}^2$. Daher hat der Streifen einen Flächeninhalt von $15 \cdot 4 \, \text{cm}^2 = 60 \, \text{cm}^2$.

L 5.22 Die Parallele zu EG durch C schneide die Gerade durch A und B in einem Punkt K, die Parallele zu HF durch D schneide die Gerade durch B und C in L (Bild L 5.22). Dann sind $EKCG$ und $HFLD$ Parallelogramme, und es gilt $\overline{EG} = \overline{CK}$ sowie $\overline{HF} = \overline{DL}$.

Die Dreiecke CKB und DLC stimmen in den Längen der Seiten CB und DC sowie in der Größe der (rechten) Winkel $\sphericalangle\, KBC$ und $\sphericalangle\, LCD$ überein. Laut Konstruktion gilt ferner $DL \perp CK$. Der Schnittpunkt der Geraden durch D, L mit der Geraden durch C, K sei S. Dann gilt nach dem Winkelsummensatz, angewandt auf die Dreiecke CSL bzw. CKB,

$$\overline{\sphericalangle\, SCL} + \overline{\sphericalangle\, SLC} = \overline{\sphericalangle\, KCB} + \overline{\sphericalangle\, CKB} = 90°,$$

also wegen $\overline{\sphericalangle\, SCL} = \overline{\sphericalangle\, KCB}$ auch

$$\overline{\sphericalangle\, SLC} = \overline{\sphericalangle\, DLC} = \overline{\sphericalangle\, CKB}.$$

Daher sind nach (sww) die Dreiecke CKB und DLC kongruent, woraus $(\overline{CK} =)\, \overline{EG} = \overline{HF}\, (= \overline{DL})$ folgt, w. z. b. w.

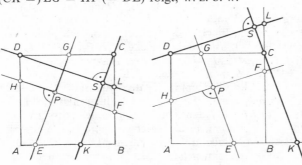

Bild L 5.22

L 5.23   *1. Lösungsweg*

Man kann den Flächeninhalt A_8 des Achtecks $P_1P_2P_3P_4P_5P_6P_7P_8$ berechnen, indem man vom Flächeninhalt des Quadrats $ABCD$ den vierfachen Flächeninhalt des Sechsecks $A_2BB_2P_3P_2P_1$ subtrahiert (Bild L 5.23).

Die Fußpunkte der Lote von P_2 auf AB bzw. BC seien E bzw. F. Dann ist $EBFP_2$ ein Quadrat. Bezeichnet man seine Seitenlänge mit x, so gilt nach einem Teil des Strahlensatzes

$$\frac{3}{4}a : \frac{a}{2} = \left(\frac{3}{4}a - x\right) : x, \text{ woraus man}$$

Bild L 5.23

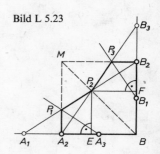

$$\frac{3}{2}x = \frac{3}{4}a - x \qquad \text{und mithin}$$

$$\frac{5}{2}x = \frac{3}{4}a \qquad \text{bzw.}$$

$$x = \frac{3}{10}a$$

erhält.

Setzt man weiter $\overline{P_1A_2} = y$, so gilt nach dem Strahlensatz

$$\frac{3}{4}a : \frac{a}{2} = \frac{1}{4}a : y, \qquad \text{also}$$

$$\frac{3}{2}y = \frac{1}{4}a \qquad \text{bzw.}$$

$$y = \frac{1}{6}a.$$

Folglich gilt für den Flächeninhalt A_8 des Achtecks

$$A_8 = a^2 - 4\left(\frac{\frac{1}{6}a + \frac{3}{10}a}{2} \cdot \left(\frac{1}{2}a - \frac{3}{10}a\right) \cdot 2 + \frac{9}{100}a^2\right) \text{ bzw.}$$

$$A_8 = a^2 - \frac{28}{75}a^2 - \frac{9}{25}a^2 = \frac{4}{15}a^2.$$

Der gesuchte Flächeninhalt des Achtecks beträgt $\frac{4}{15}a^2$.

2. Lösungsweg

Es sei M der Mittelpunkt des Quadrats $ABCD$ und damit auch der des betrachteten Achtecks. Die Geraden durch A_2, C_2 bzw. B, D sind für beide Figuren Symmetrieachsen. Die Fläche des Achtecks läßt sich daher aus den Flächen der untereinander kongruenten Dreiecke P_1MP_2, P_2MP_3, P_3MP_4, P_4MP_5, P_5MP_6, P_6MP_7, P_7MP_8, P_8MP_1 zusammensetzen.

Nun ist der Flächeninhalt eines dieser Dreiecke, etwa der des Dreiecks P_1MP_2, gleich der Summe der Flächeninhalte des Quadrats A_2BB_2M und des Dreiecks BB_2P_2, verringert um die Summe der Flächeninhalte des Trapezes $A_2BB_2P_1$ und des Dreiecks BB_2M. Nach dem Hauptähnlichkeitssatz sind die Dreiecke P_1P_2M und B_2P_2B ähnlich. Es sei x der gesuchte Flächeninhalt des Dreiecks P_1P_2M. Da sich die Flächeninhalte ähnlicher Dreiecke wie die Quadrate der Längen homologer (gleichliegender) Seiten verhalten, hat wegen

$$\overline{A_2P_1} = \frac{\overline{BB_2} \cdot \overline{A_1A_2}}{\overline{A_1B}} = \frac{a}{6}, \quad \text{also} \quad \overline{P_1M} = \frac{a}{3} \quad \text{und} \quad \overline{BB_2} = \frac{a}{2}$$

das Dreieck B_2P_2M den Flächeninhalt $\frac{9}{4}x$.

Der Flächeninhalt des Trapezes $A_2BB_2P_1$ beträgt $\frac{1}{2}\left(\frac{a}{6} + \frac{a}{2}\right) \cdot \frac{a}{2} = \frac{a^2}{6}$,

der des Dreiecks BB_2M beträgt $\frac{1}{2} \cdot \frac{a}{2} \cdot \frac{a}{2} = \frac{a^2}{8}$. Folglich gilt für den gesuchten Flächeninhalt des Dreiecks P_1P_2M

$$x = \frac{a^2}{4} + \frac{9}{4}x - \left(\frac{a^2}{6} + \frac{a^2}{8}\right), \quad \text{also}$$

$$\frac{5}{4}x = a^2\left(\frac{1}{6} + \frac{1}{8} - \frac{1}{4}\right),$$

woraus man $\frac{5}{4}x = \frac{a^2}{24}$ und schließlich $x = \frac{a^2}{30}$ erhält. Da der Flächeninhalt des betrachteten Achtecks achtmal so groß ist, erhält man für dessen Flächeninhalt $A_8 = \frac{4}{15}a^2$.

L 5.24 Für jedes Dreieck gilt nach dem Strahlensatz:
Die Verbindungsstrecke zweier Seitenmitten eines Dreiecks ist halb so lang wie seine dritte Seite und zu dieser parallel.
Wendet man diesen Satz der Reihe nach auf die Dreiecke ABD, ACB, DAC, DBC, ACD, ABD, BAC, BDC an, so erhält man:
$$GN \parallel AB, \quad MH \parallel AB \text{ und daher } GN \parallel MH,$$
$$GM \parallel DC, \quad NH \parallel DC \text{ und daher } GM \parallel NH,$$

folglich ist $GNHM$ ein Parallelogramm, sowie

$$MF \parallel AD, \quad NE \parallel AD \text{ und daher } MF \parallel NE,$$
$$ME \parallel BC, \quad FN \parallel BC \text{ und daher } ME \parallel FN,$$

folglich ist auch $ENFM$ ein Parallelogramm, w. z. b. w.

L 5.25 Es seien A, B, C und D Eckpunkte des Trapezes, und es sei $AB \parallel CD$. Weiterhin seien E der Mittelpunkt der Seite BC, F der Mittelpunkt der Seite AD sowie G der Mittelpunkt der Diagonalen AC und H der Mittelpunkt der Diagonalen BD. Dann liegen nach der Umkehrung eines Teiles des Strahlensatzes und nach dem Satz über die Mittelparallele im Trapez, angewandt auf das Trapez $ABCD$, die Punkte G und H auf FE (Bild L 5.25). Nun gilt nach dem Strahlensatz für jedes Dreieck: Die Verbindungsstrecke zweier Seitenmitten des Dreiecks ist halb so lang wie seine dritte Seite und zu dieser parallel.
Wendet man diesen Satz auf die Dreiecke ABD und CDA an, so erhält man

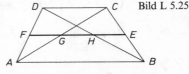

Bild L 5.25

$$\overline{FH} = \frac{1}{2}\overline{AB} \quad \text{sowie} \quad \overline{FG} = \frac{1}{2}\overline{CD}.$$

141

Daraus folgt durch Subtraktion

$$\overline{GH} = |\overline{FH} - \overline{FG}| = \frac{1}{2}\,|\overline{AB} - \overline{CD}|\ , \text{ w. z. b. w.}$$

L 5.26 Es sei $ABCDEF$ ein konvexes Sechseck mit $AB \parallel ED$, $BC \parallel EF$, $CD \parallel FA$ sowie $\overline{AB} = \overline{ED}$, $\overline{BC} = \overline{EF}$, $\overline{CD} = \overline{FA}$ (Bild L 5.26). Dann sind die Dreiecke ABF und DEC sowie die Dreiecke ABC und DEF nach (sws) kongruent, und es folgt

$$\overline{FB} = \overline{EC} \text{ sowie } \overline{AC} = \overline{FD}\,.$$

Daher sind die Vierecke $ABDE$, $BCEF$, $CDFA$ Parallelogramme. Die Diagonalen AC, DF, BD, EA, EC, FB sind Seiten in einem dieser Parallelogramme. Die Diagonalen BE und AD schneiden einander als Diagonalen im Parallelogramm $ABDE$ in einem Punkt, der S genannt sei, und halbieren einander nach dem Satz über die Diagonalen im Parallelogramm. Im Parallelogramm $CDFA$ ist AD ebenfalls Diagonale. Da die Diagonalen AD und CF dieses Parallelogramms einander halbieren, ist S ihr Schnittpunkt. Also ist S Mittelpunkt der drei Diagonalen BE, AD und CF und damit gemeinsamer Punkt dieser Diagonalen. Da S gleichzeitig Mittelpunkt der Parallelogramme $ABDE$, $BCEF$ und $CDFA$ ist, können die übrigen Diagonalen als Seiten dieser Parallelogramme nicht durch S verlaufen.

Also schneiden in S genau drei Diagonalen einander, w. z. b. w.

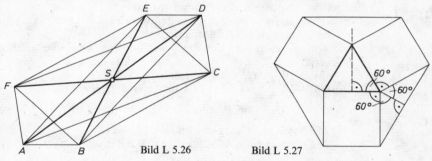

Bild L 5.26   Bild L 5.27

L 5.27 Das in der Aufgabe beschriebene Sechseck setzt sich zusammen aus (Bild L 5.27):
einem gleichseitigen Dreieck (Flächeninhalt A_3),
drei gleichgroßen Quadraten (Flächeninhaltssumme $3A_4$) und
drei stumpfwinkligen Dreiecken,
deren Flächeninhaltssumme sich folgendermaßen berechnen läßt:
Laut Konstruktion sind die drei stumpfwinkligen Dreiecke nach (sws) kongruent. Die Größe des Winkels an der Spitze beträgt jeweils 120°, da dieser Winkel zusammen mit einem Innenwinkel des gleichseitigen Dreiecks und zwei rechten Winkeln (von den angrenzenden Quadraten) einen Winkel von 360° bildet. Fällt man von der Spitze eines jeden dieser stumpfwinkligen Dreiecke das Lot auf die längste Seite (die gleichzeitig Sechseckseite ist), dann wird das Dreieck in zwei rechtwinklige kongruente Dreiecke zerlegt, deren jedes kongruent zu denjenigen Dreiecken ist, die durch Konstruktion einer Höhe des gleichseitigen Dreiecks (in der Mitte der Figur) entstehen (nach (sww)).

142

Daher beträgt die Flächeninhaltssumme der drei stumpfwinkligen Dreiecke $3A_3$.
Folglich ist $A_6 = 4A_3 + 3A_4$.
Damit sind ganze Zahlen $n = 4$ und $m = 3$ angegeben, wie es in der Aufgabe gefordert war.

L 5.28   Für die Anzahl z der Diagonalen eines konvexen n-Ecks gilt:

$$z = \frac{n(n-3)}{2}. \tag{1}$$

Begründung: Von jedem Eckpunkt des n-Ecks läßt sich zu jedem anderen, nicht benachbarten Eckpunkt genau eine Diagonale ziehen. Daher gehen von jedem Eckpunkt genau $(n-3)$ Diagonalen aus. Addiert man für alle Eckpunkte diese Anzahlen, so hat man jede Diagonale des n-Ecks genau zweimal gezählt. Daher gilt $2z = n(n-3)$, woraus die Behauptung folgt.

a)   Angenommen, es gibt ein n-Eck der genannten Art. Dann gilt:

$$z = 3n, \text{ also } 3n = \frac{n(n-3)}{2}$$
$$6n = n^2 - 3n$$
$$9n = n^2$$

Wegen $n \neq 0$ folgt daraus $n = 9$.
Umgekehrt ergibt sich für $n = 9$ nach (1):

$$z = 27 = 3n.$$

Also haben alle 9-Ecke und nur diese die Eigenschaft a).

b)   Angenommen, es gäbe ein n-Eck der genannten Art. Dann müßte gelten:

$$z = \frac{n}{3}, \quad \text{also} \quad \frac{n}{3} = \frac{n(n-3)}{2} \quad \text{bzw.} \quad 2n = 3n(n-3) \text{ und mithin}$$

$11n = 3n^2$, also, wegen $n \neq 0$, $\quad 11 = 3n$.
Da diese Bedingung für keine positive ganze Zahl n erfüllbar ist, gibt es kein n-Eck mit der Eigenschaft b).

L 5.29   Der zweite und der sechste Schüler haben nicht recht; denn es gibt z. B. die in Bild L 5.29 dargestellten Lösungen.
Der dritte Schüler hat recht.

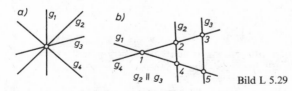

Bild L 5.29

Begründung: Angenommen, es gäbe 4 Geraden so, daß genau 2 Schnittpunkte auftreten. Da Schnittpunkte existieren, können die 4 Geraden nicht sämtlich parallel zueinander sein. O.B.d.A. mögen die Geraden g_1 und g_2 einander im Punkt A schneiden.

Von den beiden anderen Geraden müßte mindestens eine nicht durch A gehen, da sonst nur A als Schnittpunkt aufträte. Dies sei etwa die Gerade g_3. Sie hat daher mit einer der beiden Geraden g_1, g_2, etwa mit g_1, einen von A verschiedenen Schnittpunkt B.

Dann müßte $g_3 \parallel g_2$ gelten, weil sonst entgegen der Annahme g_3 mit g_2 einen weiteren, von A und B verschiedenen Schnittpunkt hätte. Die Gerade g_4 kann nun nicht ebenfalls zu g_2 und g_3 parallel sein, da sie dann g_1 in einem von A und B verschiedenen Punkt schneiden würde. Also hat sie einen Schnittpunkt A' mit g_2 und einen Schnittpunkt B' mit g_3. Da sie aber von g_1 verschieden ist, kann nicht gleichzeitig $A = A'$ und $B = B'$ sein.

Somit tritt außer A und B noch mindestens ein weiterer Schnittpunkt auf. Dieser Widerspruch beweist, daß die Annahme, es gäbe 4 Geraden, die sich so zeichnen lassen, daß genau 2 Schnittpunkte auftreten, falsch war.

L 5.30   Die Flächeninhalte der Dreiecke ABC bzw. $A'B'C'$ seien mit A_{ABC} bzw. $A_{A'B'C'}$ bezeichnet.

Dreiecke sind flächeninhaltsgleich, wenn sie in der Länge einer Seite und der Länge der zugehörigen Höhe übereinstimmen.

Es sei D der Fußpunkt des Lotes von B auf die Gerade durch A und C bzw. E der Fußpunkt des Lotes von A' auf die Gerade durch A und B (Bild L 5.30).

Die Dreiecke ABC und $AA'B$ sind flächeninhaltsgleich; denn es gilt $\overline{AC} = \overline{AA'}$, und die Länge der zugehörigen Höhe beträgt in jedem der beiden Dreiecke $\overline{BD}$.

Ebenso sind die Dreiecke BAA' und $B'BA'$ flächeninhaltsgleich; denn es gilt $\overline{BA} = \overline{B'B}$, und die Länge der zugehörigen Höhe beträgt in beiden Dreiecken $\overline{A'E}$. Daraus folgt, daß die Dreiecke $B'BA'$ und ABC flächeninhaltsgleich sind.

Analog läßt sich beweisen, daß auch die Dreiecke $A'AC'$, ACC', $C'CB$, CBB' dem Dreieck ABC flächeninhaltsgleich sind.

Das Dreieck ABC liegt ganz im Innern des Dreiecks $A'B'C'$ (die Winkel $\sphericalangle A'CC'$, $\sphericalangle B'BC'$ und $\sphericalangle B'AA'$ sind als Außenwinkel des Dreiecks ABC sämtlich kleiner als $180°$). Daher erhält man den Flächeninhalt des Dreiecks $A'B'C'$, indem man die Flächeninhalte der sieben flächeninhaltsgleichen Dreiecke ABC, $AA'B$, $B'BA'$, $A'AC'$, ACC', $C'CB$ und CBB' addiert. Mithin gilt:

$$A_{A'B'C'} = 7 \cdot A_{ABC,} \qquad \text{w. z. b. w.}$$

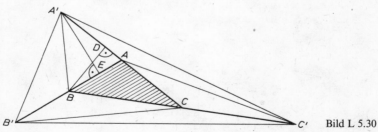

Bild L 5.30

L 5.31   **a)**   Wenn ein spitzwinkliges Dreieck ABC gleichschenklig mit $\overline{AC} = \overline{BC}$ ist, so folgt für die Höhen AD und BE, daß $\sphericalangle BAE = \sphericalangle ABD$ gilt, da

144

diese Winkel mit den einander gleichgroßen Basiswinkeln $\sphericalangle\ BAC$ bzw. $\sphericalangle\ ABC$ übereinstimmen; denn wegen der Spitzwinkligkeit des Dreiecks ABC liegt der Höhenfußpunkt D zwischen B und C und der Höhenfußpunkt E zwischen A und C (Bild L 5.31). Ferner gilt

$$\overline{\sphericalangle\ AEB} = \overline{\sphericalangle\ BDA} = 90°$$

und

$$\overline{AB} = \overline{BA}\ .$$

Daher sind die Dreiecke ABE und BAD nach dem Kongruenzsatz (sww) kongruent, woraus

$$\overline{BE} = \overline{AD}$$

folgt, w. z. b. w.

b) Wenn für die Höhen AD und BE eines spitzwinkligen Dreiecks ABC

$$\overline{BE} = \overline{AD}$$

gilt, so folgt: Es gilt

$$\overline{\sphericalangle\ AEB} = \overline{\sphericalangle\ BDA} = 90°$$

und

$$\overline{AB} = \overline{BA}\ .$$

Ferner liegen die Winkel $\sphericalangle\ AEB$ bzw. $\sphericalangle\ BDA$ als rechte Winkel jeweils den größten Seiten in den Dreiecken ABE bzw. BAD gegenüber. Daher sind die Dreiecke ABE und ABD nach dem Kongruenzsatz (ssw) kongruent, woraus

$$\overline{\sphericalangle\ BAE} = \overline{\sphericalangle\ ABD}$$

folgt. Diese Winkel stimmen wiederum mit den Winkeln $\sphericalangle\ BAC$ bzw. $\sphericalangle\ ABC$ überein, also ist das Dreieck ABC wegen der gleichgroßen Innenwinkel bei A und B gleichschenklig mit $\overline{AC} = \overline{BC}$, w. z. b. w.

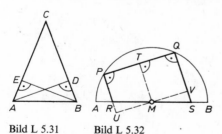

Bild L 5.31   Bild L 5.32

L 5.32   *1. Lösungsweg*

Da die Mittelsenkrechte einer Sehne stets durch den Mittelpunkt des Kreises verläuft, schneidet die Mittelsenkrechte auf PQ den Durchmesser AB in M. Sie verläuft außerdem parallel zu PR und QS und ist somit Mittellinie des Trapezes $PQSR$ (Bild L 5.32). Folglich halbiert sie die Trapezseite RS in M, d. h., es gilt $\overline{RM} = \overline{SM}$, w. z. b. w.

Hinweis zur Korrektur: Zur Bewertung ist festzustellen, ob vom Schüler genügend genau die folgenden Sätze als verwendet angegeben wurden:
Wenn eine Gerade parallel zur Grundlinie eines Trapezes verläuft und einen Schenkel halbiert, so ist sie die Mittellinie des Trapezes.
Wenn eine Gerade die Mittellinie eines Trapezes ist, so halbiert sie dessen beide Schenkel.

2. Lösungsweg (ohne Benutzung der oben genannten Sätze)
Das Lot von M auf PQ habe den Fußpunkt T, die Parallele durch M zu PQ schneide die Gerade durch P und R in U und die Gerade durch Q und S in V. Dann sind die Vierecke $MTPU$ und $MTQV$ Rechtecke. Die Höhe MT im gleichschenkligen Dreieck PQM halbiert PQ, also gilt $\overline{UM} = \overline{PT} = \overline{QT} = \overline{VM}$. Im Falle $PQ \parallel AB$ ist $R = U$, $S = V$, also die Behauptung $\overline{RM} = \overline{SM}$ bewiesen. Im Fall $PQ \nparallel AB$ gilt $\sphericalangle\, MUR = \sphericalangle\, MVS = 90°$ und $\sphericalangle\, RMU = \sphericalangle\, SMV$ (Scheitelwinkel), nach dem Kongruenzsatz (sww) sind die Dreiecke MRU und MSV mithin kongruent, woraus die Behauptung $\overline{RM} = \overline{SM}$ folgt.

L 5.33 (I) Da der Winkel $\sphericalangle\, DFC$ Außenwinkel des Dreiecks DBF ist, gilt $\beta = \alpha + 18°$ (Bild L 5.33).

(II) Im Dreieck EFC gilt, da es gleichschenklig mit $\overline{CE} = \overline{CF}$ ist, $\sphericalangle\, CEF = \sphericalangle\, EFC = \beta$, mithin nach dem Satz über die Winkelsumme im Dreieck, angewandt auf das Dreieck EFC,

$$\alpha + \beta + \beta = 180°,$$

und wegen (I)

$$\alpha + \alpha + 18° + \alpha + 18° = 180°, \text{ also}$$
$$3\alpha = 144°, \text{ woraus man}$$
$$\alpha = 48°$$

erhält.

(III) Aus $\alpha = 48°$ und $\beta = \alpha + 18°$ folgt $\beta = 66°$.

(IV) Im Dreieck ABC ist nun nach dem Satz über die Winkelsumme $\gamma = 180° - 2\alpha$ und wegen $\alpha = 48°$ mithin $\gamma = 84°$.

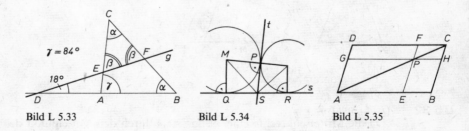

Bild L 5.33   Bild L 5.34   Bild L 5.35

L 5.34 Der Mittelpunkt des von s in Q berührten Kreises sei M. Dann sind die Dreiecke SQM und SPM kongruent; denn diese Dreiecke stimmen in den Seiten-

längen $\overline{SM} = \overline{SM}$, $\overline{MQ} = \overline{MP}$ und in der Größe $\sphericalangle\ SQM = \sphericalangle\ SPM$ desjenigen Winkels überein, der in beiden Dreiecken als rechter Winkel jeweils der größten Seite gegenüberliegt (Bild L 5.34).
Daher ist

$$\overline{SQ} = \overline{SP} \tag{1}$$

als entsprechende Seiten in kongruenten Dreiecken. Ebenso folgt

$$\overline{SR} = \overline{SP}\,. \tag{2}$$

Aus (1) und (2) folgt die Behauptung.

Hinweis: Die hier erhaltene Aussage, daß auf den Tangenten von einem Punkt S an einen Kreis die Strecken von S bis zu den Berührungspunkten gleichlang sind, kann auch als bekannter Satz zitiert werden.

L 5.35 Jede Diagonale eines Parallelogramms zerlegt dieses in zwei kongruente und somit flächeninhaltsgleiche Dreiecke.
Wendet man diesen Satz auf die Parallelogramme $ABCD$, $AEPG$ und $PHCF$ an (Bild L 5.35), so erhält man:
Die Dreiecke ABC und CDA haben denselben Flächeninhalt; dieser sei A_1 genannt.
Die Dreiecke AEP und PGA haben denselben Flächeninhalt; dieser sei A_2 genannt.
Die Dreiecke PHC und CPF haben denselben Flächeninhalt; dieser sei A_3 genannt.
Daher ergibt sich, daß sowohl das Parallelogramm $EBHP$ als auch das Parallelogramm $GPFD$ den Flächeninhalt $A_1 - A_2 - A_3$ hat.
Damit ist der verlangte Beweis geführt.

L 5.36 Nach Voraussetzung gilt

$$\begin{aligned}\overline{PM_1} = \overline{PM_2} = \overline{PM_3} = \overline{AM_2} = \overline{AM_3} = \overline{BM_3} = \overline{BM_1} \\ = \overline{CM_1} = \overline{CM_2} = r\,.\end{aligned} \tag{1}$$

Daher sind die Vierecke PM_2AM_3, PM_3BM_1, PM_1CM_2 Rhomben (Bild L 5.36).
Also gilt

$$BM_3 \parallel M_1P \parallel CM_2\,, \qquad CM_1 \parallel M_2P \parallel AM_3\,,$$
$$AM_2 \parallel M_3P \parallel BM_1\,.$$

Hiernach und wegen (1) sind die Vierecke BCM_2M_3, CAM_3M_1, ABM_1M_2 Parallelogramme, also gilt

$$\overline{BC} = \overline{M_2M_3}\,, \quad \overline{CA} = \overline{M_3M_1}\,, \quad \overline{AB} = \overline{M_1M_2}\,.$$

Folglich sind die Dreiecke ABC und $M_1M_2M_3$ nach dem Kongruenzsatz (sss) kongruent.
Nun hat das Dreieck $M_1M_2M_3$ wegen (1) den Kreis um P mit r als Umkreis.
Also hat das zum Dreieck $M_1M_2M_3$ kongruente Dreieck ABC ebenfalls r als Umkreisradius, w. z. b. w.

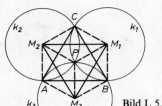

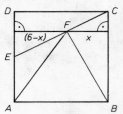

Bild L 5.36   Bild L 5.37

L 5.37   Das Lot von F auf CB habe die Länge x cm, das Lot von F auf AD hat dann die Länge $(6 - x)$ cm (Bild L 5.37).

Da die Flächeninhalte der Dreiecke AFE und BCF gleich sind und E der Mittelpunkt von AD ist, gilt

$$\frac{1}{2} \cdot 3 \cdot (6 - x) = \frac{1}{2} \cdot 6x, \quad \text{also}$$

$$9 - \frac{3}{2} x = 3x, \quad \text{woraus}$$

$$x = 2 \quad \text{folgt.}$$

Für die Flächeninhalte A_{ABF}, A_{ECD}, A_{BCF}, A_{ABCD} der Dreiecke ABF, ECD, BCF bzw. des Quadrates $ABCD$ gilt

$$A_{ABF} = A_{ABCD} - A_{ECD} - 2A_{BCF}$$

und

$$A_{ABCD} = 36 \text{ cm}^2, \quad A_{ECD} = \frac{1}{2} \cdot 6 \cdot 3 \text{ cm}^2 = 9 \text{ cm}^2,$$

$$A_{BCF} = \frac{1}{2} \cdot 2 \cdot 6 \text{ cm}^2 = 6 \text{ cm}^2.$$

Folglich ist $A_{ABF} = 36 \text{ cm}^2 - 9 \text{ cm}^2 - 12 \text{ cm}^2 = 15 \text{ cm}^2$.

L 5.38   **a)**   Nach Voraussetzung hat jedes der vier genannten Rechtecke den Flächeninhalt $\frac{a^2}{4}$. Daraus folgt

$$\overline{DF} = \frac{a^2}{4} : \overline{CD} = \frac{a}{4}, \quad \overline{AF} = \frac{3a}{4},$$

$$\overline{FH} = \frac{a^2}{4} : \overline{AF} = \frac{a^2}{4} : \frac{3a}{4} = \frac{a}{3},$$

$$\overline{EH} = \frac{2a}{3}, \quad \overline{EJ} = \frac{\overline{AF}}{2} = \frac{3a}{8}.$$

Also beträgt der gesuchte Umfang:

$$2(\overline{EH} + \overline{EJ}) = \frac{4a}{3} + \frac{3a}{4} = \frac{25a}{12}.$$

b)   Wir setzen $\overline{BJ} = x$, $\overline{KJ} = y$. Da die Rechtecke $GBJK$ und $KJEH$ umfangsgleich sind, ist $2(x + y) = 2(\overline{JE} + y)$, also $\overline{JE} = x$.

148

Da die Rechtecke *AGHF*, *GBJK* und *FECD* umfangsgleich sind, ist die Summe der halben Umfänge von *AGHF* und *GBJK* gleich dem Umfang von *FECD*, also gilt

$\overline{FA} + \overline{AG} + \overline{GB} + \overline{BJ} = 2(\overline{CD} + \overline{CE})$, mithin

$3x + a = 2(a + a - 2x)$.

Daraus folgt

$$x = \frac{3}{7}a .$$

Da die Rechtecke *AGHF* und *GBJK* umfangsgleich sind, gilt $\overline{FA} + \overline{AG} = \overline{GB} + \overline{BJ}$, mithin

$$\frac{6}{7}a + a - y = y + \frac{3}{7}a .$$

Daraus folgt $y = \frac{5}{7}a$.

Also ist der gesuchte Flächeninhalt $xy = \frac{15a^2}{49}$.

L 5.39 Der Mittelpunkt von *k* sei *M*. Bei Spiegelung an der Geraden durch *E* und *G* geht *k* in sich über, ebenso *t* und *t′*, und die Punkte *A* und *B* werden dabei miteinander vertauscht. Das gilt folglich ebenfalls für die von *A* und *B* an *k* gelegten Tangenten und somit auch für die Punkte *D* und *C* (Bild L 5.39). Daher ist *G* der Mittelpunkt der Strecke *CD*.
Ferner folgt, daß im Trapez *ABCD* die Innenwinkel bei *A* und *B* beide dieselbe Größe α haben und jeder der Innenwinkel bei *C* bzw. *D* die Größe $\gamma = 180° - \alpha$ hat (als Gegenwinkel an geschnittenen Parallelen).
Berührt *k* die Gerade durch *B* und *C* in *F*, dann sind die Dreiecke *BEM* und *BFM* nach dem Kongruenzsatz (ssw) kongruent, also gilt

$$\angle EBM = \angle FBM = \frac{\alpha}{2}.$$

Ebenso folgt $\angle GCM = \frac{\gamma}{2} = 90° - \frac{\alpha}{2}$, also $\angle GMC = \frac{\alpha}{2}$ (Winkelsumme im rechtwinkligen Dreieck *CGM*). Daher sind die rechtwinkligen Dreiecke *BME* und *MCG* einander ähnlich, und es folgt

$$\overline{BE} : \overline{EM} = \overline{MG} : \overline{GC} , \quad \text{also} \quad \frac{a}{2} : r = r : \frac{c}{2}$$

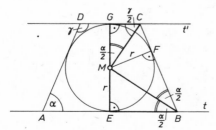

Bild L 5.39

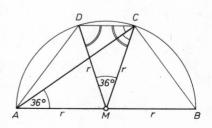

Bild L 5.40

und damit

$$r^2 = \frac{ac}{4}, \quad \text{w. z. b. w.}$$

L 5.40   Nach Voraussetzung ist das Dreieck AMC gleichschenklig mit

$$\overline{AM} = \overline{MC} = r, \quad \text{also gilt } \sphericalangle MAC = \sphericalangle ACM = 36°. \tag{1}$$

(Bild L 5.40)
Da die Winkel $\sphericalangle DCA$ und $\sphericalangle MAC$ Wechselwinkel an geschnittenen Parallelen sind, gilt

$$\sphericalangle DCA = \sphericalangle MAC = 36°. \tag{2}$$

Aus (1) und (2) folgt

$$\sphericalangle DCA + \sphericalangle ACM = \sphericalangle DCM = 72°. \tag{3}$$

Weiterhin ist nach Voraussetzung das Dreieck MCD gleichschenklig mit $\overline{MD} = \overline{MC} = r$. Hiernach und wegen (3) gilt:

$$\sphericalangle MDC = \sphericalangle DCM = 72°.$$

Nach dem Satz über die Winkelsumme im Dreieck, angewandt auf das Dreieck MCD, folgt daraus

$$\sphericalangle CMD = 36°, \text{ w. z. b. w.}$$

L 5.41   Die Vierecke $EBAC$ und $BFDA$ sind Sehnenvierecke (Bild L 5.41). Daher gilt:

$$\sphericalangle ACE + \sphericalangle ABE = 180° \text{ sowie } \sphericalangle ADF + \sphericalangle ABF = 180°.$$

Ferner gilt:

$$\sphericalangle ABE + \sphericalangle ABF = 180° \text{ (als Nebenwinkel)}.$$

Daraus folgt

$$\sphericalangle ACE + \sphericalangle ADF = 180°$$

und somit nach der Umkehrung des Satzes über entgegengesetzt liegende Winkel an geschnittenen Parallelen

$$CE \parallel DF.$$

Also ist das Viereck $CEFD$ ein Parallelogramm, und es gilt

$$\overline{CD} = \overline{EF}, \text{ w. z. b. w.}$$

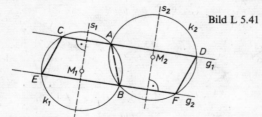 Bild L 5.41

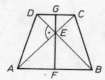 Bild L 5.42

150

L 5.42 In dem Trapez $ABCD$ mit $AB \parallel CD$ sei E der Schnittpunkt von AC mit ED. Ferner sei F der Fußpunkt des von E auf AB und G der Fußpunkt des von E auf DC gefällten Lotes. Dann ist FG eine Höhe des Trapezes $ABCD$ (Bild L 5.42).

Wegen $\overline{AB} = \overline{AB}$, $\angle BAD = \angle ABC$, $\overline{AD} = \overline{BC}$ sind nach dem Kongruenz-satz (sws) die Dreiecke ABD und ABC kongruent. Daraus folgt

$$\angle BAC = \angle ABD.$$

Folglich ist das Dreieck AEB gleichschenklig mit $\overline{AE} = \overline{EB}$ und daher EF Seitenhalbierende in diesem Dreieck. Da AC und BD einander in E rechtwink-lig schneiden, hat der Basiswinkel $\angle EAB$ in diesem Dreieck eine Größe von $45°$. Daher ist auch das Dreieck AEF gleichschenklig-rechtwinklig mit

$$\overline{EF} = \overline{AF} = \frac{1}{2}\overline{AB}.$$

Analog gilt im Dreieck EGD

$$\overline{EG} = \overline{DG} = \frac{1}{2}\overline{DC}.$$

Daher beträgt die Länge der Mittellinie des Trapezes $ABCD$

$$\frac{1}{2}(\overline{AB} + \overline{DC}) = \overline{EF} + \overline{EG} = \overline{FG}, \quad \text{w. z. b. w.}$$

L 5.43 Aus $\angle EAD = \angle CAB = 22{,}5°$ und $\angle AED = 90°$ (Bild L 5.43) folgt nach dem Satz über die Summe der Innenwinkel im Dreieck, angewandt auf das Dreieck AED,

$$\angle ADE = 180° - 90° - 22{,}5° = 67{,}5°.$$

Aus $\angle CAB = 22{,}5°$ und $\angle ACB = 90°$ folgt ebenso

$$\angle ABC = 67{,}5°.$$

Ferner ist nach Voraussetzung

$$\angle BCD = \frac{90°}{2} = 45°.$$

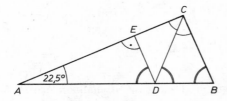

Bild L 5.43

Hieraus und aus $\angle DBC = \angle ABC = 67{,}5°$ folgt wiederum nach dem Satz über die Summe der Innenwinkel im Dreieck, angewandt auf das Dreieck DBC,

$$\angle CDB = 180° - 67{,}5° - 45° = 67{,}5°.$$

Damit ist der geforderte Beweis geführt.

L 5.44   **a)**   Wegen $AB \parallel CD$ sind $\sphericalangle ACD$ und $\sphericalangle CAB$ Wechselwinkel an geschnittenen Parallelen (Bild L 5.44), folglich gilt

$$\overline{\sphericalangle ACD} = \overline{\sphericalangle CAB} \,. \tag{3}$$

Wegen (1) ist das Dreieck ACD gleichschenklig mit $\overline{AD} = \overline{CD}$. Daher gilt für seine Basiswinkel

$$\overline{\sphericalangle ACD} = \overline{\sphericalangle CAD} \,. \tag{4}$$

Aus (3) und (4) folgt schließlich

$$\overline{\sphericalangle CAB} = \overline{\sphericalangle CAD} \,, \quad \text{w. z. b. w.}$$

b)   Aus $AB \parallel CD$ folgt wie oben (3).
Wegen (2) gilt $\overline{\sphericalangle CAB} = \overline{\sphericalangle CAD}$. $\qquad\qquad$ (5)
Aus (3) und (5) folgt (4), also ist das Dreieck ACD gleichschenklig mit $\overline{AD} = \overline{DC}$, d. h., es gilt (1), w. z. b. w.

Bild L 5.44

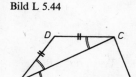 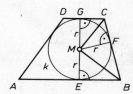

Bild L 5.45

L 5.45   Die Berührungspunkte des Kreises k (Inkreis des Trapezes) mit den Seiten AB, BC, CD des Trapezes $ABCD$ seien in dieser Reihenfolge mit E, F, G bezeichnet (Bild L 5.45).

Wegen $\overline{MB} = \overline{MB}$, $\overline{ME} = \overline{MF} = r$ sowie $\overline{\sphericalangle BEM} = \overline{\sphericalangle BFM} = 90°$

(als Winkel zwischen einer Tangente und ihrem Berührungsradius) sind die Dreiecke BME und BMF nach dem Kongruenzsatz (ssw) kongruent.
Analog läßt sich zeigen, daß auch die Dreiecke CMG und CMF kongruent sind. Folglich gilt

$$\overline{\sphericalangle GMC} = \overline{\sphericalangle CMF} \text{ sowie } \overline{\sphericalangle FMB} = \overline{\sphericalangle BME} \,.$$

Da ME und MG die Lote auf die Parallelen AB und CD von dem zwischen ihnen liegenden Punkt M aus sind, ist $\overline{\sphericalangle GME} = 180°$.
Wegen $\overline{\sphericalangle BME} + \overline{\sphericalangle FMB} + \overline{\sphericalangle CMF} + \overline{\sphericalangle GMC} = \overline{\sphericalangle GME} = 180°$,
d. h., $2 \cdot \overline{\sphericalangle FMB} + 2 \cdot \overline{\sphericalangle CMF} = 180°$, gilt somit

$$\overline{\sphericalangle BMC} = \overline{\sphericalangle FMB} + \overline{\sphericalangle CMF} = 90° \,, \quad \text{w. z. b. w.}$$

L 5.46   Es gilt $\overline{\sphericalangle BCA} = 45°$; denn die Diagonale AC halbiert den rechten Winkel bei C (Bild L 5.46). Weiter gilt $\overline{\sphericalangle CEF} = 90°$; denn Tangente und Berührungsradius stehen senkrecht aufeinander.
Aus diesen beiden Aussagen folgt: $\overline{\sphericalangle EFC} = 45°$.
Daher ist das Dreieck FCE rechtwinklig-gleichschenklig mit $\overline{EF} = \overline{EC}$. Ferner sind wegen $\overline{AF} = \overline{AF}$, $\overline{AE} = \overline{AB}$ und $\overline{\sphericalangle AEF} = \overline{\sphericalangle ABF} = 90°$ die Dreiecke AFE und AFB kongruent. Folglich gilt $\overline{FB} = \overline{FE} = \overline{EC}$, w. z. b. w.

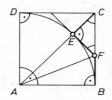

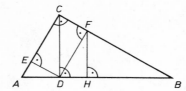

Bild L 5.46   A   B   A   D   H   B   Bild L 5.47

L 5.47   Die Dreiecke ABC, ACD, ADE, DFH sind rechtwinklig (bei C, D, E bzw. H) und haben je einen Innenwinkel von $60°$ (bei A, A, A bzw. D) (Bild L 5.47). Daher gilt

$$\overline{AC} = \frac{1}{2}\,\overline{AB}, \qquad \overline{AD} = \frac{1}{2}\,\overline{AC} = \frac{1}{4}\,\overline{AB}, \qquad \overline{AE} = \frac{1}{2}\,\overline{AD} = \frac{1}{8}\,\overline{AB},$$

$$\overline{DH} = \frac{1}{2}\,\overline{DF}.$$

Ferner ist das Viereck $CEDF$ ein Rechteck, also gilt

$$\overline{DF} = \overline{CE} = \overline{AC} - \overline{AE} = \frac{3}{8}\,\overline{AB}$$

und somit

$$\overline{DH} = \frac{3}{16}\,\overline{AB}.$$

Daraus folgt einerseits

$$\overline{HB} = \overline{AB} - \overline{AD} - \overline{DH} = \left(1 - \frac{1}{4} - \frac{3}{16}\right)\overline{AB} = \frac{9}{16}\,\overline{AB},$$

andererseits

$$\overline{HA} + \overline{AE} = \overline{AD} + \overline{DH} + \overline{AE} = \left(\frac{1}{4} + \frac{3}{16} + \frac{1}{8}\right)\overline{AB} = \frac{9}{16}\,\overline{AB}.$$

Damit ist die Behauptung bewiesen.

L 5.48   Der Grundriß jedes der Räume A, B, C, D, E läßt sich in der aus Bild A 5.48 ersichtlichen Weise in Quadrate von je 1 m Kantenlänge einteilen, so daß jedes derartige Quadrat einen Flächeninhalt von 1 m² hat.
Daher haben die Fußböden der einzelnen Räume folgenden Flächeninhalt:
Raum A: 24 m²; Raum B: 16 m²; Raum C: 8 m²; Raum D: 4 m²; Raum E: 8 m².
Wegen $24 + 16 = 40$ sind mithin insgesamt 40 m² Fußböden zu streichen und wegen $8 + 4 + 8 = 20$ insgesamt 20 m² Fußböden auszulegen.

L 5.49   Der Zeichnung „gehören" genau die folgenden Strecken „an":

$$AB, AC, BC, AG, AD, GD, AF, AE, FE, BG, BF, GF, CD, CE, DE.$$

Ferner „gehören der Zeichnung" genau die folgenden Dreiecke „an":

$$ABG, AGF, ABF, ACD, ADE, ACE.$$

153

Schließlich „gehören der Zeichnung" genau die folgenden Trapeze „an":

$$BCDG, \ BCEF, \ GDEF \ .$$

L 5.50

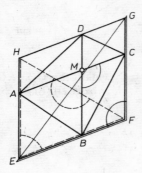

Es sei M der Schnittpunkt der Diagonalen AC und BD. Die Parallelen durch A bzw. C zu BD und durch B bzw. D zu AC mögen einander in den Punkten E, F, G, H schneiden. Dann ist das Viereck $EFGH$ laut Konstruktion ein Parallelogramm, dessen Fläche bei geeigneter Wahl der Bezeichnungen E, F, G, H aus den Flächen der vier Parallelogramme $AMDH$, $BMAE$, $CMBF$, $DMCG$ zusammengesetzt ist (Bild L 5.50).

Bild L 5.50

Da jedes dieser Parallelogramme durch eine der Strecken AB, BC, CD, DA halbiert wird, ist der Flächeninhalt des Parallelogramms $EFGH$ doppelt so groß wie der des Vierecks $ABCD$.

Daher ist der Flächeninhalt jedes Dreiecks, das den Bedingungen der Aufgabe entspricht und folglich einem der Dreiecke EFG, EFH kongruent ist, gleich dem des Vierecks $ABCD$, w. z. b. w.

L 5.51

Wegen $63^2 = 3969$ hat das abgebildete Quadrat den Flächeninhalt $3969 \ mm^2$. Wegen $38 \ cm^2 = 3800 \ mm^2$ und $3969 - 3800 = 169$ haben die beiden Dreieckflächen zusammen den Flächeninhalt $169 \ mm^2$.

Da die beiden Dreiecke gleichgroß und rechtwinklig-gleichschenklig sind, ergänzen sie sich zu einem Quadrat. Dieses Quadrat hat einen Flächeninhalt von $169 \ mm^2$ und daher die Seitenlängen $a = 13 \ mm$.

Die Seitenlänge a der genannten Dreiecke beträgt $13 \ mm$.

L 5.52

Werden die Größen der Innen- bzw. Außenwinkel des Dreiecks ABC bei A mit α bzw. α', bei B mit β bzw. β' und bei C mit γ bzw. γ' bezeichnet (Bild L 5.52), so sind die zwischen ihnen einerseits allgemein gültigen und andererseits vorausgesetzten Beziehungen beschrieben durch

$$\alpha' = 180° - \alpha = \gamma' + 16° = 180° - \gamma + 16°,$$
$$\beta' = 180° - \beta = \gamma' - 49° = 180° - \gamma - 49°,$$

woraus folgt:

$$\alpha = \gamma - 16°,$$
$$\beta = \gamma + 49°.$$

Mit Hilfe des Satzes über die Winkelsumme im Dreieck, angewandt auf das Dreieck ABC, erhält man mithin

$$\alpha + \beta + \gamma = 180° = 3\gamma + 33° \ .$$

Daraus folgt:

$$\gamma = 49° , \quad \alpha = 49° - 16° = 33° , \quad \beta = 49° + 49° = 98° .$$

154

Tatsächlich existiert wegen $49° + 33° + 98° = 180°$ ein solches Dreieck ABC, und es hat außerdem Außenwinkel folgender Größen:
Bei C mit $\gamma' = 180° - 49° = 131°$,
bei A mit $\alpha' = 180° - 33° = 147° = 131° + 16° = \gamma' + 16°$,
bei B mit $\beta' = 180° - 98° = 82° = 131° - 49° = \gamma' - 49°$.

Bild L 5.52

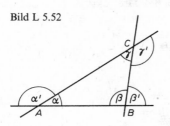 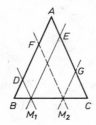

Bild L 5.53

L 5.53 Aus dem Satz über Stufenwinkel an geschnittenen Parallelen folgt (Bild L 5.53):
Die Dreiecke DBM_1 und ABC sind nach dem Hauptähnlichkeitssatz ähnlich. Daher ist das Dreieck DBM_1 gleichschenklig mit

$$\overline{BD} = \overline{M_1 D}.\tag{1}$$

Weiter folgt, da M_1EAD laut Konstruktion ein Parallelogramm ist,

$$\overline{M_1 E} = \overline{AD}.\tag{2}$$

Aus (1) und (2) folgt, daß der halbe Umfang des Parallelogramms M_1EAD gleich der Länge des Schenkels AB ist. Entsprechend zeigt man, daß der halbe Umfang des Parallelogramms M_2GAF gleich der Länge des Schenkels AC ist.
Da $\overline{AC} = \overline{AB}$ gilt, sind mithin die Umfänge der betrachteten Parallelogramme gleich, w. z. b. w.

L 5.54 Es sei A_1 der Flächeninhalt des Dreiecks FBE (Bild L 5.54).
Da die Dreiecke ADC, DEC, DFE, FBE sämtlich flächeninhaltsgleich sind, beträgt der Flächeninhalt des Dreiecks DBE folglich $2A_1$, so daß wegen $\overline{BE} = 20$ cm für die Strecke BD folgt:

$$\frac{1}{2}\,\overline{BD} \cdot \overline{BE} = 300 \text{ cm}^2, \text{ also } \overline{BD} = 30 \text{ cm}.$$

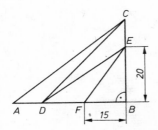

Bild L 5.54

155

Der Flächeninhalt des Dreiecks DBC beträgt dann $3A_1$, woraus man

$$\frac{1}{2}\,\overline{BC} \cdot \overline{BD} = 450\ \text{cm}^2,\ \text{also}\ \overline{BC} = 30\ \text{cm}$$

erhält.

Schließlich beträgt der Flächeninhalt des Dreiecks ABC danach $4A_1$, daraus erhält man

$$\frac{1}{2}\,\overline{AB} \cdot \overline{BC} = 600\ \text{cm}^2,\ \text{also}\ \overline{AB} = 40\ \text{cm}$$

und somit

$$\overline{AD} = \overline{AB} - \overline{BD} = 40\ \text{cm} - 30\ \text{cm} = 10\ \text{cm}\,.$$

Die Länge der Strecke AD beträgt 10 cm.

L 5.55 Die Winkel $\sphericalangle ECD$, $\sphericalangle DCB$ und $\sphericalangle BCA$ bilden zusammen einen gestreckten Winkel, also gilt:

$$\overline{\sphericalangle ECD} + \overline{\sphericalangle DCB} + \overline{\sphericalangle BCA} = 180°\,. \tag{1}$$

Andererseits gilt nach dem Winkelsummensatz, angewandt auf das Dreieck ABC:

$$\overline{\sphericalangle BCA} + \overline{\sphericalangle ABC} + \overline{\sphericalangle BAC} = 180°\,. \tag{2}$$

Wegen $\overline{\sphericalangle ECD} = \overline{\sphericalangle ABC}$ folgt aus (1) und (2)

$$\overline{\sphericalangle DCB} = \overline{\sphericalangle BAC}\,,\ \text{w. z. b. w.}$$

6. Geometrie im Raum

L 6.1   Das Schrägbild A 6.1 a) zeigt drei große weiße Quadrate, die in einer Ecke des Würfels zusammenstoßen. In dem aus dem Netz f) hergestellten Würfel kommen drei derartige Quadrate *nicht* vor, also kann a) diesen Würfel nicht darstellen. Das Schrägbild c) zeigt ein großes schwarzes und ein kleines weißes Quadrat, die längs einer Kante benachbart sind. In dem aus dem Netz hergestellten Würfel kommen zwei derartige Quadrate *nicht* vor, also kann c) diesen Würfel nicht darstellen. Das Schrägbild e) zeigt zwei kleine schwarze Quadrate, die eine Kante gemeinsam haben. In dem aus dem Netz hergestellten Würfel kommen zwei derartige Quadrate *nicht* vor, also kann e) diesen Würfel nicht darstellen.

Die Schrägbilder b) und d) können den angegebenen Würfel darstellen.

L 6.2

a)   Es würden insgesamt 27 Würfel mit 1 cm Kantenlänge entstehen.

b)   8 dieser Würfel hätten genau drei rot angestrichene Seitenflächen.

c)   12 dieser Würfel hätten genau zwei rot angestrichene Seitenflächen.

d)   6 dieser Würfel hätten genau eine rot angestrichene Seitenfläche.

e)   1 Würfel hätte keine rot angestrichene Seitenfläche.

Bild L 6.2 ist zur Lösung nicht erforderlich. Zur obigen Antwort gehören folgende in Bild L 6.2 durch Nummern gekennzeichnete Würfel:

Zu b) 1, 3, 7, 9, 19, 21, 25, 27;

zu c) 2, 4, 6, 8, 10, 12, 16, 18, 20, 22, 24, 26;

zu d) 5, 11, 13, 15, 17, 23;

zu e) 14.

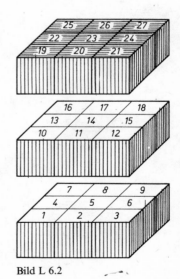

Bild L 6.2

157

L 6.3 **a)** 2 Würfel haben keine rot angestrichene Seitenfläche.
  b) 9 Würfel haben genau 1 rot angestrichene Seitenfläche.
  c) 12 Würfel haben genau 2 rot angestrichene Seitenflächen.
  d) 4 Würfel haben genau 3 rot angestrichene Seitenflächen.
  e) Kein Würfel hat 4 rot angestrichene Seitenflächen.

Zur Lösung nicht erforderlich: Der Würfel liege auf seiner nicht angestrichenen Seitenfläche, die kleinen Würfel seien in der in Bild L 6.2 angegebenen Weise numeriert. Dann gilt:
Zu a) 5, 14;
zu b) 2, 4, 6, 8, 11, 13, 15, 17, 23;
zu c) 1, 3, 7, 9, 10, 12, 16, 18, 20, 22, 24, 26;
zu d) 19, 21, 25, 27.

L 6.4 (1) **a)** 3 kleine Würfel haben keine rot angestrichene Seitenfläche.
  b) 12 kleine Würfel haben genau 1 rot angestrichene Seitenfläche.
  c) 12 kleine Würfel haben genau 2 rot angestrichene Seitenflächen.
  d) Keiner der Würfel hat 3 rot angestrichene Seitenflächen.
  (Bild L 6.4a))
  (2) Die Anzahlen lauten in diesem Falle:
  a) 4, b) 12, c) 9, d) 2. (Bild L 6.4b))
Die Bilder L 6.4a) und b) sind zur Lösung nicht erforderlich.
Bei Bild a) sind die vier Mantelflächen des großen Würfels rot angestrichen. Die nicht angestrichenen Flächen haben keine gemeinsame Kante; bei jedem kleinen Würfel ist die Anzahl der rot angestrichenen Seitenflächen angegeben.
Bei Bild b) sind drei der Mantelflächen und die Deckflächen des großen Würfels rot angestrichen, die hinten liegende Mantelfläche und die Grundfläche nicht. Die nicht angestrichenen Flächen haben eine gemeinsame Kante.

Bild L 6.4

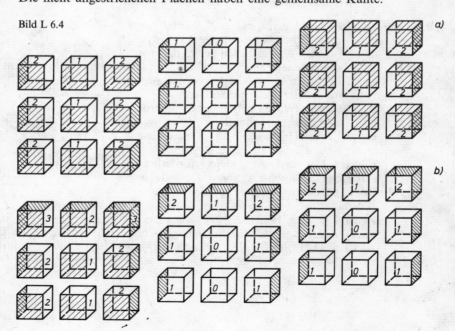

L 6.5 Die Höhe des von Uwe gebauten Würfels läßt sich sowohl aus einer Anzahl r roter Steine als auch aus einer Anzahl w weißer Steine zusammensetzen. Daher gilt:

$$r \cdot 3\,\text{cm} = w \cdot 2\,\text{cm}.$$

Die Höhe des gebauten Würfels ist ferner gleich seiner Breite, die sich aus der Kantenlänge von 2 roten Steinen und der einer Anzahl v (≥ 1) weißer Steine ergibt. Folglich gilt:

$$r \cdot 3\,\text{cm} = w \cdot 2\,\text{cm} = 2 \cdot 3\,\text{cm} + v \cdot 2\,\text{cm}$$

bzw. für die Zahlenwerte:

$$3r = 2w = 2v + 6. \tag{1}$$

Da $3r$ durch 3 teilbar ist, ist $2v + 6$ und folglich auch v durch 3 teilbar. Also gibt es eine natürliche Zahl $n \geq 1$ mit $v = 3n$, und aus (1) folgt

$$w = 3n + 3 \quad \text{sowie} \quad r = 2n + 2.$$

Alle verwendeten weißen Steine bilden einen Quader. Dieser besteht aus w Schichten; jede von ihnen enthält v Reihen zu je v Steinen. Daher wurden genau $W = w \cdot v^2$ weiße Steine verwendet.
Wäre nun $n \geq 2$, so folgte $v \geq 6$, $w \geq 9$, also $W \geq 9 \cdot 36 > 60$, im Widerspruch zur Aufgabenstellung.
Somit gilt $n = 1$, $v = 3$, $w = 6$, $r = 4$, und damit wurden genau $W = 6 \cdot 9 = 54$ weiße Steine verwendet.
Alle verwendeten roten Steine sind in r Schichten angeordnet; jede von ihnen läßt sich aus vier Reihen zu je $r - 1$ Steinen zusammensetzen. Daher wurden genau $R = r \cdot 4 \cdot (r - 1) = 4 \cdot 4 \cdot 3 = 48$ rote Steine verwendet.
Bild L 6.5 ist zur Lösung nicht erforderlich.

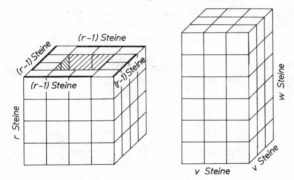

Bild L 6.5

L 6.6 Die größtmögliche Anzahl von Bauklötzen wird untergebracht, wenn die Klötze in dem Baukasten lückenlos gepackt werden und sich danach der Schiebedeckel schließen läßt. Beides ist dann möglich, wenn die Längen der Kastenkanten ganzzahlige Vielfache der Längen der Bauklotzkanten sind.
Nun ist 330 bzw. 220 zwar durch 55, aber nicht durch 70 teilbar. Dagegen ist 210 durch 70, aber nicht durch 55 teilbar. Daher ist für zwei der Kantenrichtungen die Teilbarkeitsforderung nur dann erfüllt, wenn die Bauklotzkante von 70 mm parallel zur Kastenkante von 210 mm liegt. In dieser Kantenrichtung haben dann wegen $210 : 70 = 3$ genau 3 Klötze nebeneinander Platz, in den

beiden anderen Kantenrichtungen wegen $220:55 = 4$ bzw. $330:55 = 6$ genau 4 bzw. 6 Klötze nebeneinander. Wegen $3 \cdot 4 \cdot 6 = 72$ ist demnach 72 die größtmögliche Anzahl von Klötzen, die in dem Baukasten Platz haben.

Hinweis: Eine alleinige Volumenbetrachtung kann zwar rechnerisch auf dieselbe Anzahl führen, reicht aber als Lösung nicht aus. Erforderlich ist auch der Nachweis, daß die rechnerisch ermittelte Anzahl von Klötzen tatsächlich in den Kasten gepackt werden kann.

L 6.7   Jeder der Würfel hat genau 6 Flächen. Von ihnen ist bei jedem die Fläche, auf der er steht, nicht sichtbar. Außerdem verdeckt der zweitgrößte Würfel mit seiner Standfläche einen gleichgroßen Teil der obersten Fläche des größten Würfels. Entsprechendes gilt für den drittgrößten und für den kleinsten der vier Würfel. Weitere nicht sichtbare Teilflächen kommen nicht vor. Daher erhält man den gesuchten Gesamtflächeninhalt, indem man von der Summe der Flächeninhalte von jeweils 5 Flächen der vier Würfel die Summe der Flächeninhalte je einer Fläche des zweitgrößten, des drittgrößten und des kleinsten subtrahiert.

Wegen $5(24^2 + 12^2 + 6^2 + 3^2) - (12^2 + 6^2 + 3^2) = 3636$ beträgt der gesuchte Gesamtflächeninhalt der vier Würfel 3636 cm².

L 6.8   Der Würfel hat ein Volumen von 8 cm³. Diese 8 cm³ sind, wenn er gemäß den Bedingungen der Aufgabe gesenkt ist, gleich dem Inhalt eines Quaders Q oberhalb des ursprünglichen Flüssigkeitsquaders und mit gleicher Grundfläche wie dieser. Da die Grundfläche einen Inhalt von 20 cm² hat, hat Q die Höhenlänge $\frac{8}{20}$ cm $= 0{,}4$ cm. Nach den Bedingungen der Aufgabe muß der Würfel so weit gesenkt werden, daß seine Deckfläche mit der obersten Fläche von Q in derselben Ebene liegt, d. h. um insgesamt $(2 - 0{,}4)$ cm $= 1{,}6$ cm.

L 6.9   Wenn die Kantenlängen a, b, c (in Zentimeter) des quaderförmigen Innern des Kastens den Angaben der Aufgabenstellung entsprechen, so gilt o. B. d. A.

(1) $a \cdot b \cdot 2 = 600$,

(2) $a \cdot 3 \cdot c = 600$,

(3) $4 \cdot b \cdot c = 600$.

Durch Division erhält man aus (1) und (3) $\dfrac{a}{2c} = 1$ bzw.

(4) $a = 2c$.

Setzt man (4) in (2) ein, so folgt $6c^2 = 600$, und daraus wegen $c > 0$

(5) $c = 10$.

Wegen (5) folgt aus (4) dann $a = 20$ und aus (1) oder (3) schließlich $b = 15$. Daher können nur 10 cm, 15 cm, 20 cm als Innenmaße des Kastens und mithin nur der Wert 3000 cm³ für sein Fassungsvermögen den Angaben der Aufgabenstellung entsprechen.

Hinweis: Entsprechend dem im Teil A 1. Bemerkten ist bei der vorliegenden Aufgabenformulierung (aus der eine Existenzaussage entnommen werden

160

kann) eine Probe nicht erforderlich. Der Leser möge überlegen, wie man die Aufgabe hätte formulieren müssen, damit sie auch eine Probe verlangt.

L 6.10 Es gibt viele Möglichkeiten, ein solches Netz zu zeichnen. Eine davon zeigt Bild L 6.10.

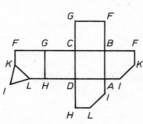

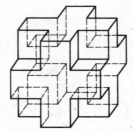

Bild L 6.10   Bild L 6.11

L 6.11 **a)** Bild L 6.11

b) Das Volumen des großen Würfels sei mit V, das eines der herausgeschnittenen Würfel mit V_A bezeichnet. Dann gilt: $V_R = V - 8V_A$, also hat b genau dann den gesuchten Wert, wenn
$$217\,\text{cm}^3 = 729\,\text{cm}^3 - 8b^3$$
gilt. Dies ist der Reihe nach gleichbedeutend mit
$$8b^3 = 512\,\text{cm}^3\,,$$
$$b^3 = 64\,\text{cm}^3\,,$$
$$b = 4\,\text{cm}\,,$$
und es gilt $4\,\text{cm} < \dfrac{9}{2}\,\text{cm} = \dfrac{a}{2}$.

L 6.12 Das Dreieck EBD ist gleichschenklig; denn seine Seiten sind Diagonalen von Quadraten mit gleicher Seitenlänge. Da in jedem Quadrat die Diagonalen einander halbieren, ist K Mittelpunkt der Seite ED und folglich BK Seitenhalbierende im Dreieck EBD. Im gleichseitigen Dreieck fallen Höhe und Seitenhalbierende, die von ein und derselben Ecke ausgehen, zusammen (Bild L 6.12). Folglich steht DE senkrecht auf BK, w. z. b. w.

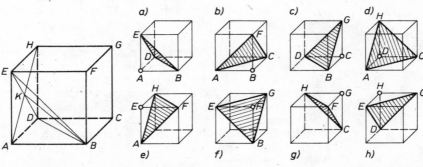

Bild L 6.12   Bild L 6.13

L 6.13   Angenommen, zwei Ecken einer Schnittfigur wären die Endpunkte ein und derselben Körperdiagonalen. Dann müßte die dritte Ecke von jedem dieser beiden Endpunkte den Abstand $\overline{AG}$ haben, was nicht möglich ist.

Angenommen, zwei Ecken einer Schnittfigur wären die Endpunkte ein und derselben Würfelkante. Dann müßte die dritte Ecke von jedem dieser beiden Endpunkte den Abstand $\overline{AB}$ haben, was für keinen Eckpunkt des Würfels zutrifft.

Also kann nur dann ein der Aufgabe entsprechendes Schnittdreieck vorliegen, wenn es drei Flächendiagonalen des Würfels als seine drei Seiten hat. Jedes solche Dreieck ist gleichseitig, da alle Flächendiagonalen des Würfels gleich lang sind. Also entspricht jede derartige Schnittfigur den Bedingungen.

Die Ecken eines jeden solchen Dreiecks sind Endpunkte der drei von ein und derselben Würfelecke ausgehenden Kanten. Durch diese Eigenschaft ist jedem Eckpunkt genau ein Dreieck und umgekehrt jedem derartigen Dreieck genau ein Eckpunkt zugeordnet. Mithin gibt es genau 8 gleichseitige Dreiecke der geforderten Art, nämlich die Dreiecke *BDE, ACF, BDG, ACH, AFH, BEG, CFH, DEG*.

Bild L 6.13 zeigt die 8 verschiedenen Möglichkeiten, wobei jeweils der zugeordnete Eckpunkt als kleiner Kreis dargestellt ist. Laut Aufgabe soll der Schüler nur eine von ihnen anfertigen.

L 6.14   a)   Bild L 6.14

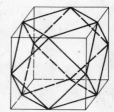

Bild L 6.14

b)   Die Eckpunkte des Restkörpers sind genau alle Mittelpunkte der Kanten des Würfels. Da der Würfel genau 12 Kanten hat, deren Mittelpunkte sämtlich voneinander verschieden sind, hat der Restkörper folglich genau 12 Eckpunkte.

Die Kanten des Restkörpers sind genau alle diejenigen Strecken, die die Mittelpunkte je zweier von ein und demselben Eckpunkt ausgehender Kanten miteinander verbinden. Jede dieser Verbindungsstrecken verläuft innerhalb einer Seitenfläche des Würfels, und zwar liegen in jeder der 6 Seitenflächen genau 4 verschiedene Verbindungsstrecken. Deren Anzahl beträgt folglich genau 24.

c)   Die in jeder Seitenfläche des Würfels liegenden 4 Kanten des Restkörpers begrenzen eine der gesuchten Teilflächen, nämlich ein Quadrat (da durch die Verbindungsstrecken von je zwei aufeinanderfolgenden Seitenmitten eines Quadrates wieder ein Quadrat begrenzt wird).

Solche quadratischen Teilflächen gibt es folglich genau 6.

Die Verbindungsstrecken der Mittelpunkte je dreier von ein und demselben Eckpunkt des Würfels ausgehender Kanten begrenzen eine weitere der gesuchten Teilflächen, nämlich ein gleichseitiges Dreieck (da diese Verbindungsstrecken als Seiten dreier kongruenter vorhin genannter Quadrate gleichlang sind).

Solche gleichseitigen Dreiecke gibt es folglich genau 8.

Diese 14 Teilflächen schließen sich bereits zur Oberfläche eines Körpers zusammen (wie man z. B. daran erkennt, daß sich um jeden Eckpunkt des Restkörpers 4 Teilflächen lückenlos zusammenschließen). Daher hat die Oberfläche des Restkörpers keine weiteren Teilflächen.

L 6.15   Von den gesuchten Schnittfiguren sind die unter c) und h) genannten nicht möglich. Alle anderen sind möglich, wie man aus den Bildern L 6.15a) bis g) erkennen kann. Dabei können bei b) und d) nur spitzwinklige Dreiecke, bei g) nur unregelmäßige Fünfecke mit zwei Paaren paralleler Seiten entstehen. In der Aufzählung nicht enthalten, aber, wie die Bilder L 6.15i) bis l) zeigen, möglich sind:

i)   Parallelogramme, die weder Rhombus- noch Rechteckform haben,
j)   Rhombus,
k)   Trapez (gleichschenklig oder ungleichschenklig),
l)   Sechseck (regelmäßig oder unregelmäßig mit drei Paaren paralleler Seiten).

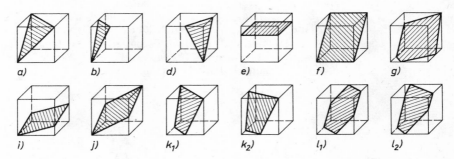

Bild L 6.15

Anmerkung: Die in Klammern stehenden Zusatzangaben werden vom Schüler nicht verlangt. Statt i), j), k) ist auch z. B. die Angabe „nicht rechteckiges Viereck" möglich.

7. Geometrische Konstruktionen in der Ebene

L 7.1 (I) Angenommen, das Dreieck ABC sei ein Dreieck, wie es nach der Aufgabenstellung konstruiert werden soll; M sei der Umkreismittelpunkt des Dreiecks. Dann haben die Seiten BC, BM, CM des Teildreiecks BCM die Längen a, r, r. Der Punkt A liegt erstens (auf dem Umkreis, also) auf dem Kreis um M mit dem Radius r und zweitens auf einer Parallelen zu BC im Abstand h_a (da laut Aufgabe A von der Geraden durch B, C den Abstand h_a haben soll) (Bild L 7.1 a)).

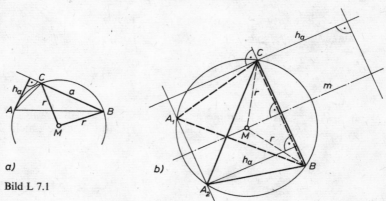

a)

b)

Bild L 7.1

(II) Aus den Betrachtungen in (I) ergibt sich, daß ein Dreieck ABC nur dann den Bedingungen der Aufgabe entspricht, wenn es durch folgende Konstruktion erhalten werden kann (Bild L 7.1 b)).

(1) Man konstruiert ein Dreieck BCM aus $\overline{BC} = a$, $\overline{BM} = \overline{CM} = r$.

(2) Man zeichnet den Kreis um M mit dem Radius r.

(3) Man konstruiert die beiden Parallelen zu BC im Abstand h_a. Schneidet eine von ihnen den in (2) konstruierten Kreis, so sei A einer der Schnittpunkte.

(III) Jedes auf die in (II) angegebene Weise konstruierte Dreieck ABC entspricht den Bedingungen der Aufgabe.

Beweis: Laut Konstruktion hat die Seite BC des Dreiecks ABC die Länge a.

Ferner haben laut Konstruktion die Strecken BM, CM und AM die Länge r, also ist (M der Umkreismittelpunkt und) r der Umkreisradius des Dreiecks ABC.

Schließlich hat A laut Konstruktion von der Geraden durch B und C den Abstand h_a, wie es verlangt war.

(IV) Konstruktionsschritt (1) ist wegen $2r > a$ bis auf Kongruenz eindeutig. Konstruktionsschritt (2) ist stets eindeutig, Konstruktionsschritt (3) liefert zunächst eindeutig die beiden Parallelen zu BC im Abstand h_a. Bei den gegebenen Werten von r, a und h_a hat

$$\left(\text{wegen } r < h_a < \sqrt{r^2 - \frac{a^2}{4}}\right)^{1)}$$

von diesen Parallelen genau die auf der gleichen Seite der Geraden durch B und C wie M liegende Parallele Schnittpunkte mit dem in (2) konstruierten Kreis, und zwar genau zwei Punkte A_1, A_2, von denen jeder im Konstruktionsschritt (3) als A gewählt werden kann.

Diese beiden Punkte liegen symmetrisch zu der Mittelsenkrechten m von BC. Daher werden durch die Spiegelung an dieser Mittelsenkrechten die Punkte A_1, B, C mit den Punkten A_2, C, B (in dieser Reihenfolge) zur Deckung gebracht, d. h., es sind die beiden hierbei entstehenden Dreiecke kongruent.

Das Dreieck ABC ist mithin durch die gegebenen Stücke bis auf Kongruenz eindeutig bestimmt.

Damit ist eine vollständige und richtige Lösung der Aufgabe angegeben.

L 7.2

(I) Angenommen, es gibt ein Dreieck ABC, das den Bedingungen der Aufgabe entspricht. Der Mittelpunkt von AB sei P, der Mittelpunkt von BC sei Q. Dann liegt P auf der Seitenhalbierenden s_c und damit auf g_2 und Q auf s_a und damit auf g_1. Betrachtet man die von S verschiedenen Punkte D auf g_2 bzw. E auf g_1, für die $\overline{DP} = \overline{PS}$ bzw. $\overline{EQ} = \overline{QS}$ gilt, so sind die Vierecke $ADBS$ bzw. $BECS$ Parallelogramme, da ihre Diagonalen einander halbieren (Bild L 7.2).

(II) Daraus folgt, daß ein Dreieck ABC nur dann den Bedingungen der Aufgabe genügt, wenn es durch folgende Konstruktion erhalten werden kann:

(1) Man zieht durch A die Parallele zu g_3. Ihr Schnittpunkt mit g_2 sei D.

(2) Man konstruiert den Mittelpunkt P von SD.

(3) Man zieht die Gerade durch A und P. Ihr Schnittpunkt mit g_3 sei B.

(4) Man zieht durch B die Parallele zu g_2. Ihr Schnittpunkt mit g_1 sei E.

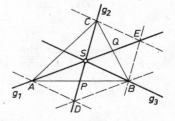

Bild L 7.2

1 Da ein Beweis der an dieser Stelle erforderlichen Aussage allein mit dem Lehrstoff bis Klasse 7 nicht möglich ist, darf der hier angegebene Sachverhalt der Anschauung entnommen werden. Es ist aber erforderlich, daß der Schüler — etwa mit den Worten: „wie die Konstruktion ergibt" — an dieser Stelle auf die von ihm angefertigte Zeichnung (Bild L 7.1 b)) verweist.

(5) Man konstruiert den Mittelpunkt Q von SE.

(6) Man zieht die Gerade durch B und Q. Ihr Schnittpunkt mit g_2 sei C.

(III) Jedes so konstruierte Dreieck ABC entspricht den Bedingungen der Aufgabe.

Beweis: Laut Konstruktion sind die Dreiecke ADP und BSP bzw. BEQ und CSQ nach (sww) kongruent. Also sind die Vierecke $ADBS$ und $BECS$ Parallelogramme, und es gilt $\overline{AP} = \overline{BP}$ sowie $\overline{BQ} = \overline{QC}$. Daher sind CP und AQ Seitenhalbierende im Dreieck ABC. Ihr Schnittpunkt S muß auch auf der dritten Seitenhalbierenden liegen, die damit auf g_3 liegt.

(IV) Die Konstruktionsschritte sind sämtlich stets ausführbar und eindeutig; denn von den Geraden g_1, g_2, g_3 sind keine zwei parallel, so daß also die Schnittpunkte D, B, E und C stets existieren und eindeutig bestimmt sind. Da weder B (als Punkt von g_3) noch C (als Punkt von g_2) mit S zusammenfällt, sind sowohl B als auch C von dem Punkt A (auf g_1) verschieden.

Das zu konstruierende Dreieck ist durch die gegebenen Bedingungen mithin eindeutig bestimmt.

L 7.3

(I) Angenommen, es gibt ein Dreieck ABC, das den Bedingungen der Aufgabe entspricht; der Mittelpunkt seines Umkreises sei M. Dann gibt es ein zum Dreieck ABC ähnliches Dreieck $A'B'C'$ mit $\overline{A'B'} = 4$ cm, $\overline{A'C'} = 3$ cm, $\overline{B'C'} = 2$ cm, das durch zentrische Streckung mit dem Streckungszentrum M aus dem Dreieck ABC entsteht (Bild L 7.3a).

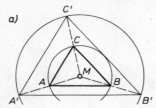 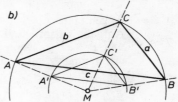

Bild L 7.3

(II) Daher entspricht ein Dreieck ABC nur dann den Bedingungen, wenn es durch folgende Konstruktion erhalten werden kann:

(1) Man konstruiert nach (sss) ein Dreieck $A'B'C'$ mit den Seitenlängen $\overline{A'B'} = 4$ cm, $\overline{A'C'} = 3$ cm, $\overline{B'C'} = 2$ cm sowie dessen Umkreismittelpunkt M.

(2) Man zeichnet die Strahlen aus M durch A' bzw. B' bzw. C'.

(3) Man zeichnet um M den Kreis mit dem Radius $r = 4$ cm. Seine Schnittpunkte mit den in (2) gezeichneten Strahlen seien in dieser Reihenfolge mit A, B, C bezeichnet.

(III) Jedes so konstruierte Dreieck ABC entspricht den Bedingungen der Aufgabe.

Beweis: Laut Konstruktion ist das Dreieck ABC durch zentrische Streckung mit dem Zentrum M aus dem Dreieck $A'B'C'$ hervorgegangen. Daher sind beide Dreiecke ähnlich. Das Dreieck ABC hat also ebenfalls das Verhältnis der Seitenlängen $a:b:c = 2:3:4$. Ebenso gilt laut Konstruktion $\overline{AM} = \overline{BM} = \overline{CM} = r$, das Dreieck ABC hat mithin einen Umkreis vom Radius $r = 4\,\text{cm}$, wie es verlangt war (vgl. Bild L 7.3 b)).

(IV) Da wegen $2 + 3 > 4$; $2 + 4 > 3$ und $3 + 4 > 2$ ein Dreieck $A'B'C'$ mit den angegebenen Seitenlängen existiert, ist der Konstruktionsschritt (1) bis auf Kongruenz eindeutig ausführbar. Die Konstruktionsschritte (2) und (3) sind ebenfalls eindeutig ausführbar.

Daher ist durch die gegebenen Bedingungen ein Dreieck ABC bis auf Kongruenz eindeutig bestimmt.

L 7.4 (I) Angenommen, ein Dreieck ABC erfüllt die gegebenen Bedingungen. Im Dreieck ABE sind dann $\overline{AB}$, $\sphericalangle\,AEB = 90°$ und $\sphericalangle\,BAE = \sphericalangle\,BAC$ gegeben. H ist der Mittelpunkt von BE. Der Punkt C liegt erstens auf dem Strahl aus A durch E und zweitens auf der Geraden, die das Lot von H auf die Gerade durch A und B enthält (Bild 7.4 a)).

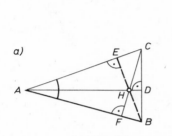
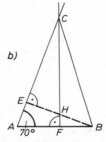

Bild L 7.4

(II) Daraus ergibt sich, daß ein Dreieck ABC nur dann den Bedingungen der Aufgabe genügt, wenn es durch folgende Konstruktion erhalten werden kann:

(1) Man konstruiert ein Dreieck ABE aus $\overline{AB} = 5\,\text{cm}$, $\sphericalangle\,AEB = 90°$ und $\sphericalangle\,BAE = 70°$.

(2) Man konstruiert den Mittelpunkt H der Seite EB.

(3) Man fällt von H auf die Gerade durch A und B das Lot. Sein Fußpunkt sei F.

(4) Man zeichnet den Strahl aus A durch E und die Gerade durch F und H. Ihr Schnittpunkt sei C genannt.

(III) Jedes so konstruierte Dreieck ABC entspricht den Bedingungen der Aufgabe.

Beweis: Laut Konstruktion gilt $\overline{AB} = 5\,\text{cm}$. Ferner gilt laut Konstruktion

$$\sphericalangle\,BAE = \sphericalangle\,BAC = 70°.$$

Schließlich gilt ebenfalls laut Konstruktion $\overline{BH} = \overline{HE}$. Außerdem ist H der Schnittpunkt zweier Höhen im Dreieck ABC, also dessen Höhenschnittpunkt.

(IV) Der Konstruktionsschritt (1) ist bis auf Kongruenz eindeutig ausführbar. Danach sind die Konstruktionsschritte (2), (3) und (4) eindeutig ausführbar. Wie die Konstruktion ergibt, schneiden einander auch der Strahl aus A durch E und die Gerade durch F und H in genau einem Schnittpunkt C.

Somit ist das Dreieck ABC durch die gegebenen Bedingungen bis auf Kongruenz eindeutig bestimmt (Bild L 7.4 b)).

L 7.5   Trägt man auf der Verlängerung von AB über B hinaus eine Strecke BG der Länge $\overline{BG} = \overline{CD}$ ab, so wird

$$\overline{AG} = \overline{AB} + \overline{BG} = \overline{AB} + \overline{CD} = (a + b) + (a - b) = 2a \,.$$

Konstruiert man den Mittelpunkt H der Strecke AG, so wird folglich

$$\overline{AH} = a \,.$$

Hiernach wird ferner $\overline{HB} = \overline{AB} - \overline{AH} = (a + b) - a = b.$
Konstruiert man daher auf der Verlängerung von HB über B hinaus einen Punkt K so, daß $\overline{HK} = \overline{EF}$ gilt, so ergibt sich

$$\overline{BK} = \overline{HK} - \overline{HB} = \overline{EF} - \overline{HB} = (b + c) - b = c \,.$$

Damit sind drei Strecken der Länge a, b, c konstruiert, wie es verlangt wird (Bild L 7.5).

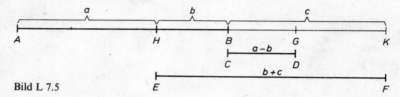

Bild L 7.5

Für diese so konstruierten Strecken gilt:

$$a + b = \overline{AH} + \overline{HB} = \overline{AB} \,,$$
$$a - b = \overline{AH} - \overline{HB} = \overline{AB} + \overline{CD} - (\overline{AB} - \overline{AH}) = \overline{CD} \,,$$
$$b + c = \overline{HB} + \overline{BK} = \overline{HK} = \overline{EF} \,.$$

Damit ist nachgewiesen, daß die Strecken a, b, c die Eigenschaften (1) haben.

L 7.6   In Bild L 7.6 sind eine mögliche Zerlegung und auch die Zusammensetzung des Quadrats dargestellt.
Bei der Suche nach einer derartigen Zerlegungsmöglichkeit ist es sinnvoll, von folgender (laut Aufgabenstellung aber nicht geforderter) Überlegung auszugehen: Das Rechteck $ABCD$ hat laut Aufgabe einen Flächeninhalt von $(9 \cdot 16)$ cm^2 = 144 cm^2. Da das Quadrat denselben Flächeninhalt haben muß und da 12 die einzige natürliche Zahl ist, deren Quadratzahl 144 beträgt, muß die Länge der Quadratseite 12 cm betragen.

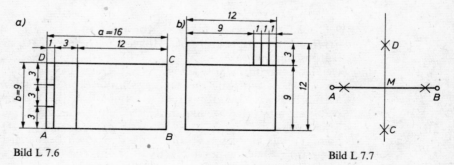

Bild L 7.6   Bild L 7.7

L 7.7 Man beschreibt um A und B je einen Kreis mit gleichem Radius, der größer als 5 cm, aber gleichzeitig so gewählt ist, daß die beiden Schnittpunkte C, D dieser Kreise eine Strecke CD ergeben, die kleiner als 8 cm ist (Bild L 7.7). (Ein solcher Radius läßt sich durch Probieren stets finden.) Die Strecke CD wird danach mit Zirkel und Lineal halbiert. Ihr Mittelpunkt M ist zugleich auch der Mittelpunkt der Strecke AB, und es gilt $\overline{AM} = \overline{MB} = 5$ cm. Daher lassen sich diese Teilstrecken und damit auch die ganze Strecke AB nunmehr mit einem Lineal von nur 8 cm Länge zeichnen.

(Daß M tatsächlich Mittelpunkt von AB ist, läßt sich z. B. mit dem Satz über die Diagonalen im Parallelogramm, angewandt auf das Parallelogramm $ABCD$, (laut Konstruktion) begründen, jedoch stehen Schülern dieser Altersklasse derartige Mittel noch nicht zur Verfügung.)

L 7.8 **a)** Die Konstruktion erfolgt in den folgenden Schritten (Bild L 7.8):

(1) Man errichtet im Auftreffpunkt A des Strahls die (im Innern des Winkels liegende) Senkrechte.

(2) Es sei D ein im Innern des Winkels liegender Punkt auf der in (1) errichteten Senkrechten. Dann wird in A an AD nach beiden Seiten der Geraden durch A und D je ein Winkel von 30° angetragen. Der auf derselben Seite der Geraden durch A und B wie der Scheitel S des gegebenen Winkels von 45° gelegene Schnittpunkt des freien Schenkels des einen der soeben konstruierten Winkel mit dem Spiegel 2 sei F.

(3) Man errichtet in F die im Innern des Spiegelwinkels gelegene Senkrechte. Ein (von F verschiedener) im Innern des Spiegelwinkels auf der Senkrechten gelegener Punkt sei E genannt.

(4) Man trägt in F an EF nach der Seite der Geraden durch E und F, auf der der Scheitel S des Spiegelwinkels nicht liegt, einen Winkel der Größe $\overline{\measuredangle\, AFE}$ an. Sein freier Schenkel (Ausfallsstrahl) schneidet den freien Schenkel des anderen in A laut (2) angetragenen Winkels (Einfallsstrahl) in G.

b) Wegen $\overline{\measuredangle\, DAF} = 30°$ gilt $\overline{\measuredangle\, FAS} = 90° - \overline{\measuredangle\, DAF} = 60°$. Folglich gilt nach dem Winkelsummensatz, angewandt auf das Dreieck FSA, $\overline{\measuredangle\, SFA} = 180° - 60° - 45° = 75°$. Also ist $\overline{\measuredangle\, AFE} = 90° - 75° = 15°$. Daraus folgt $\measuredangle\, AFG = 2\,\overline{\measuredangle\, AFE} = 30°$.

Schließlich folgt nach dem Winkelsummensatz, angewandt auf das Dreieck FAG, $\overline{\measuredangle\, FGA} = 180° - 60° - 30° = 90°$.

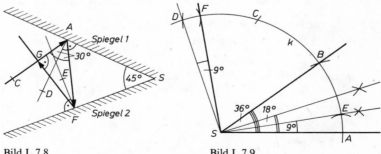

Bild L 7.8   Bild L 7.9

Der auf dem Spiegel 1 unter 30° einfallende Strahl bildet mit dem vom Spiegel 2 reflektierten Strahl einen Winkel von 90°.

L 7.9   Wegen $3 \cdot 36° - 9° = 108° - 9° = 99°$ läßt sich ein Winkel von 99° aus einem gegebenen Winkel von 36° auf folgende Weise konstruieren (Bild L 7.9):
(1)   Man beschreibt um den Scheitelpunkt S des gegebenen Winkels mit einem beliebig gewählten Radius r einen Kreis k. Er schneidet die Schenkel des gegebenen Winkels in den Punkten A bzw. B.
(2)   Man beschreibt um B mit dem Radius $\overline{AB}$ einen Kreis. Er schneidet den Kreis k außer in A noch in C.
(3)   Danach beschreibt man um C mit $\overline{AB}$ einen Kreis, der den Kreis k außer in B noch in D schneidet.
(4)   Man halbiert den Winkel von 36° und halbiert danach einen der beiden Teilwinkel (von je 18°).
(5)   Den so erhaltenen Winkel von 9° trägt man in S an SD auf derselben Seite der Geraden durch S und D an, auf der C liegt.
Der Schnittpunkt seines freien Schenkels mit k sei F.
Jeder so konstruierte Winkel $\angle ASF$ hat eine Größe von 99°.

Beweis: Laut Konstruktion gilt

$$\angle ASD = \angle ASB + \angle BSC + \angle CSD = 3 \cdot 36° = 108°.$$

Ferner gilt laut Konstruktion $\angle DSF = 9°$.
Folglich gilt

$$\angle ASF = \angle ASD - \angle DSF = 108° - 9° = 99°.$$

Anmerkung: Es gibt auch andere Möglichkeiten, aus dem gegebenen Winkel einen Winkel von 99° zu konstruieren, indem man z. B. zunächst einen Winkel von 9° und danach einen Winkel von $11 \cdot 9° = 99°$ konstruiert.

L 7.10   Die Länge der Strecke AB sei a. Man beschreibt um A und B je einen Kreisbogen mit einem und demselben Radius $r > \dfrac{a}{2}$. Die beiden Schnittpunkte dieser Kreisbögen seien C und D genannt, die Länge der so entstandenen Strecke CD sei b.
Nun beschreibt man um C und um D mit einem und demselben Radius $r_1 > \dfrac{b}{2}$ je einen Kreis. Die beiden Schnittpunkte dieser Kreise seien P_1 und P_2.
Alle auf diese Weise konstruierten Punkte P_1, P_2 liegen auf der Geraden durch A und B (Bild L 7.10).

Beweis: Die Gerade durch C und D ist laut Konstruktion Symmetrieachse der Strecke AB. Aus demselben Grund ist auch die Gerade durch A und B Symmetrieachse der Strecke CD. Da laut Konstruktion $\overline{CP_1} = \overline{DP_1}$ und $\overline{CP_2} = \overline{DP_2}$ gilt, liegen P_1 und P_2 auf der die Punkte A und B enthaltenden Symmetrieachse der Strecke CD, also auf der Geraden durch A und B, und sind im Falle $r_1 \neq r$ von A und B verschieden.

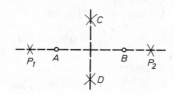

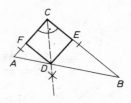

Bild L 7.10   Bild L 7.11

L 7.11   (I)   Angenommen, *CFDE* sei ein Quadrat, das den Bedingungen der Aufgabe entspricht; seine Eckpunkte *F*, *D*, *E* liegen in dieser Reihenfolge auf den Seiten *AC*, *AB* bzw. *BC* des Dreiecks *ABC*. Dann halbiert die Diagonale *CD* des Quadrats den Winkel ⊰ *FCE* und damit auch den Winkel ⊰ *ACB*.

      (II)   Daher genügt ein Quadrat *CFDE* nur dann den Bedingungen der Aufgabe, wenn es durch folgende Konstruktion erhalten werden kann (Bild L 7.11):

           (1) Man konstruiert die Halbierende des Winkels ⊰ *ACB*. Ihr Schnittpunkt mit *AB* sei *D*.

           (2) Man zieht durch *D* zu *AC* bzw. zu *BC* die Parallelen. Ihre Schnittpunkte mit *AC* bzw. *BC* seien *F* bzw. *E*.

     (III)   Jedes so konstruierte Quadrat *CFDE* entspricht den Bedingungen der Aufgabe.

          Beweis: Das Viereck *CFDE* hat bei *C* einen rechten Winkel, der mit dem rechten Winkel des Dreiecks *ABC* zusammenfällt. Der gegenüberliegende Eckpunkt *D* des Vierecks *CFDE* liegt auf der Hypotenuse *AB* des Dreiecks *ABC*.

          Laut Konstruktion gilt *CF* ∥ *ED* und *FD* ∥ *CE*, also ist das Viereck *CFDE* ein Parallelogramm und, da es vier rechte Winkel hat, ein Rechteck.

          Da *CD* den Winkel ⊰ *ACB* halbiert, gilt $\overline{DE} = \overline{DF}$, also ist das Rechteck *CFDE* ein Quadrat.

     (IV)   Beide Konstruktionsschritte sind stets ausführbar und eindeutig. Das Quadrat *CFDE* ist also durch die angegebenen Bedingungen eindeutig bestimmt.

L 7.12   (I)   Angenommen, ein Sechseck *CDEFGH* erfülle die Bedingungen der Aufgabe. Dann halbiert der Mittelpunkt *M* des Umkreises dieses Sechsecks die Halbierende *CF* des Winkels ⊰ *BCA*, und die Dreiecke *MCD*, *MDE*, *MEF*, *MFG*, *MGH* und *MHC* sind sämtlich gleichseitig mit der Seitenlänge $\overline{CM}$ (Bild A 7.12).

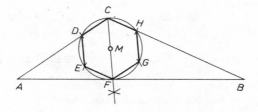

Bild L 7.12

(II) Daher entspricht ein Sechseck *CDEFGH* nur dann den Bedingungen der Aufgabe, wenn es durch folgende Konstruktion erhalten werden kann (Bild L 7.12):

(1) Man konstruiert die Halbierende des Winkels $\sphericalangle\ BCA$, ihr Schnittpunkt mit *AB* sei der Punkt *F*.

(2) Man halbiert *CF*, der Halbierungspunkt sei *M*.

(3) Man beschreibt um *C* einen Kreis mit dem Radius $\overline{MC}$, seine Schnittpunkte mit *AC* bzw. *BC* seien *D* bzw. *H*.

(4) Man beschreibt um *M* und *F* Kreise mit dem Radius $\overline{MC}$, ihre Schnittpunkte miteinander seien *E* und *G*.

(III) Jedes so konstruierte Sechseck *CDEFGH* entspricht den Bedingungen der Aufgabe.

Beweis: Nach Konstruktion liegen die Punkte *D*, *F*, *H* in dieser Reihenfolge auf den Seiten *AC*, *AB* bzw. *BC*. Ebenfalls nach Konstruktion ist $\overline{CD} = \overline{EF} = \overline{FG} = \overline{HC} = \overline{CM}$.

Da ferner *M* nach Konstruktion auf der Halbierenden des Winkels $\sphericalangle\ DCH$ der Größe 120° liegt, das Dreieck *CDM* also gleichseitig ist, und da nach Konstruktion das Dreieck *EFM* ebenfalls gleichseitig ist, gilt $\sphericalangle\ CMD = \sphericalangle\ FME = 60°$.

Hiernach und wegen $\sphericalangle\ FMC = 180°$ ist $\sphericalangle\ EMD = 60°$.

Da das Dreieck *EMD* wegen $\overline{MD} = \overline{ME}$ gleichschenklig ist, gilt $\sphericalangle\ MED = \sphericalangle\ MDE$, die Größe der beiden Winkel beträgt somit jeweils 60°, also ist $\overline{DE} = \overline{CM}$. Entsprechend ist $\overline{GH} = \overline{CM}$. Wegen $\overline{CD} = \overline{DE} = \overline{EF} = \overline{FG} = \overline{GH} = \overline{HC} = \overline{CM}$ sind die Dreiecke *MCD*, *MDE*, *MEF*, *MFG*, *MGH*, *MHC* sämtlich gleichseitig. Daher gilt:

$$\sphericalangle\ CDE = \sphericalangle\ DEF = \sphericalangle\ EFG = \sphericalangle\ FGH = \sphericalangle\ GHC = 120°.$$

(IV) Sämtliche Konstruktionsschritte sind eindeutig ausführbar. Daher gibt es stets genau ein Sechseck *CDEFGH*, das den Bedingungen der Aufgabe entspricht.

Bemerkung: Auf den Nachweis, daß $\overline{CM} < \overline{BC}$ und $\overline{CM} < \overline{AC}$ ist, wird hier verzichtet.

L 7.13

(I) Angenommen, *M* sei der Mittelpunkt eines der gesuchten Kreise *k*. Die Sehnen, die *k* von g_1, g_2, g_3 abschneidet, sind dann gleichlang, also sind sie gleichweit von *M* entfernt. Daher liegt *M* auf einer Winkelhalbierenden w_1 eines der Schnittwinkel von g_1 mit g_2 und auf einer Winkelhalbierenden w_2 eines der Schnittwinkel von g_2 mit g_3 und ist der Schnittpunkt von w_1 mit w_2 (Bild L 7.13a)).

(II) Daraus folgt, daß ein Kreis *k* nur dann den Bedingungen der Aufgabe genügt, wenn er durch folgende Konstruktion erhalten werden kann (Bild L 7.13a)):

(1) Man konstruiert die Halbierende w_1 eines der Schnittwinkel von g_1 mit g_2.

(2) Man konstruiert die Halbierende w_2 eines der Schnittwinkel von g_2 mit g_3. Ihr Schnittpunkt mit w_1 sei *M*.

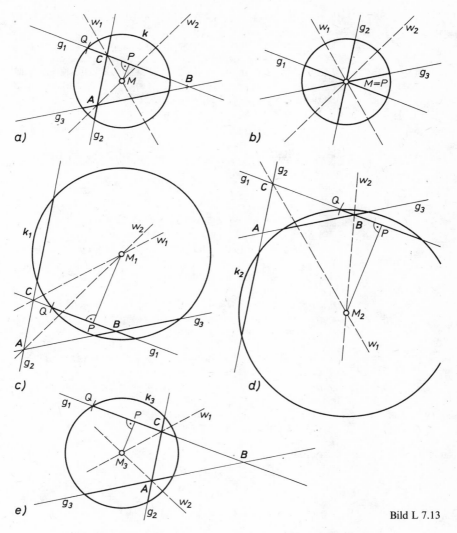

a)

b)

c)

d)

e)

Bild L 7.13

(3) Man fällt von M das Lot auf g_1. Sein Fußpunkt sei P.

(4) Man beschreibt den Kreis um P mit $\dfrac{s}{2}$.

   Einer seiner Schnittpunkte mit g_1 sei Q.

(5) Man beschreibt den Kreis um M mit $\overline{MQ}$.

(III) Jeder so konstruierte Kreis k entspricht den Bedingungen der Aufgabe.

   Beweis: Laut Konstruktion hat k als Schnittpunkt zweier Winkelhalbierenden von jeder der Geraden g_1, g_2, g_3 denselben Abstand $\overline{MP}$. Der Punkt P ist laut Konstruktion Mittelpunkt der Sehne, die k aus der Geraden g_1 abschneidet. Wegen $\overline{PQ} = \dfrac{s}{2}$ hat diese Sehne und

173

damit auch die Sehnen, die k aus g_2 bzw. g_3 abschneidet, die Länge s, wie es verlangt war.

(IV) Da von den Geraden g_1, g_2, g_3 keine zwei parallel zueinander sind, gibt es entweder genau einen Schnittpunkt M dieser drei Geraden (Bild L 7.13b)) (in diesem Fall ist $M = P$; die Konstruktion besteht nur aus dem Konstruktionsschritt (4)) oder es gibt genau drei Schnittpunkte dieser Geraden miteinander. Dann bilden die drei Schnittpunkte die Eckpunkte eines Dreiecks, und es gibt genau vier Schnittpunkte M, nämlich die Schnittpunkte der Innen- und Außenwinkelhalbierenden des Dreiecks. Damit erhält man in diesem Falle genau vier Kreise k, die den Bedingungen der Aufgabe entsprechen (Bilder L 7.13a), c), d), e)).

L 7.14

Fall 1:

Die Geraden g_1 und g_2 schneiden einander im Punkt S. Dann liegen die gesuchten Punkte X wegen (1) auf der Mittelsenkrechten s_{12} von $P_1 P_2$ und wegen (2) auf einer der beiden Halbierenden w_{12} bzw. w_{21} der Schnittwinkel von g_1 mit g_2.

Für die Lage von s_{12} sind folgende Fälle zu unterscheiden:

1.1: Es sei $s_{12} \parallel w_{12}$ oder $s_{12} \parallel w_{21}$.

Dann gibt es für $s_{12} \neq w_{12}$ bzw. für $s_{12} \neq w_{21}$ jeweils genau einen derartigen Punkt X, nämlich den Schnittpunkt von s_{12} mit w_{21} bzw. den Schnittpunkt von s_{12} mit w_{12}.

Für $s_{12} = w_{12}$ bzw. $s_{12} = w_{21}$ erfüllen alle Punkte von w_{12} bzw. von w_{21} und nur diese die Bedingungen von (1) und (2) (Bild L 7.14a)).

1.2: Es sei s_{12} zu keiner der beiden Winkelhalbierenden parallel.

Dann schneidet s_{12} entweder beide Winkelhalbierenden im Punkt S, und genau S erfüllt (1) und (2), oder s_{12} hat mit w_{12} den Punkt X_1 und mit w_{21} den Punkt X_2 gemeinsam ($X_1 \neq X_2$), wobei X_1 und X_2 und nur diese Punkte die Bedingungen (1) und (2) erfüllen (Bild L 7.14b)).

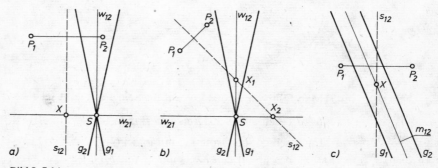

Bild L 7.14

Fall 2

Die Geraden g_1 und g_2 sind zueinander parallel.

Dann liegen die gesuchten Punkte X wegen (1) auf der Mittelsenkrechten s_{12} von $P_1 P_2$ und wegen (2) auf der Mittelparallelen m_{12} zu g_1 und g_2.

Verläuft s_{12} nicht parallel zu m_{12}, so gibt es genau einen Punkt X, nämlich den Schnittpunkt von s_{12} mit m_{12}, der (1) und (2) erfüllt.

Für $s_{12} \parallel m_{12}$ erfüllen alle Punkte der Mittelparallelen m_{12} und nur diese (1) und (2), falls $s_{12} = m_{12}$ gilt. Anderenfalls gibt es keinen derartigen Punkt (Bild L 7.14c)).

Damit sind alle Punkte X ermittelt, wie es verlangt war.

L 7.15

(I) Angenommen, k sei ein Kreis, der den Bedingungen der Aufgabe entspricht. Sein Mittelpunkt M liegt dann erstens auf der Mittelparallelen g_m zu g_1 und g_2 und zweitens (da sein Radius aus diesem Grunde $\frac{a}{2}$ beträgt) auf dem Kreis um P mit $\frac{a}{2}$.

(II) Daher entspricht ein Kreis nur dann den Bedingungen der Aufgabe, wenn er durch folgende Konstruktion erhalten werden kann (Bild L 7.15):

(1) Man konstruiert die Mittelparallele g_m zu g_1 und g_2.

(2) Man zeichnet um P einen Kreis mit dem Radius $\frac{a}{2}$.

Schneidet er g_m, so sei M einer der Schnittpunkte.

(3) Man zeichnet den Kreis k um M mit $\frac{a}{2}$.

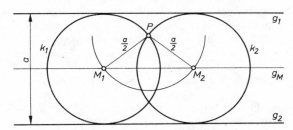

Bild L 7.15

(III) Jeder so konstruierte Kreis k genügt den Bedingungen der Aufgabe.

Beweis: Nach Konstruktion beträgt der Abstand von M zu g_1 und g_2 jeweils $\frac{a}{2}$. Folglich sind g_1 und g_2 Tangenten an den Kreis k. Nach Konstruktion gilt ferner $\overline{MP} = \frac{a}{2}$, also geht k durch P, wie es verlangt war.

(IV) Der Konstruktionsschritt (1) ist stets eindeutig ausführbar. Ebenso sind die Konstruktionsschritte (2) und (3) stets eindeutig ausführbar.

Da P zwischen g_1 und g_2 liegt, ist sein Abstand von g_m kleiner als $\frac{a}{2}$.

Daher existieren stets genau zwei Schnittpunkte von g_m mit dem Kreis um P mit $\frac{a}{2}$.

Somit gibt es genau zwei Kreise, die den geforderten Bedingungen genügen.

a) (I) Angenommen, *ABCD* sei ein Trapez der geforderten Art mit $\overline{AB} = p_1$, $\overline{CD} = p_2$ und einem Umkreis *k* vom Radius *r* mit dem Umkreismittelpunkt *M*. Ferner sei *EF* derjenige Durchmesser des Umkreises, für den $EF \parallel AB \parallel CD$ gilt. Dann schneiden die Senkrechten zu *EF* durch *A*, *B*, *C* bzw *D* die Strecke *EF* in den Punkten *A''*, *B''*, *C''* bzw. *D''*, für die

$$\overline{A''M} = \overline{MB''} = \frac{p_1}{2} \quad \text{und} \quad \overline{D''M} = \overline{MC''} = \frac{p_2}{2} \text{ gilt. Ferner liegen } A$$

und *B* auf derselben Seite der Geraden durch *E, F*, und dasselbe gilt für *C* und *D* (Bild L 7.16a)).

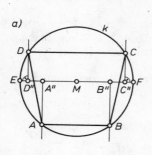

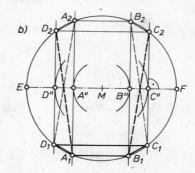

Bild L 7.16

(II) Daher entspricht ein Trapez *ABCD* nur dann den Bedingungen der Aufgabe, wenn es durch folgende Konstruktion erhalten werden kann:
(1) Man zeichnet um einen beliebigen Punkt *M* den Kreis *k* mit dem Radius *r* und einen Durchmesser *EF* dieses Kreises.

(2) Man zeichnet um *M* die Kreise mit den Radien $\frac{p_1}{2}$ bzw. $\frac{p_2}{2}$. Ihre Schnittpunkte mit *EF* seien *A''*, *B''*, bzw. *D''*, *C''* genannt.
(3) Man konstruiert in den Punkten *D''*, *A''*, *B''*, *C''* die Senkrechten zu *EF*. Haben sie jeweils Schnittpunkte mit *k* gemeinsam, so bezeichnet man jeweils einen davon so mit *D*, *A*, *B* bzw. *C*, daß *A* und *B* auf derselben Seite der Geraden durch *E*, *F* (oder beide auf dieser Geraden) liegen und dasselbe für *C* und *D* gilt, daß aber nicht alle vier Punkte *A*, *B*, *C*, *D* auf der Geraden durch *E*, *F* liegen.
(III) Jedes so konstruierte Trapez *ABCD* entspricht den Bedingungen der Aufgabe:

Beweis: Laut Konstruktion ist $\overline{A''B''} = p_1$, $\overline{D''C''} = p_2$. Ferner gilt laut Konstruktion $\overline{AM} = \overline{BM} = \overline{CM} = \overline{DM} = r$, also hat das Viereck *ABCD* den Kreis um *M* mit *r* als Umkreis. Die Senkrechte durch *M* zu *EF* ist Symmetrieachse des Umkreises und, da sie parallel zu *AA''* und *BB''* sowie zu *CC''* und *DD''* ist, auch Symmetrieachse der Vierecke *ABB''A''* bzw. *DCC''D''*. Daraus folgt $\overline{AB} = \overline{A''B''}$ und $AB \parallel A''B''$ sowie $\overline{CD} = \overline{C''D''}$ und $CD \parallel C''D''$ und mithin $AB \parallel CD$. Also ist *ABCD* ein Trapez, wie es verlangt war.
(IV) Der Konstruktionsschritt (1) ist stets eindeutig ausführbar. Der Konstruktionsschritt (2) liefert genau dann Schnittpunkte *A''*, *B''* mit *EF*, wenn $p_2 \leqq 2r$ ist. In diesem Fall ist er eindeutig ausführbar. Ist dagegen $p_2 > 2r$, so ist (2) nicht ausführbar, also existiert dann kein Trapez

ABCD mit den verlangten Eigenschaften. Im Falle $p_2 \leqq 2r$ ist der Konstruktionsschritt (3), nachdem (2) ausgeführt wurde, stets ausführbar. Er liefert im Falle $p_2 < 2r$ für jede der vier Senkrechten genau zwei Schnittpunkte mit k, die sich so mit A_1 und A_2, B_1 und B_2, C_1 und C_2 sowie D_1 und D_2 bezeichnen lassen, daß $A_1B_1C_1D_1$ auf der einen und $A_2B_2C_2D_2$ auf der anderen Seite der Geraden durch E, F liegen. Dann gilt $A_1B_1 \parallel A_2B_2 \parallel C_1D_1 \parallel C_2D_2$. Daher gibt es in diesem Falle genau vier Möglichkeiten zur Bezeichnungswahl in (3), und damit entstehen genau vier Trapeze, nämlich $A_1B_1C_1D_1$, $A_1B_1C_2D_2$, $A_2B_2C_1D_1$ und $A_2B_2C_2D_2$, von denen je zwei kongruent sind. Im Falle $p_2 = 2r$ wird $D_1 = D_2 = E$, $C_1 = C_2 = F$. Daher gibt es in diesem Falle genau zwei Trapeze, die den Bedingungen der Aufgabe genügen, nämlich $A_1B_1C_1D_1$ und $A_2B_2C_1D_1$.

b) ↗ Bild L 7.16b)

L 7.17 (I) Angenommen, k_2 sei ein Kreis, der die Kreise k und k_1 berührt. Dann liegt sein Mittelpunkt M_2 erstens auf dem Kreis um M_1 mit dem Radius $2r_1$ und zweitens auf einem der Kreise um M mit $(r + r_1)$ bzw. $(r - r_1)$ als Radius.

(II) Daraus ergibt sich, daß ein Kreis k_2 nur dann den Bedingungen der Aufgabe genügt, wenn er durch folgende Konstruktion erhalten werden kann (Bild L 7.17):

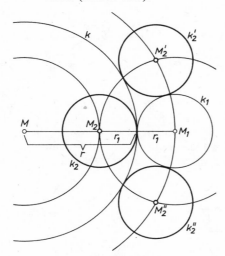

Bild L 7.17

(1) Man beschreibt um M_1 einen Kreis mit dem Radius $2r_1$.
(2) Man beschreibt um M Kreise mit den Radien $(r + r_1)$ bzw. $(r - r_1)$. Schneiden sie den in (1) gezeichneten Kreis, sei M_2 einer ihrer Schnittpunkte.
(3) Man beschreibt um M_2 den Kreis k_2 mit dem Radius r_1.

(III) Jeder so konstruierte Kreis k_2 entspricht den Bedingungen der Aufgabe.

Beweis: Laut Konstruktion hat jeder Schnittpunkt M_2 des in (1) gezeichneten Kreises mit einem der in (2) gezeichneten Kreise sowohl von k als auch von k_1 den Abstand r_1. Da r_1 Radius des zu konstruierenden

177

Kreises ist, berührt dieser mithin sowohl den Kreis k als auch den Kreis k_1, wie es verlangt war.

(IV) Da der Kreis um M mit dem Radius $(r + r_1)$ durch M_1 geht und $r + r_1 > 2r_1$ ist, hat der Kreis um M_1 mit dem Radius $2r_1$ genau zwei Schnittpunkte mit dem erwähnten Kreis um M. Da bei den gegebenen Werten $r - r_1 = 2r_1$ ist, berührt der in (2) konstruierte Kreis um M_1 den Kreis um M mit dem Radius $r - r_1$ in genau einem Punkt.

Folglich gibt es bei den gegebenen Werten genau drei Kreise k_2, die den Bedingungen der Aufgabe genügen.

L 7.18 (I) Angenommen, das Viereck ABC_1D_1 sei ein Parallelogramm, wie es konstruiert werden soll. Dann stimmt es mit dem Parallelogramm $ABCD$ im Flächeninhalt und in der Seite AB überein. Daher muß es mit dem Parallelogramm $ABCD$ auch in der Länge der zu AB gehörenden Höhe übereinstimmen. Also liegen die Punkte C_1 und D_1 auf der Geraden durch C und D, da das Parallelogramm ABC_1D_1 auf derselben Seite der Geraden durch A und B wie das Parallelogramm $ABCD$ liegen soll.

(II) Daher genügt ein Parallelogramm ABC_1D_1 nur dann den Bedingungen der Aufgabe, wenn es durch folgende Konstruktion erhalten werden kann:
(1) Man zeichnet die Gerade g durch C und D.
(2) Man beschreibt einen Kreis um A mit dem Radius e. Schneidet er die Gerade g, so sei einer der Schnittpunkte C_1 genannt.
(3) Man zieht die Parallele zu BC_1 durch A. Ihr Schnittpunkt mit g sei D_1 genannt.

(III) Jedes so konstruierte Parallelogramm ABC_1D_1 genügt den Bedingungen der Aufgabe.

Beweis: Das Parallelogramm ABC_1D_1 hat mit dem Parallelogramm $ABCD$ laut Konstruktion die Seite AB gemeinsam. Da seine Punkte C_1 und D_1 auf der Geraden durch C und D liegen, stimmt es auch in der zu AB gehörenden Höhe mit dem Parallelogramm $ABCD$ überein. Daher hat es auch denselben Flächeninhalt wie dieses Parallelogramm (Bild L 7.18).

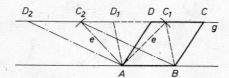

Bild L 7.18

(IV) Der Abstand der Seite AB von der Seite CD sei mit h (Länge der zu AB gehörenden Höhe) bezeichnet. Dann unterscheidet man folgende Fälle:

Es sei $e < h$. Dann gibt es keinen Schnittpunkt C_1 des Kreises um A mit e mit der Geraden g.

In diesem Fall hat die Aufgabe *keine* Lösung.

Für $e = h$ gibt es genau einen Punkt C_1, nämlich den Berührungspunkt des Kreises mit g. In diesem Fall hat die Aufgabe also *genau eine* Lösung. (ABC_1D_1 ist dabei ein Rechteck.)

Es sei $e > h$. Dann erhält man genau zwei Schnittpunkte C_1 und C_2 und danach auch genau zwei Punkte D_1 und D_2. Mithin gibt es in diesem Fall *genau zwei* Lösungen (Bild L 7.18).

L 7.19   (I)   Angenommen, k sei ein Kreis, der den Bedingungen der Aufgabe entspricht.

Dann liegt dieser Kreis k in dem gegebenen Winkel; sein Mittelpunkt M hat gleiche Abstände zu a und b und liegt folglich auf w. Daher steht die Senkrechte s zu w durch P senkrecht auf einem Durchmesser von k; sie ist also die Tangente in P an k (Bild L 7.19).

Folglich hat M auch gleiche Abstände zu a und s und liegt demnach auf der Geraden, die einen der Winkel, den s mit a bildet, halbiert.

(II)   Daher entspricht ein Kreis k nur dann den Bedingungen der Aufgabe, wenn er durch folgende Konstruktion erhalten werden kann:

(1) Man konstruiert in P die Senkrechte s auf w. Schneidet sie a, so sei dieser Schnittpunkt A genannt.

(2) Man konstruiert diejenige Gerade, die einen Winkel, den s mit a bildet, halbiert.

Schneidet sie w in einem Punkt, so sei dieser M genannt.

(3) Man zeichnet den Kreis k um M mit dem Radius $\overline{MP}$.

(III)   Jeder so konstruierte Kreis k genügt den Bedingungen der Aufgabe.

Beweis: Laut Konstruktion geht k durch P. Ferner berührt k die Gerade s in P, da M auf w liegt und da w und s einander in P rechtwinklig schneiden. Weiterhin liegt M auf w, also in dem gegebenen Winkel, sowie auf einer winkelhalbierenden Geraden eines Winkels zwischen a und s. Endlich hat M auch gleiche Abstände zu a, b und s, da M auf w und der Winkelhalbierenden AM liegt, also berührt k außer der Geraden s auch die Strahlen a und b.

(IV)   Die Konstruktion von s nach (1) ist eindeutig ausführbar.

Da w mit a einen spitzen Winkel bildet und da w auf s senkrecht steht, schneiden a und s einander; also ist auch A eindeutig bestimmt.

Die in (2) zu konstruierenden winkelhalbierenden Geraden, von denen es genau zwei gibt, schneiden beide w; denn die eine halbiert den Innenwinkel bei A im Dreieck SAP, schneidet also dessen Seite SP zwischen S und P; die andere steht senkrecht auf der ersten, also bildet ein Strahl von ihr mit dem auf s liegenden Strahl aus A durch P einen spitzen Winkel, während w auf s senkrecht steht.

Daher entstehen in (2) genau zwei verschiedene Schnittpunkte M_1, M_2; es gibt mithin genau zwei Kreise k_1 und k_2, die den Bedingungen der Aufgabe genügen.

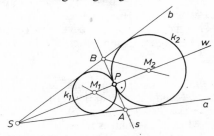

Bild L 7.19

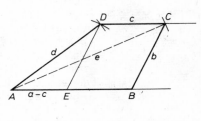

Bild L 7.20

L 7.20　(I)　Angenommen, ein Trapez $ABCD$ mit $AB \parallel CD$ entspricht den Bedingungen der Aufgabe. Punkt E liege zwischen A und B auf AB, und es gelte $\overline{AE} = a - c$. Dann ist $\overline{EB} = \overline{CD} = c$, also ist das Viereck $EBCD$ ein Parallelogramm. Dann sind im Dreieck AED die Seitenlängen $\overline{AE}$, $\overline{ED}\,(= \overline{BC})$ und $\overline{DA}$ gegeben. Punkt C liegt erstens auf der Parallelen durch D zu AB und zweitens auf dem Kreis um A mit dem Radius e. Ferner liegt C auf derselben Seite der Geraden durch A und D wie E. Punkt B liegt erstens auf dem Strahl aus A durch E und zweitens auf der Parallelen durch C zu ED (Bild L 7.20).

(II)　Daher entspricht ein Trapez $ABCD$ nur dann den Bedingungen der Aufgabe, wenn es durch folgende Konstruktion erhalten werden kann:

(1) Man konstruiert nach (sss) das Dreieck AED aus $\overline{AE}$, $\overline{ED}$ und $\overline{AD}$.

(2) Man zieht die Parallele zu AE durch D.

(3) Man beschreibt um A mit dem Radius e einen Kreis. Schneidet er die in (2) gezogene Parallele in einem Punkt, der auf derselben Seite der Geraden durch A und D liegt wie E, so sei dieser Punkt C genannt.

(4) Man zieht den Strahl aus A durch E.

(5) Man zieht durch C die Parallele zu ED.
Schneidet sie den in (4) gezeichneten Strahl, so sei dieser Schnittpunkt B genannt.

(III)　Jedes so konstruierte Trapez $ABCD$ genügt den Bedingungen der Aufgabe.

Beweis: Nach Konstruktion ist $\overline{AD} = d$. Weiter ist nach Konstruktion $\overline{AC} = e$. Da das Viereck $EBCD$ nach Konstruktion ein Parallelogramm ist, gilt schließlich $\overline{BC}\,(= \overline{ED}) = b$, und, da E zwischen A und B liegt, auch $\overline{AB} - \overline{DC}\,(= \overline{AB} - \overline{EB} = \overline{AE}) = a - c$.

(IV)　Mit den gegebenen Größen ist Konstruktionsschritt (1) bis auf Kongruenz eindeutig ausführbar. Ebenso ist Konstruktionsschritt (2) eindeutig ausführbar. Konstruktionsschritt (3) liefert wegen $\overline{AC} > \overline{AD}$ genau zwei Schnittpunkte, von denen einer auf derselben Seite von AD liegt wie E.
Schließlich sind auch die Konstruktionsschritte (4) und (5) eindeutig ausführbar, und da die in (5) gezogene Parallele nicht parallel zu dem Strahl aus A durch E ist, gibt es genau einen Schnittpunkt B.
Daher ist das Trapez $ABCD$ durch die gegebenen Stücke bis auf Kongruenz eindeutig bestimmt.

L 7.21　**a)** (I)　Da in jedem Quadrat die Diagonalen aufeinander senkrecht stehen, gleich lang sind und einander halbieren, liegen die Eckpunkte B und D des Quadrats $ABCD$ erstens auf der Mittelsenkrechten von AC und zweitens auf dem Kreis um den Mittelpunkt M von AC mit dem Radius $\dfrac{\overline{AC}}{2}$.

(II)　Daher entspricht ein Quadrat $ABCD$ nur dann den Bedingungen der Aufgabe, wenn es durch folgende Konstruktion erhalten werden kann:

(1) Man zeichnet eine Strecke AC der Länge 10,0 cm.

(2) Man konstruiert die Mittelsenkrechte von AC.

(3) Man beschreibt um den Mittelpunkt M der Strecke AC einen Kreis

mit dem Radius $\frac{\overline{AC}}{2}$. Schneidet er die Mittelsenkrechte in zwei

Punkten, so seien diese B bzw. D genannt.

(III) Jedes so konstruierte Quadrat $ABCD$ entspricht den Bedingungen der Aufgabe.

Beweis: Laut Konstruktion stehen die Strecken BD und AC senkrecht aufeinander. Ferner gilt laut Konstruktion $\overline{AM} = \overline{CM} = \overline{BM} = \overline{DM}$. Folglich sind nach dem Kongruenzsatz (sws) die bei M rechtwinkligen Dreiecke AMB, BMC, CMD, DMA zueinander kongruent und rechtwinklig-gleichschenklig. Daher sind ihre Basiswinkel je 45° groß. Da schließlich jeder der Innenwinkel des Vierecks $ABCD$ gleich der Summe zweier dieser Basiswinkel ist, hat jeder von diesen Innenwinkeln eine Größe von 90°. Folglich ist $ABCD$ ein Quadrat und hat die vorgeschriebene Diagonalenlänge.

(IV) Sämtliche Konstruktionsschritte sind eindeutig ausführbar. Daher ist durch die gegebenen Bedingungen ein Quadrat $ABCD$ eindeutig bestimmt.

b) Dem Quadrat $ABCD$ sei ein Rechteck $EFGH$ so einbeschrieben, wie es in der Aufgabenstellung angegeben ist. FG schneide die Diagonale AC in P und HE die Diagonale AC in Q (Bild L 7.21).

Wie in a) gezeigt wurde, gilt $\measuredangle\,CAB = 45°$. Wegen $EF \,\|\, AC$ folgt $\measuredangle\,FEB = \measuredangle\,CAB = 45°$ als Stufenwinkel an geschnittenen Parallelen, und wegen $\measuredangle\,FEH = 90°$ folgt $\measuredangle\,HEA = 45°$. Somit ist das Dreieck AEQ wegen der gleichgroßen Basiswinkel gleichschenklig, und es gilt $\overline{AQ} = \overline{QE}$.

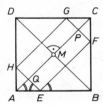

Bild L 7.21

Analog gilt $\overline{AQ} = \overline{QH}$, also $\overline{EH} = 2\overline{AQ}$.

Entsprechend folgt $\overline{FG} = 2\overline{CP}$.

Wegen $\overline{EH} = \overline{FG}$ folgt hieraus $\overline{AQ} = \overline{CP}$.

Schließlich gilt wegen $EF \,\|\, QP$ und $EQ \,\|\, FP$ auch $\overline{EF} = \overline{QP}$.
Für den Umfang u des Rechtecks $EFGH$ gilt folglich:

$$u = 2(\overline{EF} + \overline{EH}) = 2(\overline{QP} + \overline{AQ} + \overline{CP}) = 2\overline{AC} = 20{,}0 \text{ cm}.$$